Leistung aus Kultur

Wolfgang Saaman

Leistung aus Kultur

Wie aus „Arbeit-Nehmern" Bestleister werden

 Springer Gabler

Wolfgang Saaman
Freiburg i. Br.
Deutschland

ISBN 978-3-8349-3404-8   ISBN 978-3-8349-3838-1 (eBook)
DOI 10.1007/978-3-8349-3838-1

Die Deutsche Nationalbibliothek verzeichnet diese Publikation in der Deutschen Nation-
albibliografie; detaillierte bibliografische Daten sind im Internet über http://dnb.d-nb.de
abrufbar.

Lektorat: Stefanie A. Winter
Einbandentwurf: KünkelLopka GmbH, Heidelberg

Springer Gabler ist eine Marke von Springer DE.
Springer DE ist Teil der Fachverlagsgruppe Springer Science+Business Media
www.springer-gabler.de

Über den Autor

 Wolfgang Saaman studierte Betriebswirtschaft und Psychologie und gründete 1977 nach seiner Promotion das Institut für Mitarbeiterförderung + Organisationsentwicklung. Später examinierte er zum Psychotherapeuten. Mit Managementdiagnostik ist Wolfgang Saaman seit 1978 vertraut und hat bis heute mehrere tausend Gutachten verfasst. Sein erstes Buch erschien 1984 im Gabler Verlag unter dem Titel „Alternatives Führen – Mitarbeiter qualifizieren". Im selben Jahr trat er in die Mummert-Gruppe als Geschäftsführender Gesellschafter ein. Der vorliegende Titel ist das siebte Buch des Autors. Zwei weitere sind von ihm als Herausgeber erschienen. Seit 2000 hat sich Wolfgang Saaman auf das Thema Leistungskultur spezialisiert. Der gefragte Berater zählt Konzerne und Mittelstandsunternehmen zu seinen Auftraggebern. 1998 gründete er die Saaman Consultants, heute SAAMAN AG, die er als Vorstandsvorsitzender impulsgebend und zukunftsweisend leitet.

Danksagung

Ich danke den zahlreichen Helfern der SAAMAN AG, die mich darin unterstützt haben, das Manuskript in eine druckreife Form zu bringen: Andrea Fischer, Kommunikationsmanagerin, die von Anbeginn das Manuskript Einfluss nehmend gesichtet und gegen Ende die Koordination der Helfer gesteuert hat; Andrea Saaman, Vorstandsmitglied, die beim Korrekturlesen mitgewirkt und als erfahrene Beraterin weiterführende Anregungen gegeben hat; Martina Stephan, Angelika Wernet und Daniela Gut, die geholfen haben, dem Verlag ein fehlerfreies Werk abzuliefern.

www.saaman.de
www.leistungskultur.eu

Inhalt

Leistung aus Kultur – einleitende Worte

Die Vorstellungen von Unternehmenskultur hinken der Zeit hinterher

Haben Sie schon einmal über den Sinn Ihres Unternehmens nachgedacht? Für was ist ein Unternehmen da? Zahlen zu produzieren und zu verkaufen? Wenn Sie dieser Auffassung sind, wird Ihnen das Buch nicht gefallen. Sie wissen entweder schon alles über den (Un-)Sinn oder (Nicht-)Zweck eines Unternehmens oder brauchen zur Komplettierung Ihres Wissens einen anderen Autor. Der wird sich finden lassen, wenn Sie ihn nicht schon gefunden haben. Warnung! Der hier schreibende Autor könnte gefährlich sein. Er ist bestrebt, Ihre Vorurteile – vielleicht auch manifesten Urteile – zu vergiften, dass Kennzahlen das Wichtigste im Unternehmen und nur einige wenige Menschen zum Bestleister geschaffen sind.

Zurück zur Frage, was Sinn und Zweck eines Unternehmens ist. Kunden zu dienen? Produkte zu produzieren? Dienstleistungen zu entwickeln? Waren zu verkaufen? Menschen einen Lebensraum zu geben, der nicht nur deren finanzielle Existenz sichert, sondern vor allem deren psychische? Adressaten zu beschaffen, die Empfänger sind für eine Lebensqualität, die darin besteht, wichtig zu sein? Stolz zu produzieren? Der Motivation Nahrung zu geben? Leidenschaft erlebbar zu machen? Menschen selbsterfüllende Arbeit zu ermöglichen?

Sie werden in diesem Buch nicht lesen, wie man Menschen motiviert. Denn wer das vorhat, macht sich des Missbrauchs des Begriffes verdächtig. Sie werden in diesem Buch auch nicht lesen, dass Leistung das Wesentliche und Kultur ein notwendiges Übel in einem Unternehmen ist. Mit der umgekehrten Ansicht, dass es allein auf die Kultur eines Unternehmens ankommt, kann ich auch nicht dienen. Vielmehr halte ich jede Diskussion für überflüssig, die darin besteht zu streiten, ob denn nun die Hart- oder Weichfaktoren, die wirtschaftswissenschaftliche oder die verhaltenswissenschaftliche Sicht auf das Unternehmen wichtiger sei. Das entspräche in etwa einem Disput, ob die Fische für ein Aquarium wichtiger sind als der Sauerstoffgehalt des Wassers oder umgekehrt.

Ideale sind wie Sterne – um sich an ihnen zu orientieren, muss man sie nicht erreichen

Stellen Sie sich ein Unternehmen vor, mit dem sich die Mitarbeiter in gleicher Weise identifizieren wie die Inhaber oder Vorstände. In dem alle vom selben ausgehen sowie eine gemeinsame Vision teilen und der Betriebsrat mit der Unternehmensleitung an einem Strang zieht – und das in eine Richtung. In dem jeder sein Bestes gibt, ohne durch Ziele unter Druck gesetzt zu werden.

Das ist ein Unternehmen, in dem Konflikte weder unter den Teppich gekehrt noch auf die lange Bank geschoben, sondern gelöst werden, wenn sie da sind. In dem nicht nach Low Performern gefahndet, sondern permanentes gemeinsames Lernen gelebt wird. In dem nicht Gewinnmaximierung wichtiger ist als eine gesunde Unternehmensentwicklung unter dem Fokus des Denkens in großen Zeitblöcken. In dem das betriebliche Vorschlagswesen überflüssig geworden ist, weil Innovation das Unternehmen durchströmt. In dem die Personalentwicklung durch die Koordination der Selbstentfaltung des Menschen ersetzt worden ist.

Mit Ihrer Vorstellung sind Sie in einer Firma, in der die Mitarbeiter den gleichen zufriedenen Gesichtsausdruck haben wie die Top-Manager. In der das Lösen von Problemen eine Gemeinschaftsaufgabe ist, die Werte nicht nur im Leitbild stehen, sondern real so gelebt werden, dass jeder Bewerber, jeder neue Mitarbeiter, jeder Kunde und Lieferant den frischen Geist spürt. In der Zutrauen und Verantwortung das Zielvereinbarungssystem abgelöst haben und Wertschätzung den Ton der Zusammenarbeit angibt. In der das Denken in Zusammenhängen den Alltag bestimmt und Menschen Ergebnisse schaffen, anstatt durch Vorgaben geschafft zu werden. In der Authentizität erlaubt und Freude gewollt ist.

Sie befinden sich mit Ihren Gedanken in einer Firmenkultur, in der Mitarbeiter nicht erst „abgeholt" und „mitgenommen" werden müssen, weil sie bereits mittendrin sind. In der Leistungsdenken und Kulturdenken ein untrennbares Paar bilden. In der das Wort „Kunde" nicht unterschiedlich ausgelegt wird, weil Aufmerksamkeit und Service zum Selbstverständlichen zählen. In der „Dienen" nichts Anrüchiges hat, weil jeder jedem dient.

Es geht um eine Organisation, in der Werte Inhalt haben und verbindlich sind, in der Geschwindigkeit der Umsetzung das Normale und Stress ein Fremdwort ist (gemeint ist der ungesunde *Dis*-Stress, nicht der bereichernde *Eu*-Stress). In der Qualität ebenso wenig der Betonung bedarf wie Professionalität. Diese Firma setzt Maßstäbe. Sie muss sich nicht per Benchmark an den Maßstäben anderer orientieren.

Zurück zur Wirklichkeit. Ich kenne Organisationen, die nah dran und ebenso solche, die weit davon entfernt sind. Ich kenne Firmen mit einer starken Kultur und einer ebenso herausragenden Leistung. Das sind Firmen, die mit durchgängiger Konsequenz auf der Basis von ethischen Werten geführt werden, in denen Störfelder aufgespürt und engagiert bearbeitet werden, die ihre Kultur ebenso pflegen, wie sie ein gesundes Verhältnis zur Leistung aufbauen. Ich weiß ebenfalls von Betrieben, die eine ausgeprägte Kultur haben, ohne diesen Vorteil in optimale Leistung umzusetzen. Natürlich kenne ich auch die an den Nerven zehrenden Unternehmen, die im Dauerstress ein Höchstmaß an Leistung verlangen und in denen man bei genauem Hinsehen sagen muss: keine Spur von Kultur.

Kultur entsteht nicht aus Leistung. Es ist genau umgekehrt: Leistung entsteht aus Kultur! Ich teile nicht den Satz: Jedes Unternehmen hat eine Kultur. Genauso gut könnte man sagen, dass alles, was in der Natur wächst, eine kultivierte Landschaft sei. Es gibt ebenso den Wildwuchs wie die angelegte Landschaftskultur. Wir kennen in unserer Sprache den Begriff der „Unkultur" und meinen damit: ungepflegt, verwahrlost, verwildert, nicht geordnet, ohne erkennbare Linie und Form. Firmen mit einer Unkultur sind automatisch leistungsgebremst, weil die sich aus der Unkultur ergebenden Störungen die Menschen von der Spur ihres Leistungserbringens auf Nebenschauplätze führen. Dass solche Unternehmen gute Zahlen produzieren (können), will ich nicht bestreiten. Die Frage ist nur: In Zukunft auch noch?

Wer ein Unternehmen, eine Abteilung oder eine Gruppe zur Bestmarke führen oder dort halten will, ist mit der Dauerfrage konfrontiert, wie er diese Leistung sicher erreichen kann. Man kann Leistung verlangen. Das versucht man seit Jahrzehnten mit Zielvereinbarungssystemen. Mit mäßigem Erfolg, wie die Jahre zwischen 2008 und erstem Quartal 2010 gezeigt haben. Man kann zur Leistung inspirieren. Das schafft man mit der konsequenten Übertragung von Verantwortung. Man kann sich Spitzenleister suchen. Das inzwischen weit verbreitete Employer Branding reicht dazu aber bei Weitem nicht aus. Man kann Menschen dafür gewinnen, ihr Bestes zu geben. Allerdings nicht damit, dass man ihnen sagt, sie sollen gefälligst ihr Bestes geben.

Man kann der Auffassung sein, das alles sei eine Managementaufgabe. Dabei übersieht man, dass mit professionellem Leadership für das Erreichen von unternehmensweiter Spitzenleistung deutlich mehr Hebelwirkung zu erzielen ist. Eine im Unternehmen fest verankerte Leistungskultur integriert das jeweils Beste dieser Sichtweisen und Ansätze. Wer ist für die Kultur – und damit Leistungskultur – des Unternehmens verantwortlich?

Leistungskultur ist die Kunst, die Unternehmenskultur als Nährboden für Leistung anzulegen

Wer behauptet, dass schlechtes Management kulturabhängig sei, gutes aber kaum, kratzt mit einer dünnen Halbwahrheit publizistisch an der äußeren Schicht der

Oberfläche des Themas oder redet denen nach dem Mund, die sich mit der Leistungskultur ihres Unternehmens nicht näher auseinandersetzen wollen. Die Leistungskultur eines Unternehmens ist die erste Realität. Der enge Zusammenhang zwischen Management/Leadership und Kultur die zweite. Wer natürlich im selben Kontext den Umgang mit Unternehmenskultur als Managementmode bezeichnet, offenbart, dass Unternehmenskultur ein Fremdkörper in seinem Verständnis ist.

Ebenso gut könnte man sagen, dass die Kultur einer Familie nichts mit den Eltern zu tun habe. Heute findet man diese Vermutung leider auch in so mancher Familie bestätigt. Aber nur dort, wo Eltern keine oder verwirrende Botschaften senden oder – schlimmer noch – die Vermittlung von Werten, Vorbild und Eindeutigkeit einfach ausblenden. Wo Eltern mit ihrem Erziehungsauftrag überfordert sind, bildet sich trotzdem eine Art Familienkultur heraus. In aller Regel eine solche, die eine Orientierung an Werten ebenso vermissen lässt wie Klarheit in der Entwicklung der Persönlichkeit der Kinder. Das, was dabei herauskommt, ist treffender mit dem Begriff Familien*un*kultur beschrieben. Hier zeigt der Einsatz von Familientherapeuten oder einer qualifizierten Nanny sehr schnell, welche Wirkung mit ein paar grundlegenden Veränderungen in kurzer Zeit zu erreichen ist.

Nun ist eine Firma keine Familie, die Mitarbeiter sind keine Kinder, die Führenden keine Erzieher. Dennoch gibt es Parallelen. Was die Kultur eines Unternehmens ausmacht, erfährt man spätestens, wenn man mit den Angehörigen derselben Firma spricht oder zuhört, was diese ihren Partnern, Verwandten oder Freunden über die inneren Zustände ihrer Organisation erzählen. Die Frage ist folglich nicht: Kultur ja oder nein? Die Frage lautet: Welche? Wer ein Unternehmen führt, kommt an der Verantwortung für die Kultur dieses Unternehmens nicht vorbei. Managern an der Spitze eines Unternehmens sind zwei Möglichkeiten zur Auswahl gegeben, keine dritte: Entweder sie prägen aktiv eine gesunde Leistungskultur oder sie überlassen das Feld der Kulturprägung einer unbestimmten Anzahl von selbst ernannten informellen Führern, die ihr eigenes Spiel spielen. Was für die ganze Firma gilt, gilt nicht minder für Bereiche und Abteilungen. Wer führt, prägt. Wer nicht prägt, lässt führen. Wer führen lässt, hat mit dem Teufel namens Zufall seinen Pakt geschmiedet.

Es geht nicht um gutes oder schlechtes Management

In einem Teil der gängigen Managementliteratur wird die Qualität des Managements durch die Einteilung in gutes oder schlechtes Management einer Organisation zu differenzieren versucht. Das halte ich für wenig erhellend. Mitarbeiter unterscheiden nicht nach gutem oder schlechtem Management. Legt man den Begriff auf die semantische Präzisionswaage, so versteht man unter Management ohnehin eher Arbeit an und in der Organisation. Mitarbeiter unterscheiden sehr wohl nach wirksamer oder nicht wirksamer Führung. Auf wirksame reagieren sie. Und zwar ausgesprochen positiv. Jeder Führende muss sich jederzeit zwei kritische Fragen stellen: Was richte ich aus? Was richte ich an? Je bedeutender die Position, umso wichtiger wird diese Frage. Das „Was" der wirksamen Führung kann sehr unterschiedlich sein. Muss es auch, weil es die Kulturen der Firmen ebenfalls sind. Es ist ein Irrtum anzunehmen, dass das, was zu tun ist, sich aus den Anforderungen einer funktionierenden Organisation erschließt. Es ergibt sich aus den herrschenden Zuständen innerhalb einer Organisation. Diese Zustände können recht unterschiedlich sein. Einerseits haben wir es mit rational auf Leistung getrimmten Zuständen zu tun, andererseits findet man die emotional auf Kultur ausgelegten Zustände.

Vor einem Jahr war ich Zeuge eines ausgesprochen gelungenen Einstiegs in die Geschäftsführerposition in einem großen Mittelstandsbetrieb. Der Neue machte, obwohl recht jung, zum Glück nicht das, was die meisten in einer solchen Situation tun: die Organisation mit ihrem Managementansatz zu übersäen, bevor sie sich fachlich, vor allem aber emotional, gründlich eingearbeitet haben. Er ließ sich von seinem Vorgänger zunächst die Firma schildern, so wie dieser sie wahrnahm und verstanden wissen wollte. Er ging sodann auf die ihm nachgeordnete Führungsebene zu und führte mit jedem Bereichsleiter ein Einzelgespräch. Nicht Sagen, sondern Fragen war der Tenor. Zuvor hatte er in einem Kurzmeeting mit diesem Kreis sein Vorgehen und den Fahrplan für die nächsten zwei Wochen angekündigt. Dazu gehörte u. a., dass er als neuer Geschäftsführer nur im äußersten Notfall Entscheidungen treffen würde. „Alles Übrige entscheiden Sie bitte auf Grundlage Ihrer Kompetenz und Erfahrung so, als wäre mein Vorgänger in Urlaub und ich noch nicht da." In Abstimmung mit den Bereichsleitern sprach er auch mit einigen Abteilungsleitern, in Absprache mit diesen mit einigen Mitarbeitern an der Basis. Zu Beginn seiner dritten Woche rief er die Bereichsleiter zusammen. In diesem Meeting bezog er auf Basis seiner Eindrücke Position und nahm die Führungsarbeit auf.

Dem Neuen ist schnell klar geworden, dass er die Menschen nicht mit Managementmethoden erreichen wird. Sie waren vom Vorgänger ein feines Gespür in der Führung gewohnt, gepaart mit einem kaum zu toppenden Maß an persönlicher Autorität. Heute, zwölf Monate später, spricht niemand mehr von der „guten alten Zeit" unter dem väterlichen Führer. Diese gute Zeit hat Einzug ins Geschichtsbuch der Firma genommen. Die Führenden und Mitarbeiter hatten den Neuen mit Schrecken erwartet und sehen nun, dass Gutes, sogar sehr Gutes durchaus noch zu toppen ist.

Ganz anders in einem Parallelfall. Der neu berufene und von außen kommende Vorstandsvorsitzende einer 5.000-Menschen-Organisation hat es nicht einmal für nötig gehalten, bei Übernahme der Geschäfte mit seinem Vorgänger zu sprechen. Der neue, durchaus erfahrene Manager glaubte, es besser zu wissen. Er, der Sanierungsmanager, brach in eine sensible Kultur mit harten Bandagen ein, weil er der Auffassung war, das Unternehmen so am schnellsten und sichersten auf Kurs zu bekommen. Das Gegenteil trat ein. Verunsicherung, Desorientierung, Rette-sich-wer-kann-Triebigkeit, Abwehr, Widerstand ... Darauf reagierte er mit symbolischen und aus seiner Sicht Zeichen setzenden Spontanentlassungen einzelner Führungskräfte. Er glaubte, Ruhe und Gefolgschaft zu haben, was ihm an der Oberfläche und damit für seine Wahrnehmung auch gelang. Im Untergrund rumorte es umso mehr. Langjährige, hervorragende Führungspersönlichkeiten schauten sich nach Alternativen um und gingen von Bord. Angepasste, Ja-Sager und Devote blieben. Die Zahlen jedenfalls hat der Neue in zwei Jahren nicht nach oben gebracht, die Identifikation mit dem Unternehmen dafür aber gewaltig nach unten.

Es kommt in einem Unternehmen nicht auf die gute Unternehmenskultur an. Das auch. Aber das ist zu wenig. Es kommt auf eine erfolgstreibende Leistungskultur an. Diese unterscheidet sich von der bloßen Fokussierung auf Kultur dadurch, dass die Kultur leistungsfördernd ausgerichtet wird.

Menschliche Bedürfnisse und ökonomische Notwendigkeiten

Leistungskultur ist das Ergebnis einer Unternehmensführung, die sich auf sich hyperkomplex entwickelnde wirtschaftliche und soziale Bedingungen gleichermaßen einstellt und damit die natürliche Leistungsbereitschaft der Menschen fördert, um die Leistungsfähigkeit des gesamten Unternehmens zu verbessern oder auf höchstem Niveau zu halten. Der aktuell noch herrschende Widerspruch von technischen und kennziffergesteuerten Führungsmodellen einerseits und kulturorientierter Ausrichtung andererseits gehört aufgelöst. Leistungshemmnisse müssen identifiziert und beseitigt, versteckte Leistungspotenziale auf der Ebene von Führungskräften und Mitarbeitern erschlossen und genutzt werden. Der Dauerauftrag an alle Führungskräfte lautet: die kulturellen, sozialen und strukturellen Rahmenbedingungen der unternehmerischen Gesamtleistung im Fokus zu haben. Ein Unternehmen kann nur von innen heraus stark genug werden für die Durchsetzung in aktuellen und zukünftigen Märkten. Wandel ist eine Tür, die sich am besten von innen öffnen lässt.

Die Krise hat gezeigt, dass im Handel ein über Jahre auf Leistungskultur ausgelegtes Unternehmen wie die von Götz Werner gegründete dm Drogeriemarkt-Kette gute Zahlen schreiben und wachsen kann, während der Mitbewerber Schlecker mit seiner in die Kritik geratenen Personalpolitik in die Knie geht. Der Gedanke

Leistung aus Kultur zahlt sich langfristig durch Krisenfestigkeit aus. Knüppeln, Knausern, Kontrollieren gehören in eine Epoche, die keine Zukunft hat. Dagegen verfolgt Götz Werner schon lange eine Idee, deren Zeit jetzt gekommen ist. Die Würde und Freiheit des Menschen sind für Werner zentrale Punkte seines Denkens und Handelns. Ohne zu wissen, in welchen Räumlichkeiten man sich gerade befindet, sieht man es den Menschen hinter der Kasse an, ob sie *bei* Anton Schlecker oder *für* Götz Werner arbeiten.

Menschen arbeiten heute nicht mehr *für* ihren Konzern, weil sie in der Vergangenheit mehrfach von diesem enttäuscht wurden. Jede Enttäuschung ist eine Befreiung von einer Täuschung. Die Täuschung bestand in der Vorstellung, das Unternehmen als zweites Zuhause verstehen zu dürfen. Wenn dann aber urplötzlich Entfremdung durch die Gänge strömt, weil der neue Vorstand in einer urdeutschen Firma Englisch als Konzernsprache verordnet, dürfen sich dieselben Vorstände nicht wundern, wenn die Menschen jegliches Gefühl von Heimat verlieren. Ein Unternehmen wie Nokia formuliert zuhause sein Leitbild in Finnisch, um es sodann in andere Sprache zu übersetzen. Das ist Kultur! Ein Unternehmen wie KSB (Hersteller von Pumpen, Armaturen und Systemen für Wasser, Abwasser und Verfahrenstechnik) trägt mit seinen 14.000 Mitarbeitern den guten Ruf des deutschen Maschinenbaus auf Basis der fünf Werte Vertrauen, Redlichkeit, Verantwortung, Professionalität und Wertschätzung in die Welt. Auch das ist Kultur! Die fünf Werte mögen als nicht außergewöhnlich erscheinen. Sie sind es auch nicht. Aber die Tiefe, mit der sie weltweit zum Beispiel in Form von Wertedialogen zwischen Führungskräften und ihren Mitarbeitern in das Unternehmen eingeführt werden, ist ziemlich einzigartig. Werte hat nahezu jedes Unternehmen. Mit durchgängiger Ernsthaftigkeit gelebte Werte haben nur ganz wenige Firmen.

In börsengetriebenen Konzernen kursiert oftmals die Anonymität. Vielerorts fehlt die Verteilung des Unternehmergedankens auf alle Ebenen, nicht selten mangelt es an der Glaubwürdigkeit im Leitbild oder an anderer Stelle niedergeschriebener Werte. In anonymen Konzernen geht es ausschließlich um die Steigerung des Börsenwertes. Ein Konzept, das sich auf Dauer nicht bewähren wird, weil es von Quartal zu Quartal anstatt von Jahrzehnt zu Jahrzehnt gedacht wird. Familiengeführte Mittelstands- und Großunternehmen können sich erlauben, in Generationen zu denken, weil ihre Unternehmenslenker nicht täglich über das Börsenparkett geschleift oder alle fünf Jahre ausgetauscht werden. Sie können sich auf eine wertebasierte Tradition berufen und aus dieser eine glaubhafte Zukunft vermitteln. Das läuft auf eine Fusion von Tradition und Innovation hinaus. Theoretisch steht dieser Ansatz jedem Unternehmen zur Verfügung. Auch den Dax-Unternehmen.

Beim Marktführer der Nobeluhrenhersteller, Patek Philippe, kommt nicht nur das Beste infrage. Mehr noch. Der Präsident, Thierry Stern, prüft die Spitzenmodelle noch persönlich, bevor sie in den Markt gehen. Und er lässt wie sein Vater Philippe Stern die Nähe zum Kunden nicht abreißen. Dass der Unternehmenslenker keine Kompromisse bei der Qualität der Uhren eingehen will, ist bei Patek eine lang gepflegte Tradition. Thierry Stern sieht es wie zuvor sein Vater nicht als unternehmerische Aufgabe an. Es ist für ihn ein „rein persönliches" Engagement. Bei Patek erlaubt man sich, ein neues Modell zwei Jahre später als ursprünglich angedacht auf den Markt zu bringen, wenn man in der Entwicklung auch nur geringste Zweifel an der Reife des neuen Produktes hat. So ist es kein Wunder, dass die Unternehmerfamilie Stern nicht nur die Quarzepoche, in der mechanische Uhren scheinbar von Markt zu verschwinden schienen, überlebt hat, sondern heute mit 1.300 Mitarbeitern dreimal so groß ist wie der ebenfalls gut aufgestellte, aber konzerngebundene und kennzahlengetriebene Herausforderer Lange & Söhne.

Was unterscheidet die Ausrichtung auf Leistungskultur von der bloßen Konzentration auf Unternehmenskultur? Was sind die wahren Treiber für persönliche und gesamtunternehmerische Leistung? Wie lässt sich wirtschaftswissenschaftliches mit sozialwissenschaftlichem Denken in der Unternehmenssteuerung vereinen?

Leistungskultur ist Leistung aus Kultur

Der Begriff *Leistungskultur* wird ganz unterschiedlich interpretiert. Die einen hören eher *Leistung*, die anderen eher *Kultur*. Nicht nur das. Kaum jemand, mit dem ich darüber spreche, hat sofort die Interdependenz zwischen der einen und der anderen Dimension im Auge, weiß, dass *Leistung* und *Kultur* in einem Unternehmen ein untrennbares Paar sind.

Meine langjährige Beschäftigung mit den Zusammenhängen von Leistung und Unternehmenskultur machte mir deutlich, wie heterogen die Vorstellungen von Leistung und Kultur sein können und wie wichtig es ist, sich in Organisationen damit auseinanderzusetzen.

Stellt man die Begriffe *Kultur* und *Leistung* einander gegenüber, so mag es zunächst so scheinen, als hätten beide Begriffe wenig miteinander zu tun. Wenn man in die tieferen Schichten von Kultur vorstößt, erkennt man, wie eng die beiden Themen gerade in einer Organisation, ganz gleich ob Produktionsbetrieb, Dienstleistung, Handel oder Behörde, miteinander verbunden sind. Aber nicht nur in einer größeren Institution oder in einem Unternehmen ist dieser Zusammenhang von essenzieller Bedeutung, sondern auch in Gruppen jeglicher Art, die zusammen etwas bewegen, erarbeiten oder entwickeln wollen. Selbst in der Zweierbeziehung zwischen einem Führenden und seinem Mitarbeiter spielt die vom Führungsverantwortlichen eingebrachte Führungskultur eine nicht unwesentliche Rolle für die Leistung des Mitarbeiters.

Unternehmenskultur ist weder ein Modetrend noch ein notwendiges Übel

Kultur ist der Nährboden, auf dem kontinuierliche Leistung gedeiht. Wer glaubt, dass Unternehmenskultur ein Modetrend oder ein notwendiges Übel sei, kann eher durch die Medien zu einer solchen Überlegung angeregt worden sein, als dass er bei tiefschürfendem Überprüfen seiner eigenen Empfindungen zu dieser Überzeugung gelangt. Wenn Berater glauben, dass sie im Zuge ihrer Strukturierungs- oder Restrukturierungsaufträge dem Auftraggeber mal so nebenbei ein Leitbild verkaufen können, weil so etwas heute schließlich gängig ist, handeln sie nicht verantwortlich im Interesse ihrer Kunden.

Wer als Berater die komplexen und hochsensiblen Zusammenhänge eines soziodynamischen Systems, das sich zudem mit einer tornadoartigen Geschwindigkeit von einem Hoch zu einem Tief verändern kann und umgekehrt, nicht durchdringt, sollte sich auf das beschränken, was er sicher beherrscht. Ein Leitbild, als Rahmung der Unternehmenskultur verstanden, kann viel ausrichten oder viel anrichten. Das hängt von der Passgenauigkeit und Ernsthaftigkeit ab, mir der es entstanden ist und mit der es durchgängig gelebt wird. Leitbilder rufen Geister wach, die es ohne Leitbild nicht gegeben hätte. Leitbilder, Wertebilder, Mission Statements, Zielbilder – oder wie immer man es nennt – lösen Erwartungen aus. Es ist besser, kein solches Papier zu haben als eines, das von niemandem gelesen wird, was noch das kleinere Übel wäre. Viel gravierender ist, dass Mitarbeiter sich von den als Schall und Rauch empfundenen Weissagungen enttäuscht abwenden. Das ursprünglich mit bester Absicht ins Leben gerufene Leitbild verkommt zum bloßen Instrument. So richtet es, wenn es wie zumeist als Standardversion dem Unternehmen übergestülpt wird und ungelebt bleibt, großen Kulturschaden an und zerstört so, was es eigentlich fördern sollte: die Unternehmenskultur und die Leistung.

Auf dem Nährboden einer gesunden Unternehmenskultur kann die natürliche Leistungsbereitschaft eines jeden Mitarbeiters gedeihen und zur Leistungsfähigkeit des gesamten Unternehmens beitragen. Unternehmenskultur ist etwas Fließendes, Dynamisches, sie bedarf der permanenten Pflege. Zudem entsteht zwangsläufig Reibung innerhalb der Organisation, wenn nun, wie in der Realität oft zu beobachten ist, weiches, fließendes Kulturdenken auf hartes, toolbasiertes Managementdenken trifft. Kaum eine Erkenntnis ist so alt wie die, dass Reibung Wärme erzeugt und Feuer entstehen lässt. Damit kann man Betriebswärme schaffen. Man kann jedoch mit einmaligem Aktionismus und Unbedachtheit ebenso Brandherde von Konflikten anlegen. Solche innerorganisatorischen Flächenbrände sind nicht einfach mal mit einem Löschdeckchen eines neuen Tools als gern gesehene „scheinbare" Heilmittel für Unternehmen unter Kontrolle zu bekommen.

Mit Methoden und Techniken lässt sich Leistung kaum steigern

Wir reden hier nicht von Kultur als Mittel, als Tool, um Leistung zu erzielen. Wir reden hier von Leistung *aus* Kultur – als interdependentes System. Darüber ist bisher wenig geschrieben worden.

Wer etwa Unternehmenskultur als Erfolgsgarant beschwört, kommt auch nicht daran vorbei, die Brücke zur Leistung zu schlagen. Allein der Fokus auf Leistung reicht für den langfristigen Erfolg eines Unternehmens jedoch auch nicht aus. Es braucht vielmehr ein geeignetes Integrationsmanagement, ein bedachtes und balanciertes Verschmelzen der beiden Säulen, die Unternehmen bzw. Organisationen tragen: der *weichen* Säule der Unternehmenskultur mit der *harten* Säule der Zahlen und Leistung.

Leistungskultur ist die um den Faktor Leistung konkretisierte Unternehmenskultur, in der zwei Aspekte unmittelbar aufeinander wirken: der verhaltensbezogene Aspekt auf der einen Seite, d. h. die menschengerechte, wertebasierte Ausrichtung des Unternehmens, und der ökonomische Aspekt auf der anderen Seite, d. h. ein an Messgrößen bzw. Zahlen abzulesendes Ergebnis, das für Wettbewerbsvorteile, Marktpositionierung und Unternehmenssicherung steht.

Als Manager wollen Sie ein Maximum an Leistung aus Ihrer Organisation herausholen. Das ist an sich nicht verwerflich. Im Gegenteil. Dazu ist das Management in unserer heutigen Weltwirtschaftsordnung verpflichtet. Sie sind aber gut beraten, sich über die Art und Weise Gedanken zu machen, mit der dieses Streben umgesetzt werden soll. Mit Methoden und Techniken allein ist das nicht zu schaffen. Wer meint, Bestleistung per Ansage oder straffer Zielvorgabe erreichen zu können, wird es nicht einfach haben. Ich werde auf den Folgeseiten deutlich machen, dass aus dem engen Zusammenfügen von Leistung (als Anspruch) und Kultur (als Statik für Leistung) ein sicheres und nachhaltiges Ganzes entsteht. Ich werde aufzeigen, dass Leistung *aus* Kultur leichter zu haben ist als Leistung jenseits von Kultur. Das wird den Zahlendenkern unter Ihnen ebenso gerecht wie den Kulturverbundenen. Denn als Letztere wollen Sie auch kein Unternehmen, das abzustürzen droht, nur weil es mit der Wirtschaft mal nicht bergauf geht oder der Markt an Schwund leidet (Abb. 1).

Was Sie von diesem Buch erwarten dürfen

Als Unternehmer erfahren Sie in diesem Buch, welche Chancen sich für Wachstum und Unternehmenssicherung auftun, wenn Ihre Firma Wert auf eine durchgängige und permanent gepflegte Leistungskultur legt. Sie können Anregungen und Beispiele erwarten für Entwicklung und Erhaltung einer kulturgestützten Unternehmensleistung auf hohem Niveau, für die Leistungsintegration. Sie bekommen Ideen, wie die Integration von Leistung und Kultur den aktuell herrschenden

Werte, Organisation und Unternehmensausrichtung im Einklang

- Leistungsverständnis
  - ▶ realistische Ziele, konsequent gelebte Strategie
  - ▶ Umsetzungsvorhaben so störungsfrei wie möglich
  - ▶ Zusammenarbeit prägende Unternehmenskultur auf einem Wertefundament
  - ▶ Kompetenz bei Markenbildung, Qualität, Sicherheit, Umwelt, Aufgaben, Prozessen

- Kulturverständnis
  Der verantwortlich denkende und handelnde Mensch als A und O des Ganzen
  - ▶ Selbstverständnis über die Geschäftsprinzipien als notwendige Orientierung für
  - ▶ Führungs-und Ausführungsrollen
  Bewusstsein durchgängig gelebter Verantwortung
  - ▶ Gemeinsam getragene Werte (z. B. Vertrauen, Professionalität, Gesamtinteresse,
  - ▶ Wertschätzung ...)
  Denkbewegliche, zukunftsweisende Organisationsform (Prozesse plus Rollen plus
  - ▶ potenzialbasierte Verantwortung)

Abb. 1 Wesensmerkmale der Leistungskultur

Widerspruch zwischen als unvereinbar geltenden technischen, kennziffergesteuerten Führungsmodellen und der kulturorientierten Sichtweise auf die Leitung einer Organisation auflösen und Leistung frei setzen kann.

Als Führungsverantwortlicher können Sie sich ein Bild davon machen und reflektieren, ob Sie bisher schon alles ausgelotet haben, was möglich ist, um Ihre Mitarbeiter für Ihre Vision, Ihre Ziele, Strategien und Ideen zu gewinnen. Ich werde aufzeigen, dass Sie nicht von der Kultur Ihres Unternehmens abhängig sind, sondern selbst eine Menge tun können, um eine leistungsfördernde Kultur in Ihrem Umfeld zu schaffen und zu erhalten und so die in jedem Menschen angelegte natürliche Leistungsbereitschaft zu stärken.

Als Geführter lesen Sie, was Sie von Ihrem Chef einfordern dürfen, damit Leistung zum motivierenden Erlebnis anstatt zur Qual wird. Vielleicht gelingt es Ihnen nach der Lektüre dieses Buches, Ihren Chef darauf aufmerksam zu machen, welche Bedingungen er schaffen muss, damit Sie Ihr Bestes geben.

Im Spannungsfeld zwischen Leistung und Kultur

1

Zusammenfassung

In diesem einführenden Kapitel geht es zunächst um eine Klärung, was man unter den Begriffen Leistung und Kultur versteht. Es stellt die Frage: Was ist Leistungskultur, insbesondere Leistung aus Kultur?

Die vom Menschen erbrachte Leistung wird in der Betriebswirtschaft versachlicht. Produktivität und Wirtschaftlichkeit gelten als Leistungsfaktoren. Leistung führt zu Wertzuwachs, der in Form von Erlösen dem eigentlichen Betriebszweck entspricht. Der Einsatz von Arbeit, Betriebsmitteln und Werkstoffen gilt als kostenverursachendes notwendiges Übel. Die menschliche Leistung rückt in der Betrachtung der Betriebswirtschaft nicht in den Mittelpunkt. Da gehört sie aber hin.

Ganz anders ist die Sicht auf Leistung aus pädagogischer, psychologischer und sportwissenschaftlicher Perspektive zu sehen. Das geisteswissenschaftliche Denken stellt Leistung in einen direkten Bezug zum Menschen. Leistung ist immer mit Anstrengung verbunden, schnell, hoch, weit (Sport), klug, wissend, könnend (Pädagogik). Aus Sicht der Psychologie ist Leistung ein durch Energieeinsatz geschaffener Wert, meist Mehrwert.

Menschen sind von Natur aus zur Leistung bestimmt, fähig und motiviert. Es stellt sich nicht die Frage, was zu tun ist, um einen Menschen zur Bestleistung oder gar Spitzenleistung zu bringen. Es stellt sich vielmehr die Aufgabe, alles zu unterlassen, was den Menschen davon abhält, sein Bestes zu geben. Menschen sind Bestleister, wenn man die Voraussetzungen dazu schafft. Einige werden Spitzenleister, wenn sie die Benchmark anführen.

Zu glauben, dass Unternehmenskultur ein Management-Tool sei, ist ein folgenschwerer Irrtum. Unternehmenskultur ist eine über drei Ebenen (1. Ebene: Was nach außen dringt, 2. Ebene: Was Insider wissen, 3. Ebene: Was im Hintergrund wirkt, ohne dass man darüber spricht) gespreizte Komplexität, die zu

W. Saaman, *Leistung aus Kultur,*
DOI 10.1007/978-3-8349-3838-1_1, © Gabler Verlag | Springer Fachmedien
Wiesbaden 2012

verstehen mit Techniken nicht möglich ist. Eine das Unternehmen durchflutende Leistungskultur, die im Ergebnis Bestleistung garantiert und zu Spitzenleistungen führen kann, erreicht man nicht dadurch, dass man das Richtige tut,
sondern dadurch, dass man das Falsche unterlässt. Richtig und falsch sind dabei
subjektive Größen, die es zu ergründen gilt, um Leistungsblockaden zu vermeiden oder auf ein Minimum zu reduzieren.

Eine leistungstragende Unternehmenskultur ist in Krisenzeiten noch wichtiger, als wenn die Signale auf Wachstum stehen. Hier keimen die größten Denk-
fehler, wenn man glaubt, dass die Arbeit an der Kultur in Krisenzeiten warten
kann, weil anderes vorgeht. Wir müssen aufhören, Menschen – und damit uns
selbst! – zu Produktionsfaktoren zu degradieren. Der Mensch ist die zentrale
Mitte von allem, er steuert Faktoren, ohne zu ihnen zu gehören. Unternehmen
sind auf Dauer mit ausgefeilten Managementmethoden nicht auf Kurs zu halten. Solche Methoden sind den Sekundärprozessen zuzuordnen. Primär geht es
darum, eine Leistungskultur zu schaffen, in der jeder seine Rolle kennt, ausfüllt
und zu einer optimalen Wirkung bringt.

Kann man den Grad der im Unternehmen vorherrschenden Leistungskultur
exakt messen? Man kann! Allerdings nicht mit den herkömmlichen Methoden
grassierender Mitarbeiterbefragungen, die zudem vollkommen wirkungslos bis
schädlich sind, wenn man unsensibel damit umgeht. Es ist ein besonderes Vorgehen erforderlich, das zu einem authentischen Leistungskulturspiegel führt.

1.1   Was bedeutet Leistung im Unternehmen?

Leistung kann je nach Kontext ganz unterschiedliche Bedeutungen haben. Der Ingenieur denkt beim Begriff *Leistung* an den Output einer Maschine. Der Volkswirt
beschreibt das Bruttosozialprodukt eines Staates bzw. dessen Import-/Exportleis-
tung. Der Betriebswirt spricht von EBITDA, Bilanzsumme, Ergebnis. Für einen
Pädagogen ist Leistung die Entwicklung der Person hin zum eigenen Ideal. Ein
Sportler schildert als Leistung seine Anstrengung, die er beim Training spürt, oder
die Geschwindigkeit, mit der er mit seinen Skiern über die Buckelpiste nach unten
schießt. Der Psychologe macht auf das Verhältnis zur Person aufmerksam, welches
grundsätzlich mit Leistung zu verbinden ist und das nicht ohne den zu überwin-
denden Widerstand gesehen werden kann. Bei der Verwendung des Leistungsbe-
griffes im Unternehmen müssen wir eine *sachzentrierte* und eine *personenzentrierte* Komponente unterscheiden.

1.1.1 Sachzentrierte Leistung

Das Leistungsverständnis der Betriebswirtschaft ist ein bloßes Zahlenwerk. Dabei sind verschiedene Parameter zu unterscheiden. Die *Arbeitsleistung* wird als Arbeitsproduktivität gemessen, soweit Output und Input messbar sind. Die Produktivität wird als rein mengenmäßige Größe verstanden. Produktivitätsgrößen werden innerhalb einer Branche oder zwischen gleichen Tätigkeiten verglichen.

Wenn Betrieb A 50 Einheiten eines Werkzeugs in fünf Stunden fertigt und Betrieb B 15 Einheiten in einer Stunde, so werden die gefertigten Werkzeuge als Arbeitsergebnis (Output) und die eingesetzten Arbeitsstunden als Arbeitseinsatz (Input) beschrieben. Daraus wird die Arbeitsproduktivität abgeleitet. Betrieb A schafft 50 Einheiten in fünf Arbeitsstunden und erreicht damit einen Faktor von 10. Betrieb B schafft 15 Einheiten in einer Arbeitsstunde und erreicht damit einen Faktor von 15. Der Produktivitätsfaktor ist also bei Betrieb A mit 10, und bei B mit 15 anzusetzen. Das simple Beispiel macht deutlich, dass bei sehr hohen Zahlen des Arbeitsergebnisses nicht immer auf den ersten Blick zu sehen ist, welcher Betrieb produktiver arbeitet, also diesbezüglich mehr *leistet*.

Neben der Produktivität wird die Wirtschaftlichkeit als *Leistungsfaktor* gesehen. So wird zum Beispiel ein Vergleich zwischen unterschiedlichen Branchen möglich. Mit Zahlen werden Umsatz und Arbeitskosten bzw. Ausbringung in Werteinheiten respektive Einsatz ausgedrückt.

Diese so betrachtete *Leistung* wird aus der Sicht der Betriebswirtschaft als eine gezielte Handlung beschrieben, die zu einem dem eigentlichen Betriebszweck dienenden Wertzuwachs (Ertrag, Erlös) eines Unternehmens führt. Um zu dieser Leistung zu gelangen, ist ein Einsatz erforderlich, der aus Arbeit, Betriebsmitteln und Werkstoffen besteht. Durch diesen Werteinsatz entstehen Kosten, der betriebswirtschaftliche Gegenbegriff zur Leistung. Der so ausgelegte Leistungsbegriff wird vorwiegend in der Kosten- und Leistungsrechnung verwendet. Die Herstellung eines Produktes im betrieblichen Fertigungsprozess ist dabei eine *Sachleistung*. Das Erbringen einer Servicehandlung wird als *Dienstleistung* bezeichnet.

Zusammenfassend sind zuvor genannte Leistungen *sachzentrierte Leistungen*. Die vom Menschen erbrachte Leistung wird in diesem Denken versachlicht. Ganz anders ist die Sicht aus pädagogischem, psychologischem oder sportlichem Blickwinkel. Hier haben wir es mit *personenzentrierter Leistung* zu tun.

1.1.2 Personenzentrierte Leistung

Für einen Sportwissenschaftler steht *Leistung* für das erreichte Ergebnis, für hohe Tempi (Laufen, Schwimmen, Radfahren, Skilaufen), große Höhen und Weiten

(Sprung- und Wurfdisziplinen), einen herausragenden künstlerischen Ausdruck (Tanzen, Ballett, Turnierreiten). In vielen Sportarten korreliert die zu erbringende physiologische Leistung (Energieumsatz) eng mit der effektiv messbaren physikalischen Leistung.

Von Pädagogen wird die *intellektuelle Leistung* beschrieben, die zum Erlernen eines unbekannten Lernstoffes innerhalb einer bestimmten Zeit nötig ist. Zweck von Pädagogik ist nicht nur die *Vermittlung* von Wissen. So spielt bei Abitur und Studium nicht nur der erlernte Inhalt eine Rolle, sondern gleichsam die erbrachte Lernleistung eines Menschen, die mit persönlicher Anstrengung verbunden ist.

Die personenzentrierte *Beurteilung* von Leistung steht im Vordergrund. Bezogen auf die schulischen Leistungen definiert sich der Begriff als ein gefordertes und vom Schüler zu leistendes Ergebnis seiner Lernbemühungen. Das sind ähnliche Ansprüche, wie sie ein Führender an seinen Mitarbeiter stellt. Der Mitarbeiter soll sich einbringen, sich anstrengen und dies auf einem Level von abverlangter Genauigkeit, Schnelligkeit und Ergebnissicherheit. Es entsteht ein dynamischer Leistungsbegriff, welcher stets eine individuelle, eine soziale und eine themenbezogene Bezugsgröße beinhaltet. Es wird nicht (nur) das Ergebnis einer Tätigkeit bewertet, wie zum Beispiel in der Betriebswirtschaft, sondern vorwiegend der Entstehungsprozess.

Für Psychologen ist Leistung ein durch Energieeinsatz geschaffener Wert, in den die verfügbaren menschlichen Fähigkeiten mit einfließen. Ein bestimmtes Ziel wird dabei mit einem gewissen Handlungsniveau erreicht. Für das Handlungsergebnis sind körperliche und/oder geistige Fähigkeiten einzusetzen. *Leistung* ist im Sinne der Psychologie ein Gütemaßstab zur Bewertung einer Handlung und des Ergebnisses dieser Handlung. Wird ein Handlungsziel mit mäßigem Aufwand, d. h. geringer Anstrengung erreicht, gilt es nicht als Leistung, auch wenn physikalisch Leistung erbracht wurde.

Der Vorgang des Aufnehmens eines auf dem Boden liegenden Taschentuchs wird nicht als Leistung gesehen. Nur wenn ein bestimmter Schwierigkeitsgrad vorliegt, wie beim Aufheben eines größeren Steines, verbindet die Psychologie den Akt des Bückens und Aufhebens mit dem Begriff *Leistung*. Wenn das zu Erreichende nur mit einem gewissen intellektuellen Anspruch zu erfüllen ist oder einem definierten Gütemaßstab gerecht wird, spricht der Psychologe von einer Leistung. Wenn jemandem die Lösung einer schwierigen Problemaufgabe gelungen ist, so handelt es sich um Leistung. Zur Leistung gehört außerdem, dass das Ergebnis beabsichtigt war und nicht rein zufällig zustande kam. So ist das Führen eines nachbarschaftlichen Gesprächs über den Zaun nicht als *Leistung* zu sehen. Leistung liegt vor, wenn es einem Verkäufer gelungen ist, einen aufgebrachten, reklamierenden Kunden so zufriedenzustellen, dass dieser sich anschließend wohlfühlt und vielleicht sogar bedankt.

Wenn Sie als Chef einer Einheit oder des Gesamtunternehmens sogenannte leicht zu führende Mitarbeiter haben, solche also, die tun, was man ihnen sagt, die wenig eigene Meinung hervorbringen, keine Konflikte verursachen, keinen Widerstand zeigen, so können Sie nicht wirklich für sich in Anspruch nehmen, eine *Führungsleistung* vollbracht zu haben. Führung, als Leistung verstanden, beginnt dort, wo Sie sich einem bestimmten Schwierigkeitsgrad zu stellen haben, Ihnen ein bestimmter intellektueller Anspruch abverlangt wird, Sie einem definierten Gütemaßstab gerecht werden und das Ergebnis durch mehr als den reinen Zufall entstanden ist. Nur Chefs, die keine Führungsleistung erbringen wollen, wünschen sich bequeme, folgsame und widerstandsfreie Mitarbeiter. Zum *Bestleister* in Sachen Führung werden Sie, wenn Sie ernsthaft bestrebt sind, jeden Mitarbeiter dazu zu bewegen, dass er für die Firma das Beste gibt, was er zu bieten hat, qualitativ wie quantitativ. Wenn Sie *Spitzenleister* in Sachen Führung sein wollen, so ist dieses Streben damit erfüllt, dass alle an Sie berichtenden Mitarbeiter sich von Ihnen exzellent geführt fühlen und Sie jeden bis an die Grenze seines Leistungsvermögens gebracht haben.

1.1.3 Der Leistungsbegriff in Unternehmen und seine Einbindung in die Kultur

Fassen wir zusammen: Leistung in Unternehmen lässt sich in zwei Kategorien aufteilen:

* *Sachzentrierte* Leistung durch Prozesse, Maschineneinsatz und Menschenhand, die sich in klaren Zahlen bemessen und objektiv vergleichen lässt
* *Personenzentrierte* Leistung durch das körperliche und geistige Einbringen des Individuums, das sich nur subjektiv messen und vergleichen lässt

Führungskräfte mit einem pädagogischen, psychologischen oder sportwissenschaftlichen Ausbildungshintergrund haben in der Regel keine Schwierigkeiten damit, die Gesetzmäßigkeiten für *sachzentrierte* Leistung nachzuvollziehen. Die richtige Einschätzung der *personenzentrierten* Leistung fällt ihnen durch ihre Ausbildung sowieso leicht. Während die Kollegen mit wirtschaftswissenschaftlichem oder naturwissenschaftlichem Hintergrund gewohnt sind, mit objektiven Werten bei der Leistungsbemessung umzugehen, fällt es vielen von ihnen jedoch schwer, die Subjektivität bei der Bemessung personenzentrierter Leistung zu akzeptieren. Diese Subjektivität ist allerdings eine unumstößliche Realität.

Wie wichtig die Trennung zwischen sachzentrierter und personenzentrierter Leistung für die wertschätzende Führung von Menschen ist, verdeutlichen einfache Beispiele aus dem Sport: Der Marathonläufer mit langen Beinen muss weniger Energie aufwenden, um in derselben Zeit durchs Ziel zu kommen, als einer mit kurz gewachsenen Beinen. Objektiv zählen Stunden, Minuten und Sekunden bis zum Zieldurchlauf als Leistung. Subjektiv hat bei zeitgleichem Zieleinlauf der Läufer mit den kürzeren Beinen mehr Leistung gezeigt. Oder mit einem Beispiel aus dem Reitsport belegt: Der Jockey mit dem geringeren Körpergewicht ist dem überlegen, der in die Nähe der Höchstgrenze von 55 kg (bei Berufs-Jockeys) kommt. Umgekehrt das Verhältnis beim Kampfringen. Hier ist der Schwergewichtigere überlegen.

In der Führung von Menschen darf das objektive Ergebnis nicht ohne das subjektive, die Sachleistung nicht von der Personenleistung getrennt gesehen werden. So kann etwa bei gleichen Ergebnissen zweier Gruppen der eine Gruppenleiter, der keinen Einfluss auf die Auswahl seiner Mitarbeiter hat, eine bessere Führungsleistung zeigen als der Kollege der anderen Gruppe. Die Führungsleistung hängt unmittelbar von der Qualität der Führung ab.

Wer die Gesetze von Subjektivität und Objektivität bei der Leistungsbewertung außer Acht lässt, kommt zwangsläufig zu einer Fehleinschätzung in der Wertigkeit seiner Mitarbeiter. Das gilt auch für die Anwendung variabler Vergütungssysteme, die ausschließlich auf das Erbringen bestimmter Quoten abgestellt sind. Eigentlich soll mit solchen Systemen Leistung belohnt werden. In Wahrheit wird der Zufall honoriert, wenn man sich ausschließlich der Rechenart aus sachzentrierter Leistung bedient.

1.1.4 Der Unterschied zwischen Spitzenleister und Bestleister

Qualifiziert geführt, lässt sich jeder Mitarbeiter zu einem *Bestleister* entwickeln. Bestleister sind nicht unbedingt *Spitzenleister*. Sehr wohl können sie es sein oder werden. Die Ergebnisse des Spitzenleisters sind in einer objektiven Messgröße auszudrücken. Er orientiert sich nicht an der Benchmark. Er ist die Benchmark. In der Regel sind Potenziale, Motivation, Intellekt, Ausbildung, Erfahrung im Verhältnis zur Herausforderung ohne jede Abweichung stimmig für Spitzenleistung. Der Maßstab für das Geniale, die Spitze, ändert sich ständig, weil das Bessere des Guten Feind ist. Folglich kann es nur relativ wenige Spitzenleister in einem Unternehmen geben. Von ihnen geht aber eine Zugkraft auf andere aus, die sich in einer gesunden Leistungskultur an Vorbildern orientieren. Die Leistungskurve aller steigt.

Zu einer ebensolchen gesunden Leistungskultur gehört, dass man die Anzahl der Bestleister vermehrt. Bestleister sind die Menschen, die unter den gegebenen Faktoren der an sie gestellten Anforderungen in Korrelation mit Potenzialen, Motivation, Intellekt, Ausbildung und Erfahrung das denkbar Beste geben, was sie zu bieten haben. Das Beste ist eine subjektive Messgröße. Mehr als das Beste geht nicht, auch wenn es von Genialität unter Umständen ein Stück entfernt ist. Weniger geht immer. Und dieses Weniger vom Bestmöglichen wird durch Überforderung, Störungen oder mangelnde Wertschätzung ausgelöst. In guter Erinnerung ist mir das Coaching eines Bereichsleiters. Der von seinem Chef ausgehende Coaching-Auftrag bestand in der Hauptsache darin, ihn zu effektiverem Arbeiten und damit besserer Leistung anzuleiten. Bereits in der ersten Coachingsitzung stellte sich heraus, dass dieser Manager vor einem Dreivierteljahr den neuen Chef bekommen hatte. Dessen Vorgänger kümmerte sich relativ wenig um seinen Bereichsleiter. Er führte von Zeit zu Zeit reflektierende Gespräche und machte im Übrigen deutlich, dass er seinem Mitarbeiter voll vertraute. Das Spiel zwischen den beiden führte zu hervorragenden Ergebnissen. Der Bereichsleiter gab sein Bestes und das war mehr als zufriedenstellend. Der Chef führte ihn bedürfnisgerecht. Allein der große Vertrauensrahmen war für den Bereichsleiter Ansporn genug, sich qualitativ und quantitativ ins Zeug zu legen. Der gelegentliche Austausch zwischen seinem Chef und ihm wirkte wie Balsam.

Vor neun Monaten war der neue Vorgesetzte in das Leben des Bereichsleiters getreten. Ein dynamischer Manager, der auf einer internationalen Managementschule vieles gelernt hatte, nur eines nicht: Leadership. Dass der Mensch ein Individuum ist, hatte er ebenso wenig gelernt wie dass Führung keine Frage von Techniken ist, sondern von sensiblem Eingehen auf den anderen. Also führte der Neue diesen Bereichsleiter formal unter Anwendung aller ihm vermittelten Management-Tools. Das ging mächtig schief. Und da sein Mitarbeiter, der Bereichsleiter, keine große Lust hatte, sich mit seinem neuen Chef anzulegen und ihn mit seinen „gestelzten Managementmanieren", wie sich der Bereichsleiter ausdrückte, zu konfrontieren, war er zu einem neuen Programm übergegangen. Dieses Programm hatte zum Inhalt, anstatt für seinen Chef für seine Firma zu arbeiten. Und was da zu tun war, ergab sich aus dem Anstellungsvertrag, ergänzt um eine recht eng gestrickte Stellenbeschreibung.

Der Neue hatte gelernt, dass an ihn berichtende Führungskräfte überragend sein müssen, und wenn nicht, dass man einen Coach mit der Nachbesserung beauftragen soll. Man hatte ihm nicht vermittelt, wie man Leistungsstörungen eines Mitarbeiters so analysiert, dass man auf den wirklichen Punkt der Leistungseinschränkung stößt. Den kritischen, das Verhalten auslösenden Punkt findet man nicht mit Controlling-Gesprächen auf der Sachebene. Natürlich hatte ich als Coach, nicht nur wegen meiner Neutralität, ein leichtes Spiel, bis auf den Grund der Ursachen vorzudringen. Ich kam deswegen schnell zum Ziel, weil ich jenseits der Verstandesebene an dem Befinden, den Gefühlen des Bereichsleiters interessiert war. Diese

Chance der Gesprächsführung jenseits der Sachebene hatte der neue Chef erst gar nicht versucht.

Als ich die Quelle der Leistungsstörung gefunden hatte und wusste, was dem Neuen bisher entgangen war, bestand meine vordringlichste Aufgabe darin, das Coaching des Bereichsleiters zu beenden. Die Bedingungen für Bestleistung lagen auf dem Tisch, was wollte ich mehr: „Ich will gesehen und nicht verwaltet werden", hatte ich vom Bereichsleiter gehört. Der Leistungsschwund war das Ergebnis wirkungsloser Führung. Das musste ich nun dem neuen Chef des Bereichsleiters vermitteln, was nicht einfach war. Denn dieser hatte ein zu einfaches Skript: Wenn der Mitarbeiter keine Bestleistung zeigt, liegt es am Mitarbeiter. Das mag in manchen Fällen durchaus richtig sein. In diesem Fall war die Einschätzung des Chefs einfach falsch.

Leistung ist das eine, Kultur das andere, was im Unternehmen zählt. Zur Unternehmenskultur steht viel geschrieben. Die Auffassungen variieren von „elementar wichtig" bis „wenn's sein muss".

1.2   Was ist Kultur im Allgemeinen und Unternehmenskultur im Speziellen?

Beim Begriff *Kultur* ist es nicht viel anders als beim Begriff Leistung. Es gibt ganz unterschiedliche Sichtweisen. Ein Landschaftsarchitekt denkt an Bearbeitung und Pflege. Ein Landwirt an die Bestellung des Ackers. Beide denken an den gestalterischen Eingriff in die Natur. Der Künstler hat wiederum eine eigene Vorstellung von Kultur. Die ist nicht dieselbe, die einen Politiker bewegt. Ebenso stehen auch Gebiete wie Recht, Moral, Religion, Wirtschaft und Wissenschaft mit dem Kulturbegriff in Zusammenhang, mit jedoch jeweils durchaus unterschiedlichen Deutungen.

Wenn ich über *Unternehmenskultur* rede, so bin ich schnell mit den human und geisteswissenschaftlich Denkenden im Einklang. Befremdet bin ich, wenn ich höre oder lese, dass *Unternehmenskultur* ein Management-Tool sei. Kultur in einem Unternehmen ist alles, nur das nicht. Um Kultur in die Management-Tool-Ecke zu stellen, muss man schon einiges an Fantasie aufbringen, Zum Beispiel, dass Kultur ein Produkt, eine Methodik, ein Führungsinstrument sei anstatt ein Zustand. Der Vater der Organisationskultur, Edgar H. Schein, verweist darauf, dass der Begriff *Kultur* als Konzept vor über einhundert Jahren von der Ethnologie eingeführt wurde (Schein 2003). Er offenbart, wie unterschiedlich Menschen in ihrem Denken und Handeln aufgrund ihrer Herkunft und sozialen Einbindung sein können. Kultur beschreibt ethnologische Unterscheidungsmerkmale, was etwa Italiener von Spaniern trennt, Engländer von Franzosen, Amerikaner von Japanern. Das ist nicht nur für Forscher und Reisende eine interessante Perspektive und ausgesprochen erhellende Erkenntnis.

1.2.1 Kultur ist nichts für die Toolbox von Managern und Beratern

Kultur in die „Toolbox von Managern, Beratern und Akademikern zu packen, ausstaffiert mit konventionellen Formen von Fragebögen, Zahlen und Profilen", ist für Edgar H. Schein nichts weiter als das Kratzen an der Oberfläche. Schein: „[...]alles nicht ganz falsch, aber weit davon entfernt, wirklich nützlich sein zu können" (Schein 2003). Dabei muss es jeden Unternehmenslenker, jede Führungskraft, jeden Berater interessieren, mit welcher Kraft die kulturellen Kräfte auf die Leistung wirken.

Kultur ist von Menschenhand Geschaffenes, nicht naturgegeben. Im Unternehmen ist Kultur das verbindende Element im Zusammenwirken der Menschen, die mit ihren unterschiedlichen Werten, Mentalitäten, Potenzialen, Fertigkeiten, Erfahrungen, Motiven und Neigungen als Rollenträger (mit Ergebnisorientierung, Zuständigkeiten, Aufgaben, Verantwortung, Kompetenzen) ihren Beitrag zum Ganzen leisten. Das ist aber noch nicht alles. Die Manifestationen, Riten und Rituale im Unternehmen, Unternehmensklima, Belohnungssystem, Grundwerte dürfen nach Edgar H. Schein nicht mit der Kultur an sich verwechselt werden. Kultur besteht nach Schein aus mehreren Ebenen: Die oberste Ebene bilden die „Artefakte" als schwer zu entschlüsselnde sichtbare Organisationsstrukturen und -prozesse. Die mittlere Ebene charakterisiert „öffentlich propagierte Werte" als propagierte Rechtfertigungen in Form von Strategien, Zielen, Philosophien. Die unterste Ebene bilden „grundlegende unausgesprochene Annahmen" als unbewusste, für selbstverständlich gehaltene Überzeugungen, Wahrnehmungen, Gedanken und Gefühle, letztlich die Quelle der Werte und des Handelns.

1.2.2 Unternehmenskultur ist eine über drei Ebenen gespreizte Komplexität

Auf der obersten Ebene, von der Störungen und Probleme ausgehen, ist die Kultur sehr klar mit unmittelbaren emotionalen Auswirkungen verbunden. Zwar weiß man nicht, warum sich die jeweiligen Mitarbeiter so verhalten, denn beobachten und befragen für sich genommen reichen nicht aus, um die Vorgänge zu entschlüsseln, mahnt Edgar H. Schein. Dagegen können unternehmensinterne Kenner der unternehmensspezifischen Kultur, sogenannte Insider, gesichert Aufschluss darüber geben, was man zu beobachten oder zu spüren glaubt bzw. was Fragesysteme aufdecken. Dieses Phänomen wurde mir zu Beginn meiner Beraterzeit deutlich, als ich mich über die Ergebnisse einer von mir angelegten schriftlichen Befragung zum Betriebsklima in einem 600-Mitarbeiter-Betrieb nur wundern konnte. Der harsch-autoritäre Inhaber – dessen nicht immer angenehmes Auftreten mir persönlich als Zeuge diverser Situationen nicht entgangen war –, die im Branchenvergleich schlechte Bezahlung und noch einige andere Faktoren hätten eigentlich ein schlechtes Meinungsbild hervorbringen müssen, zumal die Befragung anonym durchgeführt wurde und die Beteiligungsquote hoch war.

Das Gegenteil meiner Erwartungen trat ein. Die befragten Mitarbeiter äußerten sich zufrieden mit den Zuständen. Erst die sodann von mir nachgeschalteten Einzelgespräche mit Insidern deckten auf: In der 20-jährigen Geschichte des Unternehmens hatte der Inhaber jeden der Mitarbeiter passend zu seinem Stil ins Unternehmen geholt. Genügsame und Angepasste nehmen das Brot, das man ihnen gibt, wenn es zum Leben reicht. Und genau das war hier der Fall. Dem Inhaber war mit Blick auf die Zukunft seines Unternehmens nicht wohl. Ihn beruhigte das an der Oberfläche gut anzusehende Ergebnis der Befragung keineswegs. Er wollte ein beutesüchtiges Wolfsrudel aufbauen, ganz seiner Art als Leitwolf entsprechend, und hatte übersehen, dass seine Personalauswahl ebenso wie seine Art der Führung die Mitarbeiter brav wie eine Schafherde sein ließen.

Zurück zu den drei Ebenen der Unternehmenskultur. Auf der mittleren Ebene müssen die propagierten Werte durch Informanten, die als Erlebnisträger wissen, was wirklich geschieht, aufgehellt werden. Die öffentlich vertretenen Werte sind nicht gleichsam die gelebten. Ein Problem, das in den meisten Firmen deutlich unterschätzt wird. Es können viele Geschichten quer durch das Unternehmen kursieren, zum Beispiel, dass der Gründer bestimmte Werte festgelegt habe, dass nur auf die im Unternehmen gängige Weise gute Teamarbeit funktionieren könne, dass die Werte, die Ethik, die Moral schon immer als Prinzipien im Unternehmen verankert gewesen seien. Vergleicht man zwei Unternehmen und liest deren Flyer zur Unternehmenskultur, so gewinnt man leicht den Eindruck von zwei identischen Unternehmen. Teamarbeit, Kundenorientierung, Produktqualität, Integrität … – in den Broschüren zweier Unternehmen mögen dieselben Worte enthalten sein. Das sind zunächst einmal *Etikettierungen*, wie Edgar H. Schein es nennt, die noch nichts über den Inhalt der Verpackung aussagen. Erst wenn man eine Ebene tiefer steigt, kommt man hinter die – unter Umständen – gravierenden Unterschiede, die zwei Unternehmen mit gleich klingender Propaganda ausmachen.

Verstehen kann man ein Unternehmen erst, wenn man auf der unteren Ebene angekommen ist, auf der nach Schein das offene, also gezeigte Verhalten von einer tieferen Denk- und Wahrnehmungsebene beeinflusst wird. Die untere Ebene kann, muss aber nicht, mit der mittleren gleich sein. Was haben die Gründer tatsächlich

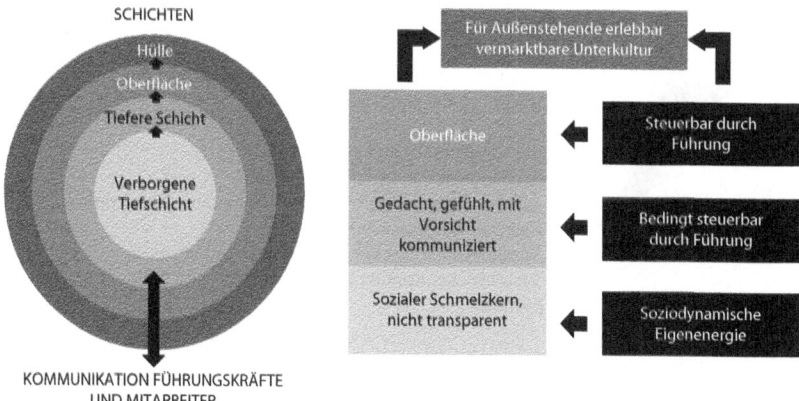

Abb. 1.1 Schichten der Unternehmenskultur

gesagt? Was geht den bedeutenden Leitern durch den Kopf? Erst die gemeinsam getragenen und für selbstverständlich gehaltenen Werte, Überzeugungen, Glaubenssätze, Annahmen, Visionen sind die Essenz der Unternehmenskultur. Leitbilder in der heute gängigen Form sind in den meisten Fällen kein Spiegel der Unternehmenskultur.

Wer Unternehmenskulturen begreifen will, muss auf die untere Ebene gehen, um zu wissen, was die wirkliche Kultur des Unternehmens ist. Um zu verstehen, muss man erleben, aufspüren, nachvollziehen. Es ist nicht selten, dass die Manager an der Spitze eines Unternehmens eine andere Kultur beschreiben, als sie von den Mitarbeitern an der Basis erklärt wird. Das geht in Einzelfällen so weit, dass die Obersten von einer Hochleistungskultur sprechen, während im Inneren ein Überdruck jegliches Kulturempfinden zunichtemacht. Leistung kann nicht separiert von Kultur und Kultur nicht mehr getrennt von Leistung gesehen werden. Nur eine gelebte Kultur ist eine ernst zu nehmende Kultur. Nur wenn die Menschen kreuz und quer durch das Unternehmen von einem einheitlichen Leistungsverständnis ausgehen, kann man von einer Leistungskultur sprechen (Abb. 1.1 und 1.2).

1.2.3 Wenn die Menschen von einem einheitlichen Leistungsverständnis ausgehen, kann man von Leistungskultur sprechen

Ob ein Unternehmen eine Stress verursachende, ausbremsende Kultur oder eine leistungsfördernde Kultur hat, wird durch das subjektive Meinungsbild der Men-

Defizite in der Kultur kosten Leistung!

Die Lösung von Leistungskonflikten ist nur auf Basis einer geklärten Kultur nachhaltig moglich

Bei Kulturkonflikten ist zu hinterfragen:
▶ Sachkonflikt (eigentlich „Problem")?
▶ Individualpsychologischer Konflikt (gegenwärtige oder rückwärtige Ursachen)?
▶ Sozialpsychologischer Konflikt (wer gegen wen)?
▶ Systemischer Konflikt (im offenen oder geschlossenen System)?

Abb. 1.2 Auflösen von Leistungs- und Kulturkonflikten

schen entschieden, die Tragende oder Getragene dieser Kultur sind. Kultur kann man mit Fragebögen im Multiple-Choice-Verfahren nicht wirklich erfassen. Dazu enthält Kultur zu viele Facetten. Solche Befragungssysteme liefern zwar gewisse Daten, sagen aber nichts über die verschiedenen Tiefenschichten der Kultur aus. Die Leistung einschränkenden Kulturprobleme sind damit nicht auszumachen.

Kultur ist ein gruppendynamisches Phänomen. Dabei spielen nicht nur die ausgesprochenen Erwartungen und Bedürfnisse eine Rolle. Wenn man Kultur als Ganzes erfassen will, muss man auch auf das Unausgesprochene achten. Wer Kulturen bewertet, sitzt gleichsam im Käfig seiner eigenen Kultur mit der Gefahr, dass von dieser mentalen Gefangenschaft stereotype Unterstellungen ausgehen. Wer als Berater Kulturprobleme lösen oder Kulturen verändern will, muss den Schritt aus seiner Befangenheit wagen und sich im Raster seines Denkens alles vorstellen können. Es gibt nicht die *richtige* oder *falsche* Kultur. Es gibt nur die auf die eine oder auf die andere Weise, die stärker oder weniger stark wirkende Kultur. Vor allem darf man *Unternehmenskultur* nicht in das Regal der verschiedenartigsten Managementmethoden stecken. Außerdem hilft es wenig, sich an anderen Kulturen orientieren zu wollen, um daraus Rückschlüsse auf die eigene Kultur zu ziehen.

Je größer das Unternehmen ist, umso schwieriger wird es, die Gesamtkultur zu erfassen. Wenn das Unternehmen zudem auf unterschiedliche Standorte verteilt ist, so darf man durchaus damit rechnen, dass die Kultur von Standort zu Standort variiert. Eine ganz andere Frage ist natürlich, ob eine einheitliche Leitkultur gewollt ist. Wenn ja, dann muss man je nach Größe des Unternehmens für eine deutlich längere Zeit daran zu arbeiten bereit sein, als wenn man es mit einer Organisation von einigen Hundert Menschen zu tun hat. Ohnehin unterliegt die Kultur eines Unternehmens einem permanenten Wandel. Sie ist nicht statisch festgelegt, sondern verändert sich unaufhörlich, was einerseits eine Erfassung schwierig macht, was aber anderseits die Chancen auf steuerbare Veränderungen erhöht.

Der zentrale Einflussfaktor für den Zustand einer Kultur geht von menschlichem Verhalten aus. Je bedeutender die Rolle einer Person, umso stärker der Einfluss auf die Kultur. Ein neuer Vorsitzender ist durchaus in der Lage, die Kultur eines Konzerns von 100.000 Mitarbeitern positiv zu beeinflussen. Aber nicht innerhalb von Monaten. Umgekehrt geht es schneller. Ein neuer CEO kann eine gute Kultur innerhalb von wenigen Monaten, manchmal sogar Wochen, erschüttern. Die Menschen nehmen Störungen einer Kultur, die wie Giftpfeile wirken, schneller und sensibler auf als die Arbeit an der Verbesserung einer durchaus schon weit gereiften Kultur.

1.2.4   Störungen richten mehr Kulturschäden an, als Culture-Change-Programme wiedergutmachen können

Es gibt viele Störungen, die an der Kultur kratzen und Menschen verunsichern können. Solche Störungen können ganz unterschiedliche Ursachen haben: zum Beispiel negative Schlagzeilen in der Presse, plötzliche und nicht nachvollziehbare Wechsel im Top-Management, erlebbare Realitäten, die nicht zur Kernbotschaft der Unternehmensleitung passen wollen. Und doch gibt es Konzerne von gewaltigem Ausmaß mit einem gemeinsamen Kulturempfinden, das auch für Außenstehende sichtbar wird. Besonders deutlich kann ein gemeinsames oder bisher eher latent vorhandenes Firmendenken zutage treten, wenn zwei Unternehmen oder Institutionen mit unterschiedlichsten Firmenkulturen und unterschiedlichster Herkunft fusionieren. So etwa, wenn plötzlich Führungskräfte und Mitarbeiter eines streng bürokratisch und hierarchisch organisierten Unternehmens auf eines mit stark kooperativer, diskussionslastiger Kommunikationskultur treffen und zusammenarbeiten müssen. Kürzlich konnte ich drei Jahre nach Neugründung einer Firma mit über 2.000 Mitarbeitern Kulturunterschiede erleben, wie sie plastischer kaum sein können. Mit der Firmenneugründung hatte man versucht, Führungskräfte und Mitarbeiter aus einem IT-Unternehmen, aus einem internationalen Konzern sowie Beamte und Bundeswehrangehörige in einem neuen Unternehmen zu integrieren. Die Mitarbeiter und Führungskräfte aus dem Konzern waren kooperative Diskussionsrunden gewohnt, während die vormaligen Mitarbeiter des IT-Unternehmens klare Anweisung von oben erwarteten. Die Soldaten und Beamten vermissten Strukturiertheit. Dabei hatte es zu Beginn ein Culture-Change-Programm gegeben. Allerdings mit wenig Wirkung. Eine neue Gemeinsamkeit war auch nach drei Jahren noch nicht gefunden. Die mentale Verbindung der Mitarbeiter und Führungskräfte zur jeweiligen Ursprungskultur war dafür viel zu sehr verwurzelt. Die Menschen handelten und dachten immer noch der Kultur ihrer Herkunftsorganisation entsprechend. Und diese war in vielem nicht synchron mit der gemeinsam angestrebten neuen Ausrichtung. In einem solchen Fall reichen einmalige Culture-Change-Programme nicht aus. Deren Wirkung verpufft im Allgemeinen sofort. Das Scheitern einer gewinnbringenden Fusion oder Neugründung ist so vorprogrammiert. Das Finden einer neuen Gemeinsamkeit erfordert stattdessen viel Mühe, Zeit und vor allem ein Ansetzen am tief verwurzelten Kulturdenken, an der jeweiligen mentalen Verbindung zur Ursprungskultur.

1.2.5   Der Mangel an Kulturdenken kommt teurer als das Übersehen ökonomischer Fakten

Gescheiterte Firmenfusionen sind ein gutes Beispiel dafür, dass das Zusammenführen von Kulturen gründlicher als nur aus ökonomischer Sicht bedacht sein will. Der Blick auf Umsätze, Kosten, Marktposition, Preisentwicklung und Ertragsaussichten ist zu einseitig, um ein Vorhaben von großer Dimension abzusichern. Kultur- bzw. integrations- oder verhaltensorientierte Überlegungen gehören ebenso gründlich geplant.

So mancher inzwischen gescheiterte Big Deal zerbarst *nicht* an ökonomischem Fehldenken. Er scheiterte an mangelndem Kulturdenken. Man kann gänzlich unterschiedliche Kulturen nicht einfach durch Verträge zusammenführen. Es bedarf einer sensiblen Hand und eines ebensolchen Verständnisses für die unternehmensspezifischen Vorstellungen und Überzeugungen, die sich in den Seelen der Betroffenen festgesetzt haben. Bei Restrukturierungsprojekten ist es ähnlich. Die betriebswirtschaftlichen Fragen werden gestellt und zumeist auch sauber beantwortet. Fragen, die sich mit den Auswirkungen auf die Kultur auseinandersetzen, kommen erst gar nicht auf die Tagesordnung. Und so ist es keine Seltenheit, dass das durch Reorganisation bedingte Stühlerücken zu einem glatten Kontrastmodell führt: herbe Leistungseinbußen statt Leistungszugewinn. Zum einen während der Zeit des Umbaus, zum anderen für Monate und Jahre danach.

Diese Vernachlässigung der Kultur und der Auswirkung der Fusion auf die Mitarbeiter hat fatale Folgen: Die Bestleister sehen sich nach Alternativen außerhalb der Firma um, bevor für sie klar wird, wo ihr Platz in der neuen Organisation ist. Sie wollen nicht in der Ungewissheit verharren müssen, bis sie jemand aus dieser psychischen Klemme befreit. Während sich die Top-Leister aus dem Staub machen, verbringen die Verbleibenden pro Tag Stunden damit, ihre Sorgen mit anderen zu teilen und dabei auf ein leistungsmäßiges Notprogramm umzuschalten. Die Kultur verändert sich mit relativ rasanter Geschwindigkeit, weil ein Notstand für Entwurzelung der Kultur gesorgt hat. Notstand verbindet schneller, als Erfolg jemals dazu in der Lage ist.

Zukünftig profitieren Firmen von der in den letzten Jahren geänderten Kultur in der Gesellschaft. Durch diese Veränderung kommen ganz neue Chancen auf sie zu.

1.3   Neue Chancen für Firmen durch gesellschaftlichen Kulturwandel

Unsere Gesellschaft hat einen Kulturwandel erfahren. In den Nachkriegsjahren wuchs die Jugend stark behütet, streng umsorgt, pädagogisch linienförmig auf. Ob es besser oder schlechter war als heute, das ist hier nicht die Frage. Es war anders. Der junge Mensch bekam den Werterahmen des Elternhauses vermittelt, zu dem Klarheit und Kontinuität gehörten. Er wuchs in der biologisch natürlichen Familie mit einem berufserfüllten Vater und einer erziehungsengagierten Mutter auf. Die Namen der Eltern waren identisch mit den Namen der Kinder, weil der Familienname einer unwiderruflichen Norm des Gesetzgebers folgte, die sich am Mann orientierte. Die staatliche Norm für Ehe und Familie ging noch weiter.

Ehescheidungen gab es so gut wie nicht. Eine Scheidung kam nicht nur im moralischen Sinne einer Entgleisung gleich. Die Gerichte hatten hohe Hürden aufgebaut. In Scheidungsprozessen wurde tief nach der Schuldfrage geschürft. Es kam nicht darauf an, ob zwei Menschen sich als Paar auseinandergelebt hatten oder nicht. Eine Scheidung griff negativ auf die berufliche Karriere durch. Die Kinder wuchsen bis zur Volljährigkeit bei ihren leiblichen Eltern auf. Stiefvaterrollen hatte hier und da zwar der Krieg mit sich gebracht. Stiefmutterrollen waren dagegen ausgesprochen selten.

1.3.1   Die alten Zeiten waren nicht besser, aber kulturprägender

Politiker galten in dieser Zeit als Vorbilder für und Wächter von Sitte und Moral. Sie fühlten sich einem gesellschaftspolitischen Auftrag verpflichtet. Nicht nur Bundespräsidenten- und Kanzleramt wurden ausschließlich mit Vorzeigeamtsträgern besetzt, die einen gradlinigen Lebensweg nach damaliger Gesellschaftsnorm genommen hatten. Wer in sogenannter *wilder Ehe* lebte, dem war der Zugriff auf von Würde geprägte Ämter ebenso versagt wie Geschiedenen. Nicht einmal eine Frau wäre bei ansonsten bestem Leumund und vorbildlicher Lebensgestaltung für eines der gehobenen Ämter infrage gekommen. Einer Frau war die Rolle der erziehenden Mutter zugeschrieben. Zumindest in der damaligen Bundesrepublik Deutschland. Ein viermal verheirateter Kanzler wäre so unvorstellbar gewesen wie einer mit einer deutlich jüngeren Frau. Und eine Kanzlerin? Damals ausgeschlossen. Es gab zudem eine deutliche Schichtenteilung. Der Respekt vor Amtspersonen und Lehrern wurde von den Eltern auf die Kinder übertragen. Den sich krass abgegrenzten Bildungsschichten wurden unterschiedliche Privilegien zuteil. Alles war durchstrukturiert und geordnet.

In der Schule übten die Lehrer erzieherische Macht – bis hin zur legalisierten Gewaltanwendung durch körperliche Strafen – aus. Selbst in der Kirche, allen voran der katholischen, war die Züchtigung begehrtes Mittel jenseits schlechten Gewissens, um Heranwachsenden „den rechten Weg" zu weisen. Das Korsett war eng geschnürt. Es mangelte zwar an geistiger Bewegungsfreiheit, nicht aber an einer ebensolchen Orientierung.

Firmen waren in der damaligen Zeit weniger der Raum für Kulturfindung. Der durchschnittliche Arbeitnehmer war ausschließlich erwerbsorientiert und mehr als heute autoritätshörig, er funktionierte und folgte den Anweisungen der Direktion. Seine sozialen Bindungen suchte er in der Familie. Und wenn das Unternehmen von einer mehr oder minder klaren Kultur geprägt war, so genügte nahezu die Beschäftigung mit dem Inhaber oder Generaldirektor, um diese Kultur zu begreifen. Von der Unternehmensspitze ging eine personifizierte Zugkraft aus, der sich der Rest der Mannschaft beugte.

1.3.2   Wechselbad: Von einem Extrem ins andere

Die Zeiten haben sich geändert. Gründlich geändert. Es scheint, als seien wir den Weg von einem Extrem ins andere gegangen. Politiker leben weniger für die Gesellschaft als für ihr Ansehen. Damit sind sie nicht mehr unbedingt Vorbild für Werte und Normen. Sie repräsentieren vielmehr eine Gesellschaft, in der nahezu alle ihrem eigenen Stil folgen. Die Möglichkeiten, Optionen und Freiheiten für den Einzelnen haben in etwa der Weise zugenommen, wie die Orientierung zur Unterscheidung von Gut und Böse abgenommen hat. Verbindliche Regeln im Straßenverkehr werden mehr denn je ignoriert – nicht zu blinken oder noch schnell mal über die rote Ampel zu fahren scheint zur Gewohnheit geworden zu sein. Rituale wie Hochzeit, Kommunion, Konfirmation haben an Bedeutung verloren. Die in den letzten Jahrzehnten gewonnene Freiheit im Denken hat eine großzügig ausgelegte Freiheit im Handeln zur Folge. Die heutige Gesellschaft ist einerseits eine tolerante geworden, in der andererseits ein neuer Bedarf an Klarheit und Orientierung wächst. Und genau den können Firmen bieten.

1.3.3   Wer soll die Kultur und Werte vermitteln, die der junge Mensch zur Orientierung braucht?

Kultur und Werte werden den heranwachsenden Menschen heute weniger vermittelt als etwa in der Zeit des Wiederaufbaus und stetigen Wirtschaftswachstums, in der das Leistungsstreben ein ebenso dominanter wie richtungsweisender Grundstein für die damals funktionierende Gesellschaft war. Heute bröckelt der orientierungsgebende Halt in unserer Gesellschaft ebenso wie in Familien. Es haben sich fragile Systeme gebildet. Die Patchwork-Familie bietet wie die Einzelerziehung eine Fragmentierung von Werten und Kultur. Vielen Heranwachsenden fehlt ein allumfassender Rahmen für Einordnung. Das Zuhause von damals existiert nicht mehr. Es muss neu definiert werden.

An die Organisationen, in denen wir arbeiten, zum Beispiel Firma, Behörde, Verein, Institut, werden neue Anforderungen gestellt. Auf sie kommt eine neue Verantwortung zu. Menschen, gerade die jüngeren, suchen nach Halt und Geborgenheit. Sie wollen sich zudem im Beruf verwirklichen. Galt der Beruf in der alten Gesellschaft noch eher der Existenzsicherung, so nimmt er heute einen nicht geringen Raum in der Selbstverwirklichung eines Menschen ein. Was die Familie nicht mehr zu bieten und zu sichern vermag, was die Gesellschaft unbeantwortet lässt, schafft eine Lücke, die Organisationen ausfüllen können, ja sogar müssen. Der Mensch von heute ist leistungsbereiter geworden und anspruchsvoller zugleich bezüglich der Wahl der Stätte, in der er sich mit seiner Leistung einbringen will.

Organisationen fällt heute wie nie zuvor eine neue Art von Heimatfunktion zu. Sie bilden eine neue Form von Zuhause. Der Mensch definiert sich über den Beruf plus seiner außerberuflichen Sozialisation. Beides verschmilzt quasi zu einer Einheit. Langzeitarbeitslose leiden zum Beispiel deutlich weniger unter finanziellen Einschränkungen als darunter, vom Gesellschaftsleben abgekoppelt zu sein. Menschen spüren schon kurz nach Verlust ihrer Stelle, dass sich Freunde und Bekannte zurückziehen. Die Rolle in der Gesellschaft ist eng an die Rolle im Beruf gebunden. In höchsten Ämtern wird nicht mehr danach gefragt, ob jemand solide verheiratet ist oder eine Familie hat. Das war gestern. Heute steht einzig und allein die Eignung für das Amt im Vordergrund, aus welcher Perspektive auch immer man diese beurteilen mag.

Auf die Führenden in den Organisationen kommt eine neue Aufgabe zu, die jenseits von bloßer Pflichterfüllung eine neue Qualität von Auseinandersetzung mit der Organisation schafft. Nie zuvor waren Führende für Geführte attraktiver – vorausgesetzt, sie verstehen es, Menschen für ihre Visionen zu gewinnen, ihnen Vorbild zu sein oder ihnen Leitung zu geben.

1.3.4 Von der Papageienära zur Katzengesellschaft

Wir haben hier in Europa, insbesondere in Deutschland, in den letzten fünfzig Jahren eine gewaltige Persönlichkeitsentwicklung des arbeitenden Menschen erfahren. Um das Ausmaß zu verdeutlichen, will ich eine Analogie „der Mensch als Tier" wagen. In den 50er und 60er Jahren lebten wir in den Firmen in der Papageienära. In dieser Zeit sprach der Generaldirektor zum Direktor, der Direktor zum Abteilungsleiter, der Abteilungsleiter zum Meister und dieser zu seinem Vorarbeiter: „Denke gar nicht. Tue, was ich dir sage. Sprich mir nach und du fühlst dich gut." Anders ausgedrückt: Jakob, der Papagei hatte brav nachzusprechen, was Herrchen ihm vorsagte. Dafür bekam er sein Köpfchen gekrault und schon war die Motivation als Zaubermittel der Führung erfunden.

Das Modell wurde ein bis zwei Jahrzehnte später durch die Entdeckung der Ziele erweitert. Ab jetzt hieß das Programm: „Hasso ‚hol' den Knochen." Erfunden war die stark hierarchiegeprägte und von Vorgaben gekennzeichnete Hundekultur. Und tatsächlich rannte der Hund nach dem Knochen, den er schwanzwedelnd vor des Herrchens Füßen ablegte. Herrchen bedankte sich mit Fellstreicheln. Diesen Vorgang nannte man Bonussystem. Führungskräfte wurden durch Schulungsprogramme geschleust, in denen sie die fein abgestimmte Dosis einer Wunderpille namens „Zielvorgabe" mit daran gekoppelter variabler Vergütung einzusetzen lernten. Der Hund ist ein Rudeltier, das wie der Wolf jenseits der Gruppe verwahrlost. Je enger die Maschen der Hierarchie im System aufeinander aufbauender Gruppen, umso besser funktionierte der durchschnittliche Hund.

Seit geraumer Zeit leben wir nun schon in einer Katzengesellschaft, verhalten uns in Anwendung von Führungssystem und im Führungsdenken aber noch wie zu Zeiten der Hundegesellschaft. Die Katze ist wie der Hund ein Jäger. Allerdings braucht sie weder Zielvorgaben noch die Hierarchie, um hoch motiviert die Maus zu fangen. Wann, wie und wo sie Mäuse fängt, das will die Katze selbst entscheiden. Je weniger man sie gängelt, umso motivierter macht sie sich auf die Jagd. Führungskräfte müssen sich entscheiden, wen sie führen wollen. Eine Katze an die Leine zu nehmen geht schief. Sie bei Fuß zu zitieren ebenfalls. Gruppenzwänge mag die Katze auch nicht. Dafür jagt sie ohne Auftrag, ohne Kontrolle, einfach aus eigenem unternehmerischen Antrieb. Wir müssen uns selbst finden in unserer Art des Umgangs mit Menschen. Der Blick auf andere Systeme bremst uns eher aus, als dass wir damit mehr erreichen.

1.3.5 Das japanische Modell ist kein gutes Beispiel für das, was wir in Zukunft brauchen

Ein anderer oft bemühter Vergleich mag die heutigen und zukünftigen Anforderungen noch genauer erhellen. Das japanische Wirtschaftsmodell ist ein in der Managementliteratur gerne angeführtes Beispiel zur Orientierung für Unternehmen und ihre Lenker. Wenngleich das japanische Modell zum Nachdenken anregen kann und den einen oder anderen Impuls bietet, so ist es doch mit gebührendem Abstand zu bewerten. Die nach klaren Werten und Normen geformte und damit richtunggebende Firmenkultur, mit der sich die Menschen in Japan in höherem Maße identifizieren als mit ihrer Familie, zeigt dabei mehr Wirkung als die ebenfalls als Erfolgsfaktoren für Management und Leadership von Japan aus in die Welt verbreiteten Prinzipien der ständigen Verbesserung (Kaizen), der Vermeidung von Verschwendung (Muda) und der Untersuchung eines Problems direkt vor Ort (Genchi Genbutsu).

Doch auch hier darf man natürlich nicht die sichtbaren Fehler der Japaner wie ein zu schnelles Wachstum oder das rigide System von Hierarchie und Seniorität übersehen, die einen Vorzeigekonzern wie Toyota von einem Tag auf den anderen vom Thron des Referenzunternehmens in die Selbstdemontage stürzten und die ursprünglich guten Ansätze der Kultur und des gelobten Kaizens torpedierten. Dass Toyota nach drei Jahren des Abrutschens wieder stattliche Gewinne vorweisen konnte, hat mit schnellem und tief greifendem Lernen zu tun. Das zeigt einmal mehr, dass wir in unseren Firmenkulturen nicht Drill, sondern Verlockung, nicht Gehorsam, sondern Mitdenken, nicht Anpassung, sondern Denkbeweglichkeit brauchen.

Die enge Mitarbeiterbindung durch klare Orientierung – nicht nur physisch, sondern vor allem psychisch – kann man durchaus als herausragende Stärke von Japans Konzernen sehen. Konzerne der westlichen Welt, insbesondere auch in Deutschland, lassen nicht selten eben diese klare Orientierung vermissen. Von Employer-Branding-Programmen kann die erforderliche Orientierung schwerlich ausgehen. Eben weil es Programme sind, die einem gewissen Modetrend unterliegen. Wir brauchen nicht mehr *Programme* zur Einbindung von Menschen. Wir brauchen mehr spürbare *Wertschätzung* für den Einzelnen. Wertschätzung ist eine Grundhaltung, die sich über Programme nicht vermitteln lässt. Wo ernst gemeinte Wertschätzung die Atmosphäre erfüllt, sind Programme überflüssig. Wertschätzung ist nicht Lob, wie viele meinen. Wertschätzung ist unsere Aufmerksamkeit und Achtsamkeit, die wir einem anderen Menschen entgegenbringen. So können auch kritische Rückmeldungen gegenüber einem Mitarbeiter oder Kollegen ausgesprochen wertschätzend sein. Es kommt darauf an, was mit den Rückmeldungen beabsichtigt ist und wie sie gesendet werden.

Firmen können den suchenden Performern eine geistige Wachstumslandschaft bieten, indem sie eine Wertegemeinschaft schaffen, in der das bisher durch die Erziehung oder das Elternhaus Vermisste nachgeholt werden kann, in der das Bedürfnis nach Einzigartigkeit und Geltung Raum hat, in der eine Resonanz auf die Leistung erfolgt, die sich nicht nur auf geldliche Aspekte reduziert.

Japan hat als Vorzeigemodell ausgedient. Kaizen etc. wird allerdings immer noch als ideale Lehre dargestellt, obwohl dieses Prinzip längst nicht mehr lupenrein funktioniert, was der Qualitätseinbruch in Japan gezeigt hat. Das hat einen einfachen Grund. Im modernen Japan gibt es immer weniger von den braven, angepassten Mitarbeitern, die sich auf den Tag einstimmen lassen, die funktionieren und eine dominante, autoritäre Führungsebene akzeptieren. Die heutige Generation junger Menschen lässt sich auch in Japan nicht mehr drillen. Der Gegensatz zwischen den alten Herren an der Spitze (Seniorität) und den jungen Mitarbeitern gehört durch ein frisches Generationenmanagement aufgelöst. Aufgabe der Führung ist es, Schnittstellenverbindungen zwischen Jung und Alt, oben und unten zu schaffen. Junge stellen Fragen, auf die die Alten so manch brauchbare Antwort geben können. Gleichwohl darf man die Jungen damit nicht um ihre Erfahrungen berauben.

Wir müssen insbesondere in Deutschland lernen, die Vorteile unserer eigenen Kultur zu sehen und zu nutzen. Mit einer Leistungskultur auf Grundlage des deutschen Denkens in der Welt kommen wir weiter als mit dem Versuch, Fremdkulturmodelle auf uns übertragen zu wollen. Wir brauchen ein kulturelles Selbstbewusstsein in den Köpfen der Führenden, um es der Gesamtorganisation zu vermitteln. Englisch als Konzernsprache in einem deutschen Unternehmen mit Tradition ist ein Zeichen mangelnden Selbstbewusstseins. Die Konzernsprache des Global Players Nokia ist Finnisch. Das hält die Manager von Nokia nicht davon ab, auch andere Sprachen der Welt zu sprechen.

Die Menschen wollen mindestens zweierlei, um für eine Organisation ihr Bestes zu geben: individuelle Wertschätzung gepaart mit glaubhaften Werten, an denen sie sich ausrichten können.

1.3.6   Die bisherigen Formen des Krisenmanagements sind ungeeignet zur Rückgewinnung verlorenen Vertrauens

Eine solche Bereitschaft zum Umdenken scheint sich in Deutschland mehr als deutlich abzuzeichnen, wie eine Studie der Bertelsmann Stiftung aus Dezember 2009 zeigt (Bertelsmann Stiftung 2009). Diese Studie mit dem Leitthema „Wendemarke oder tiefer in die Depression? – 70 % der Deutschen haben Vertrauen in Politik und Wirtschaft verloren" offenbart, dass die große Mehrheit der Bevölkerung nach dem Krisenjahr 2008/2009 ihr Vertrauen in zahlreiche Institutionen, Entscheider und Verantwortungsträger verloren hat. Die bisherigen Formen des Krisenmanagements zeigen sich wenig geeignet, das verlorene Vertrauen zurückzugewinnen. Als neue Vertrauensanker werden vielmehr eine vielfältigere Beteiligung an Entscheidungsprozessen sowie Förderung von Bildung gesehen.

Nahezu jeder Zweite wünscht sich einen „Systemwechsel", nicht nur in Bezug auf Demokratie oder Marktwirtschaft, sondern ebenso in Unternehmen. Diese Zahlen sollten die Verantwortlichen in den Vorstandsetagen und Politikerriegen aufrütteln, dass mit dem bisher praktizierten Reaktionsschema auf Krisen und Veränderungen dieser Abwärtstrend nicht gestoppt werden kann.

1.3.7 Die Vertrauenskrise ist keine Folge der Finanzkrise

Der breitflächige Vertrauensverlust ist weniger eine direkte Folge der aktuellen Wirtschafts- und Finanzkrise. Vielmehr setzte er bereits vor Jahrzehnten als Folge der Globalisierung ein. Wir haben einen in den letzten Jahren zunehmenden Konflikt zu lösen. Auf der einen Seite werden die Menschen immer gebildeter und damit qualifizierter. Auf der anderen Seite wird dieser Entwicklung nicht in dem Maße Rechnung getragen, dass das Mehr an Wissen, Wollen, Können ausgeschöpft wird. Der durchschnittliche Sachbearbeiter ist heute besser ausgebildet als vor 40 Jahren der durchschnittliche Vorstand bzw. Geschäftsführer. Das lässt sich an der Zahl der Akademiker und der in Weiterbildung verbrachten Stunden ablesen. Damals wurde im Vergleich zu heute anspruchsloseren Menschen mehr geboten. Der eher einfach denkende Mensch wurde seinerzeit von den Führenden an der Spitze mehr in den Mittelpunkt gestellt als heute, obwohl das durchschnittliche geistige Niveau deutlich zugenommen hat. Man kann hier fast von einer gegenläufigen Entwicklung sprechen. Besser ausgebildeten und damit anspruchsvolleren Menschen wird heute weniger von oben geboten als damals den eher anspruchslosen.

Auch beklagen die in der Bertelsmann-Studie Befragten eine seit den 90er Jahren zunehmende Förderung von Leistungseliten und eine vom Individuum entkoppelte Interessenvertretung. Diese sogenannten „Eliten" haben uns aber nicht wirklich nach vorn gebracht. Im Gegenteil. Mit der Zeit um die Jahrtausendwende verbinden die Befragten auch zunehmend das bewusste Abgeben falscher Versprechungen, den profitgierigen Raubbau an Mensch und Umwelt und die Förderung von ungezügeltem Egoismus. Diese Entwicklung sehen die Menschen derzeit auf einem Tiefpunkt. Für die kommenden Jahre erwarten sie die Rückbesinnung auf wertschätzende Formen der Zusammenarbeit. Hinter der Einschätzung dessen, was in Deutschland grundsätzlich möglich wäre, und erst recht hinter dem persönlichen Idealbild der Befragten bleiben diese Erwartungen aber weit zurück.

Der arbeitende Mensch von heute ist nicht mehr der arbeitende Mensch von gestern. Das Individuum verlangt nach einer Unternehmenskultur, in der Mentalitäten, Potenziale, Fertigkeiten, Erfahrungen, Motive und Neigungen einen breiten

Raum einnehmen. Jenseits von glaubhafter Wertschätzung des Einzelnen und seiner Arbeitsleistung wird Höchstleistung immer weniger zu bekommen sein. Denn die einstigen Mittel von Macht und Status ziehen schon heute nicht mehr.

In den meisten Unternehmen verdient jedoch die Lehre der Betriebswirtschaft mehr Beachtung als die der Psychologie. Im Fokus aller Betrachtung steht nicht der arbeitende Mensch, sondern das Business Development. Das heißt wachsen. Ertragreich wachsen. Und zwar dauerhaft. In bestehenden Märkten und neuen Märkten. Innerhalb der angestammten Geschäftsfelder sowie durch neue Geschäftsfelder. Auf den Wogen von Markt- und Kundentrends. Mit Merger & Acquisitions- und Partnering-Strategien. Durch neue Geschäftsmodelle. Mit neuen Partnern. Mit neuen Themen. Auf dem Niveau von Höchst*leistung*. Betriebswirtschaftliches Denken basiert auf einer klaren Leistungserbringung, wobei der Begriff „Leistung" durch die Reduktion auf Kennzahlen einseitig ausgelegt wird.

1.3.8 Die Kultur für kurzfristige Ziele zu opfern gefährdet langfristige Ergebnisse

Psyche und *Psychologie* gehören immer noch nicht zu den gängigen Begriffen innerhalb des Betriebsvokabulars. Wenn wir Psychologie als verwandte Disziplin der Unternehmenskultur verstehen, indem das freie Durchatmen, das lebenswerte Leben in Firmen durch die dort spürbare Kultur seinen Raum hat, so fällt auf, dass Culture Development an der Reihe ist, wenn die Zahlen stimmen, und sofort verschwindet, wenn es Probleme mit den Ergebnissen gibt. Die Krise 2008/2009 hat konturenklarer als je zuvor gezeigt, dass die Unternehmenslenker bereit sind, alles Kulturelle zu opfern, um die wirtschaftliche Situation der Firma zu retten. Die auf Dauer angelegten Werte, Leitvorstellungen und Umgangsformen, mit denen sich der arbeitende Mensch identifizieren kann, erscheinen plötzlich wie ein Mittel zum Zweck.

Ein Irrtum, wie ich meine. Einer, der in so handelnden Firmen zu kaum wiedergutzumachenden Spätschäden führen kann.

1.3.9 Das weit verbreitete Verständnis von Management und Leadership ist nicht mehr zeitgemäß

Doch nicht nur das einseitig auf betriebswirtschaftliche Faktoren konzentrierte Denken, auch die tradierten Organisationsformen verhindern eine Anpassung an die veränderten Zeiten und Verhältnisse. Mit keiner der Unternehmensformen *Fa-*

milienunternehmen, mittelständische Unternehmen und *multinationale Konzerne*
wird langfristige Zukunftssicherung verbunden, wie die zitierte Bertelsmann-Studie ausweist. Das lässt darauf schließen, dass unsere Organisationsformen ebenso wie unser Verständnis von Management und Führung nicht mehr zeitgemäß
sind. Dass Familienunternehmen durchweg etwas positiver abschneiden, lässt auf
die Nähe und Verbundenheit zwischen hierarchischem *Oben* und *Unten* schließen. Den Unternehmern von Familienbetrieben werden Ehrlichkeit, Seriosität und
Glaubwürdigkeit zugeschrieben. Für die mittelständischen Unternehmen zeigt sich
ein ähnliches Bild, nur in schwächerer Ausprägung. Ganz anders multinationale
Konzerne: Diese werden als lobbyistisch, gierig und wirklichkeitsfern wahrgenommen. Hier finden sich gleichzeitig Zustände kaum noch zu überbietender Anonymität. Die meisten Konzernleitungen können nicht glaubhaft vermitteln, dass
sie in Generationen denken, wie es in Familienbetrieben üblich ist. Die von ihnen
ausgehenden Botschaften vermitteln vielmehr, dass von Quartal zu Quartal, von
Wirtschaftsjahr zu Wirtschaftsjahr gedacht und dabei die Laufzeit des eigenen Ver-
trages im Auge behalten wird.

So ist es kein Wunder, wenn in der Einschätzung der Deutschen vor allem die
gegenwärtigen Entscheidungsträger mit Lobbyismus, Habsucht und Abkoppelung
von der Wirklichkeit in Verbindung gebracht werden. Das ist keine gute Basis für
eine störungsfreie Leistungserbringung derer, die von solchen „Verantwortlichen"
geführt werden. Hier wird offenbar in der Vorstellung entschieden und gehandelt,
man könne Leistung verlangen, ohne Kultur zu bieten. Ja mehr noch, man könne
Leistung von Menschen erwarten, ohne diese als Menschen wahrzunehmen und
wertzuschätzen.

1.3.10   Keine überzeugende Idee: Der Mensch als Produktionsfaktor

„Der Mensch steht im Mittelpunkt." Diesen geflügelten Satz kennen wir zur Genü-
ge. Daniel Goeudevert, einstiger Ford-CEO und VW-Markenvorstand, drückte es
mit ironischem Blick auf seine Managerkollegen so aus: „Im Mittelpunkt steht der
Mensch, aber genau da steht er im Weg!" (http://www.zeit.de/1996/07/Wenn_die_
Kraene_ziehen). Dabei zählte Goeudevert zu den damals eher seltener anzutreffen-
den Spitzenmanagern, für die der leistende Mensch mehr ist als ein Produktionsfaktor, wie etwa für den Wirtschaftswissenschaftler Erich Gutenberg (Gutenberg
1983).

Der Mensch ist aus Sicht der Gutenbergschen Wirtschaftswissenschaft nicht
als leistendes Individuum anerkannt, sondern ein Teilelement der Produktions-

faktoren, neben Werkstoffen und Betriebsmitteln. Die Lehre Gutenbergs ist bis heute stabiler Anker des ökonomischen Denkens und Handelns. Mit diesem Gedankengut hatte ich schon zu Zeiten meines Betriebswirtschaftsstudiums in den 70er Jahren nicht unerhebliche Schwierigkeiten. Mir erging es damals wie jenen Physikstudenten, die entgegen der zunächst einmal naheliegenden Gesetzmäßigkeiten begreifen müssen, dass der Strom von Minus nach Plus fließt. Da man mit Entdecken der Elektrizität feststellte, dass zwei Pole mit unterschiedlichem Potenzial existierten und dass durch diese Pole irgendetwas fließt, nannte man rein willkürlich den einen Pol *Plus* und den anderen *Minus* und legte fest, dass der Strom von Plus nach Minus fließt. Erst viel später fand man heraus, dass die Elektronen, die *fließen*, entsprechend der früher festgelegten Definition negativ geladen sind. Jetzt war klar, dass der Strom in Wirklichkeit von Minus nach Plus fließt. Nur, dass es bei mir umgekehrt war. Ich musste begreifen, dass der Strom in der Wirtschaft – entgegen meinem persönlichen Empfinden – doch von Plus nach Minus fließt, wenn man die Pole statt Plus und Minus *Betriebswirtschaft* und *Psychologie* nennt. Demnach wäre der Mensch dem wirtschaftlichen Treiben unterzuordnen. Dabei hatte ich in meinem vorher einsetzenden und noch andauernden Studium der Psychologie verinnerlicht, dass der Strom genau anders herum fließt: nämlich analog zur Elektrizität von Minus nach Plus, in der Wirtschaft also vom Menschen zur Ökonomie. Zu bedenken ist, dass jede Form von Wissenschaft das Produkt menschlichen Denkens ist. Warum sollte der arbeitende Mensch in den Betrieben ein Produktionsfaktor sein, wenn sich der Betriebswirtschaftsprofessor selbst nicht als solchen sieht?

1.4   Was Mitarbeiter bewegt, zum Unternehmenserfolg beizutragen

Die Towers Perrin Global Workforce Study 2007–2008 „Was Mitarbeiter bewegt, zum Unternehmenserfolg beizutragen – Mythos und Realität" (Towers Perrin 2007) deckt einige interessante Aspekte auf, die es sich lohnt, näher anzusehen. Es wurden 3.000 deutsche Teilnehmer von insgesamt 86.000 Teilnehmern weltweit befragt. Nachfolgend einige durchaus nachdenkenswerte Erkenntnisse:

In Unternehmen wird zunehmend erkannt, „dass nicht Kapital, sondern Mitarbeiter die Schlüsselressource für den Unternehmenserfolg sind". Der auf Deutschland zurollende demografische Wandel macht Druck. Das Verhältnis von Angebot und Nachfrage wird sich stärker zugunsten der Mitarbeiter verschieben. Das ist nicht mehr aufzuhalten und könnte zu einer Umkehr der Machtverhältnisse führen.

Die Studie stellt fest, dass „im Gegensatz zu früheren Jahren" heute „beispielsweise kaum noch ein Jahresabschlussbericht ohne den Verweis auf die Schlüsselrolle von Mitarbeitern bei der Umsetzung von Geschäftsstrategien" auskommt. Die bloße Erwähnung bewirkt allerdings gar nichts – der einzelne Mensch muss *spüren*, dass ihm eine Schlüsselrolle zukommt, dass er Türen aufschließen und zumachen darf. Exakt an diesem empfindlichen Punkt ist in Unternehmen ein heute bei Weitem unterschätzter Nachholbedarf. Wo mein Auge auch hinreicht, wo auch immer ich Menschen antreffe, mit denen ich über ihre Leistung rede, bis auf wenige Ausnahmen fühlen sich die Menschen zu wenig ernst genommen in dem, was sie zu leisten bereit sind. Sie werden bezüglich ihrer Leistungsbereitschaft schlicht unterschätzt.

Worte sind Schall und Rauch, insbesondere die in Leitbildern, Reden des Hierarchiehöchsten auf Betriebsversammlungen oder in ähnlichen Botschaften, wenn die anfassbaren Taten fehlen. Im Gegenteil, es schadet sogar zu betonen, wie wichtig die Mitarbeiter seien, wenn daraus nicht praktisches Erleben wird. Es ist ein Irrtum, heute noch zu glauben, dass unter den Mitarbeitern keine Unternehmer zu finden seien. Es gibt sie scharenweise! In jeder Organisation. Wenn Manager zu Leadern werden, wenn sie also aufhören, akademisch über die Köpfe der Betroffenen hinweg Bücher über Führung zu lesen, die nicht Führung, sondern Management vermitteln, wenn sie sich stattdessen die Zeit und Muße nehmen, sie zum offenen Dialog einzuladen und diesen dann auch ernsthaft zu meinen, wenn sie Fragen danach stellen, was die einzelnen Mitarbeiter bewegt, wenn sie umsetzen, was sie als Antwort auf solche Fragen hören, tun sie mehr für die gute Bilanz ihres Unternehmens, als wenn sie sich an Kennziffern ausrichten, die nicht mehr bieten können als das grobmaschige statistische Zusammenfassen von zurückliegenden Ereignissen.

Viele Manager sind immer genau da, wo sie der Mitarbeiter gerade nicht sucht und braucht: vertieft in Kennzahlen. Anstatt sich an Statistiken zu erfreuen oder sich von ihnen frustrieren zu lassen, können diese Manager ihren direkten Mitarbeitern drei wichtige Fragen stellen, im Einzelgespräch versteht sich:

1. Würden Sie Ihre Position, Aufgabe, Zuständigkeit als *Schlüsselrolle* im Unternehmen bezeichnen?
   (a) Wenn ja, warum/wodurch?
   (b) Wenn nein, warum nicht/was behindert Sie?
2. Was wissen Sie darüber, wie wichtig Sie für mich und das, was ich hier zu verantworten habe, sind?
3. Wie schätzen Sie Ihren Verantwortungsgrad ein und wie nehmen Sie diese Verantwortung wahr?

1.4.1   Wachstumsstrategien greifen jenseits einer Kultur gesunden Wachstums ins Leere

In der Towers Perrin-Studie 2007–2008 „Was Mitarbeiter bewegt, zum Unternehmenserfolg beizutragen" heißt es: „Human Resources muss die Performance der
Mitarbeiter so managen, dass die gewünschten Unternehmensziele erreicht werden. Wachstumsstrategien müssen umgesetzt, Veränderungsprozesse erfolgreich
durchgeführt werden." Ich ergänze: Damit allein ist es nicht getan. „Wachstumsstrategien" kennen wir seit Jahren, gar seit Jahrzehnten. Sie greifen ins Leere, wenn wir
keine Kultur gesunden Wachsens anlegen. „Veränderungsprozesse"? Nicht wenige
der unzähligen Veränderungsprozesse haben Unternehmen dazu gebracht, sich im
Kreis zu drehen. Es geht nicht mehr um Veränderung, sondern um *Fortentwick-
lung*, wenn wir die Zukunft sichern wollen. Die Kultur vieler Unternehmen hat sich
in den letzten Jahren zurückentwickelt, Leitlinien hin, Wertebilder her. Solange wir
die Auffassungsunterschiede zwischen Managern und Mitarbeitern nicht in den
Griff bekommen, haben wir die Kernaufgabe nicht gelöst.

1.4.2   Synchronismus der Bedürfnisse zwischen Führenden und Geführten

Die Studie spricht davon, „die Bedürfnisse der Mitarbeiter mit den Unternehmenszielsetzungen in Einklang zu bringen". Ich will versuchen, die Herausforderung etwas präziser zu fassen. Es geht im Grunde genommen nicht um die Synchronisation von Mitarbeiterbedürfnis und Unternehmensziel. Es geht um das Zusammenbringen der Bedürfnisse der Mitarbeiter mit den Bedürfnissen der Inhaber, Vorstände, Geschäftsführer. Die Unternehmenszielsetzungen sind der Output
von Überlegungen und Entscheidungen des obersten Managements. Solche Entscheidungen basieren auf Bedürfnissen. Zum Beispiel ist hier das Bedürfnis nach
Verdeutlichung der eigenen Vision, Ziele, Strategie zu nennen. Das ist wahrlich
keine Sachangelegenheit. Es geht um ein Beziehungsthema zwischen Führenden
und Geführten. Das *Unternehmen* hat weder Visionen noch Ziele und schon gar
keine Strategien. Es sind die Menschen, in diesem Fall die an der Spitze des Unternehmens. Wir müssen die Dinge so tief betrachten, dass sie simpel werden. Hinter
all dem, was an der Oberfläche als Sachthema gehandelt wird, stehen Menschen,
die sich mit ihren Überzeugungen durchsetzen wollen. Das ist ihr Bedürfnis. Bedürfnisse sind immer gut. Soweit sie durch Unterschiedlichkeit Konflikte hervor-
rufen, sind nicht die Bedürfnisse das Problem. Meistens ist es nicht gelungen, sie in
einer für die anderen verständlichen Weise zu vermitteln. In anderen Fällen geht es

um mehr. Bei Meinungsverschiedenheiten ist es oft nicht möglich, dass das oberste Management die Auffassungen der Mitarbeiter übernimmt. Das ist sogar vollkommen ausgeschlossen, wenn die Meinungen des Top-Managements auf Daten und Fakten beruhen, die den Mitarbeitern nicht zugänglich sind. Hier mit den Unternehmenszielen auf rationaler Ebene zu argumentieren, ist weniger hilfreich, als auf die persönlichen Bedürfnisse, die emotionale Ebene zu sprechen zu kommen. Diese können zum Beispiel darin bestehen, Schaden vom Unternehmen abzuwenden, Wachstum zu sichern, sich an die Spitze des Marktes zu setzen.

1.4.3 Leistungskultur ist kein Modell, sondern ein Fingerabdruck des Unternehmens

Die Studie widerlegt Mythen, zum Beispiel dass „das Engagement der Mitarbeiter in erster Linie durch den direkten Vorgesetzten beeinflusst" werde, „nur jüngere Mitarbeiter wirklich motiviert" seien, „Mitarbeiter primär an ihrem eigenen monetären und nicht am Gesamterfolg interessiert" seien, „Mitarbeiter nicht mehr loyal" seien „und ständig nach neuen Jobs Ausschau" hielten und schließlich, „dass das Modell einer Hochleistungskultur relativ stabil über Unternehmen, Branchen und Länder hinweg ist". Ich stimme den Ergebnissen der Studie erfahrungsbasiert zu, mit einer Randbemerkung: *Leistungskultur* (oder „Hochleistungskultur", wie es im Ergebnisbericht der Studie formuliert ist) ist kein „Modell", sondern atmosphärischer Zustand als Fingerabdruck eines Unternehmens mit seiner Geschichte, seiner Aufstellung, seiner Leitung, seiner Positionierung samt dahinterstehender Werte, aus dem sich Arbeitsbedingungen ergeben, die Menschen gerne Bestleister sein lassen, weil sie sich entfalten und Verantwortung übernehmen dürfen. Erst wenn diese Bedingungen erfüllt sind, wenn sich zudem Mitarbeiter in einer Führungskultur gut aufgehoben finden, in der die Wertschätzung mehr zählt als der starre Blick auf Zahlen, kann aus Leistungskultur mehr werden, zum Beispiel eine Hochleistungskultur. Zu einer Hochleistungskultur gehört unabdingbar, dass die Mitarbeiter *hoch* zufrieden sind mit ihren Herausforderungen, ihren Verantwortungsgraden, ihren Entscheidungsmöglichkeiten, ihrer Bedeutung für das Ganze, ihren Chefs.

Weltweit sind laut Studie durchschnittlich 20 % der befragten Mitarbeiter hoch motiviert, sich zu engagieren. In Deutschland sind es 17 %, in Europa 16 %, in den USA 29 %. Die Zahl der moderat Engagierten ist in Deutschland mit 47 % die höchste, Europa und die USA liegen mit je 43 % gleichauf. Hier ist eine geballte Kraft zu sehen. Diese sollten wir nutzen! Aber nicht dadurch, dass wir uns pauschal auf die Zahl 47 stürzen, sondern indem wir exakt lokalisieren, was die Menschen,

die „moderat engagiert" sind, bewegt bzw. was sie davon abhält, sich voll einzubringen. Programme, die dem Rasensprengen gleichen, bringen rein gar nichts.

1.4.4 Der unmittelbare Chef ist nur zum Teil für das Engagement der Mitarbeiter verantwortlich

„Entgegen der vielfach vertretenen Auffassung ist der Hebel für eine weitere Steigerung des Engagements nicht der unmittelbare Vorgesetzte allein, sondern vielmehr das Agieren der Unternehmensleitung und weitere organisationsbedingte
Rahmenbedingungen. Zu Letzteren zählen eine Unternehmenskultur, die von den
Führungskräften aktiv vorgelebt wird sowie das soziale Engagement des Unternehmens" (Towers Perrin 2007). Allerdings muss man „das soziale Engagement" näher
beleuchten. Gemeint ist hier sicher nicht das Mindergruppen oder Hilfsbedürfti-
gen in der Gesellschaft zufließende regelmäßige Spendenaufkommen. Das ist nur
ein Beitrag zum Ganzen, was als *soziales* Engagement bezeichnet wird. Sozial ist,
was menschengerecht ist. Menschengerecht ist, was den Menschen in seinem Sosein und in seinem Dasein (um mit Martin Heidegger zu sprechen) mehr als nur
akzeptiert und respektiert, ihn würdigt.

Ein weiterer Ansatzpunkt zur Steigerung der Motivation der Arbeitnehmer
über alle Generationen hinweg bietet sich laut der Studie, wenn die Entscheidungs-
spielräume als angemessen empfunden werden und es Möglichkeiten gibt, sich
weiterzuentwickeln und zu lernen.

1.4.5 Die individuelle Motivation kann von der Unternehmensleitung selbst gefördert werden

Motivation ist bei Weitem nicht nur monetär getrieben. Im Gegenteil. „Mitarbeiter
sind bereit, sich im Sinne der Unternehmensziele einzubringen, vor allem dann,
wenn ein ‚Return on Investment' im Sinne von Karriere- und Entwicklungsmöglichkeiten zu erwarten ist" (Towers Perrin 2007). Noch bedeutsamer ist die Aussage: „Die individuelle Motivation kann nicht nur durch Entwicklungsmöglichkeiten
oder Entscheidungsfreiräume, sondern auch durch die Unternehmensleitung selbst
gefördert werden" (Towers Perrin 2007).

In vielen meiner Beratungsaufträge komme ich mit den Menschen von ganz
oben in der Unternehmensspitze bis zum Mitarbeiter an der Basis zusammen. Es
scheint, als würden in so mancher Organisation Stanniollagen zwischen oben und
unten eingezogen sein. Das gegenseitige Verstehen ist eine der größten Herausfor-

derungen, der sich eine Unternehmensleitung zu stellen hat. Die Mitarbeiter mögen keine Sonntagsreden, sie wollen nicht übersät werden mit raffinierten Entlohnungssystemen, deren Rechenmodell weiter unten in der Organisation nicht mehr verstanden wird. Mitarbeiter wollen gesehen werden, etwas leisten, mitwirken dürfen. Es ist ein Irrtum anzunehmen, dass jeder Spitzenleister Karriere machen will. Ich kenne mehr als einen Fall, wo exzellent geeignete Mitarbeiter den nächsten Schritt nach oben abgelehnt haben. Ich kenne eine Vielzahl von Fällen, in denen der Griff auf die nächst höhere Position nur durch ein einziges Motiv bestimmt war: Da oben zähle ich mehr.

Fragen Sie Ihre internen Bewerber, was sie von der nächst höheren Position erwarten. Fragen Sie konkret und lassen Sie sich nicht mit Allgemeinplätzen abspeisen. Sie werden staunen, was Sie da zu hören bekommen. Zum Beispiel, dass die Bewerber recht vage Vorstellungen von der größeren Verantwortung haben oder dass es ihnen ausschließlich um Macht und Ansehen geht. Macht und Ansehen als Motiv für den Aufstieg? Das hat uns in der Vergangenheit so wenig geholfen, wie es uns in der Zukunft helfen wird, die richtigen Kandidaten für bestimmte Aufgaben zu identifizieren. Mitarbeiterbindung ist wichtig. Aber noch wichtiger ist es, sich Gedanken darüber zu machen, wie diese Mitarbeiterbindung besser als bisher zu schaffen ist. Es mangelt in den meisten Unternehmen nicht an Tools zur Qualifikations- und Leistungsbewertung. Die Tools sind in Ordnung. Ihre Handhabung nicht.

Ein Direktor der Deutschen Bank, den ich seit Langem kenne, sagte mir kürzlich: „Meines Erachtens wird viel zu häufig bei Untersuchungen, Artikeln, Vorträgen etc. die Perspektive des Unternehmens bzw. der Führungskraft eingenommen, viel zu wenig die des Arbeitnehmers. Konkret: Es wird immer gefragt, was bringt eine Zielvereinbarung/Beurteilung dem Unternehmen bzw. der Führungskraft, und viel zu wenig, was bringt sie dem Arbeitnehmer. Dies ist nicht nur meine Ansicht, sondern die von sehr, sehr vielen Kollegen. Können Sie sich vorstellen, dass es in unserer Bank mehr Beschwerden von Mitarbeitern gibt, die *keine* Zielvereinbarung/Beurteilung erhalten, weil die Führungskraft zu faul ist oder das Verfahren lax handhabt, als Beschwerden über schlechte/falsche Beurteilungen?"

Die Bemühungen zur Mitarbeiterbindung müssen in Unternehmen nicht verstärkt werden, wie die Towers Perrin-Studie es empfiehlt. Sie müssen völlig neu aufgesetzt werden. Mitarbeiterbindung geht weder über Appelle noch über die Einführung von noch mehr Tools. Auch eine Überarbeitung der zurzeit gehandhabten Verfahren bringt nicht unbedingt den gewünschten Erfolg. Die absolute Verbindlichkeit und ernsthafte Handhabung der eingeführten Modelle sind das Erste, was es zu sichern gilt. Konsequenzen für diejenigen, die sich nicht daran halten, das Zweite. Die Unternehmensleitung wird aus der Sicht der Mitarbeiter dafür verantwortlich gemacht, wenn sie zulässt, dass Führungskräfte nicht oder schlecht führen.

Unter der Überschrift „Gute Noten für Führungskräfte in Deutschland" könnte sich so manche Führungskraft mehr versprechen, als das Ergebnis nüchtern betrachtet zu bieten hat. Zwar „erhalten die deutschen Führungskräfte im europäischen Vergleich gute Noten für die Bewältigung ihrer Aufgaben" (direkte Vorgesetzte wie auch Unternehmensleitung). Doch die Ernüchterung lässt nicht lange auf sich warten: „[…] zeigen die Ergebnisse, dass bei gut der Hälfte neutrale oder negative Beurteilungen der Führungsfähigkeiten von Vorgesetzten und Unternehmensleitung überwiegen. Hier besteht also aus Mitarbeiterperspektive noch viel Raum für Verbesserung" (Towers Perrin 2007). Rein statistisch haben Sie jetzt die Wahl: Ist Ihr Kollege mit „viel Raum für Verbesserung" gemeint oder sind es doch Sie selbst, dessen Mitarbeiter auf Verbesserungen warten? Sicherheitshalber sollten Sie davon ausgehen, dass Sie selbst es sind, der gemeint ist.

1.4.6   Die Treiber der Leistungskultur haben viele Gesichter

„Eine Hochleistungskultur braucht Differenzierung", so drückt es die Towers Perrin-Studie aus. „Die Treiber für Mitarbeiter-Engagement, -gewinnung und -bindung unterscheiden sich deutlich, nicht nur in Deutschland, sondern auch weltweit […] Es ist unerlässlich, die jeweils relevanten Treiber zu kennen und in ihren Auswirkungen beurteilen zu können." Aus meiner Sicht gibt es nur eine Art von Treibern: Menschen, die das Beschlossene mit Konsequenz verfolgen, anstatt immer wieder den Normen trotzen zu wollen. Ich sage nicht, dass ein Unternehmen kein kombiniertes Zielvereinbarungs-/Beurteilungssystem braucht. Ich sage nur, ein eingeführtes und halbherzig gelebtes Verfahren richtet in jedem Fall mehr Schaden an als der Verzicht auf bestimmte Verfahren.

In der Studie wird die eingeschränkte Verwendbarkeit der Ergebnisse für den Einzelfall eingeräumt. „Einblick in die Bedürfnisse und Motive" ist unersetzbar. „Zielgruppenspezifische Ansprache gelingt nur, wenn man weiß, was einzelne Mitarbeiter bewegt." Auch das Instrument der regelmäßigen Mitarbeiterbefragung ist sehr fragwürdig, wenn es wie ein Tuch über das ganze Unternehmen gezogen wird. Befragungssysteme gehören individualisiert, sonst sind sie das Geld nicht wert, was für solche alljährlichen Manöver ausgegeben wird. Die Erkenntnisse, die Personalabteilung und Unternehmensleitung brauchen, gewinnt man auf andere Art und Weise sehr viel präziser. Das Schlimmste, was sich ein Unternehmen antun kann, ist, pro Jahr oder alle zwei Jahre eine Befragung zu starten, die Ergebnisse zur Kenntnis zu nehmen und dann zum nächsten Punkt der Tagesordnung überzugehen.

Der Bereichschef eines international agierenden Pharmakonzerns sagte mir nach Kenntnis der Auswertung einer konzernumfassenden Mitarbeiterbefragung: „Es gibt in meinem Verantwortungsbereich drei kritische Bewertungen. Diese sind mir wichtiger als die zahlreichen positiven Rückmeldungen, die aus den Auswertungen ersichtlich sind. Diese drei kritischen Bewertungen der letzten Mitarbeiterbefragung werde ich mir vornehmen, um sie in mehreren Workshops mit Führungskräften und Mitarbeitern Punkt für Punkt zu bearbeiten. In einem Workshop werden die Ursachen geklärt, in einem weiteren werden Aktionspläne mit Verantwortlichen und Endtermin aufgestellt, in dem dann folgenden wird abgehakt, was als erledigt gilt und welche Baustellen noch offen und wie zu schließen sind. Ich will bei der nächsten Befragung bessere Ergebnisse sehen. Nicht durch Beeinflussung der Mitarbeiter, sondern durch sichtbare Beseitigung der Probleme."

1.5 Was Arbeitgeber und Arbeitnehmer miteinander verbindet

Manager wollen ihr Unternehmen auf Höchstleistung trimmen. Ein legales und notwendiges Anliegen. Mitarbeiter möchten nicht für ein erfolgloses Unternehmen arbeiten. Sie wollen mit Stolz sagen können, dass sie in einer vorzeigbaren Firma arbeiten. Sie wollen spüren, dass von dieser Firma eine Zukunftsgewissheit ausgeht. Ob diese Firma nun groß oder klein, bekannt oder unbekannt ist, spielt auch eine gewisse, aber bei Weitem nicht die entscheidende Rolle. Viel größeres Gewicht nimmt ein, ob es sich um eine auf die Zukunft setzende Firma handelt, der die Mitarbeiter vertrauen können, in der sie auf unbestimmte Zeit einen sicheren Arbeitsplatz haben werden. Die Bedürfnisse bzw. Interessen zwischen Management und Mitarbeitern liegen gar nicht so weit auseinander. Man redet oft nur aneinander vorbei. Menschen wollen verstehen, was in und mit der Firma passiert. Das Management weiß das. Die anderen möchten es in eine verständliche Sprache übersetzt bekommen. Und diese Sprache muss mehr eine Symbol- als eine Verbalsprache sein, eine Sprache, die nicht von leeren Worten ausgeht, sondern von oben kommenden und sichtbaren Handlungen.

Wenn der Gürtel enger zu schnallen ist, weil es kriselt, dann muss das Top-Management damit beginnen. Wenn Effizienz das angesagte Thema ist, dann dürfen sich Vorstand bzw. Geschäftsführung nicht ständig dabei erwischen lassen, dass am Tag der wöchentlichen Vorstands- oder Geschäftsführungssitzung Führungskräfte oder Experten stundenlang auf den Gängen warten, bis sie zum Vortrag ihres Themas in die Sitzung gerufen werden. Eine solche Sitzung ohne straffe Zeitplanung, bei der man weiß, welches Thema wann aufgerufen wird, ist keine effiziente Sitzung. Wenn Zuverlässigkeit zum Wertebild der Firma gehört und von oben kommuniziert wird, dann gehört zu eben dieser Zuverlässigkeit, dass sich die Manager als solches erweisen. Mitarbeiter reagieren äußerst sensibel auf Ankündigungen von oben, die nicht eintreten, oder auf Terminvereinbarungen, die nicht eingehalten werden. Ihre Reaktion kleiden die Mitarbeiter nicht in Feedback gebende Worte an die Verursacher. Nein, ihre Reaktion drückt sich in Taten aus, solchen, die nicht gerade förderlich für die Gesamtleistung sind.

Es mag kurios klingen, aber eine hohe Leistung erreicht man bei den Menschen im Unternehmen am sichersten, wenn man die gröbsten Sünden vermeidet und damit überflüssige Konflikte erst gar nicht entstehen lässt. Das möchte ich an einem realen Beispiel deutlich machen. Der Fall ist durch die Presse gegangen. Der Name des Unternehmens oder des CEO tut an dieser Stelle dennoch nichts zur Sache, weil der betroffene CEO Pate steht für eine Denkrichtung, die der Gefahr unterliegt, Leistung beim Ausatmen zu fordern und beim Einatmen zu vernichten.

1.5.1   Man kann nicht vorsichtig genug sein in der Wahl seiner missglückten Botschaften

Der Vorstandschef eines deutschen Konzerns verlangt von Führungskräften, sie sollen bei der jährlichen Leistungsbeurteilung künftig jene 5 % Mitarbeiter identifizieren, die nur mit mäßigem Einsatz oder Können bei der Sache sind. Diese sogenannten Low Performer werden mit mahnenden Worten und Weiterbildungsmaßnahmen angespornt, fortan bessere Ergebnisse zu liefern. Wer das nicht tut, soll gehen.

Nur durch eine gemeinsame „Leistungskultur" könne die globale Wettbewerbsfähigkeit des Unternehmens nachhaltig sichergestellt werden, sagt ein Sprecher des Konzerns, dessen CEO für mahnende Worte und Sanktionierung plädiert. Deutlich unterdurchschnittliche Mitarbeiter schadeten nicht nur dem Ergebnis: „Sie belasten auch Vertrauen, Teamgeist und Leistungsfähigkeit in der Abteilung." Die Betriebsräte desselben Unternehmens sprechen von einem „Gladiator", der da am Werk sei. Wer nicht spurt, müsse fortan um seinen Job fürchten – ganz gleich, wie lange er der Firma schon angehört. Viel gepriesene Werte wie Teamgeist und Wissensaustausch würden auf diese Weise untergraben. Der Schuss „könnte in den Ofen gehen", warnt ein Sprecher des Betriebsrats in einem Schreiben an den Vorstandschef: „Gerade bei hoch qualifizierten Mitarbeitern kann durch Druck kein besseres Arbeitsergebnis erzielt werden."

Dass der CEO eine „Leistungskultur" anstrebt, ist gut gemeint. Gut gemeint ist nicht unbedingt gut gemacht. Hier unterscheiden sich *Leistungsverlangen* und *Leistungskultur*, wie es eindeutiger kaum sein kann. In einer Leistungskultur sagt ein CEO das Gegenteile von dem, was der als Beispiel herangezogene CEO von sich gegeben hat. In einer Leistungskultur macht der CEO bei jeder passenden Gelegenheit deutlich, dass es die Mitarbeiter sind, von denen die Leistung im Unternehmen ausgeht, die zum jeweils vorliegenden Ergebnis geführt hat. Pauschales Loben schadet der Kultur niemals. Pauschales Kritisieren vernichtet sie. Besser wäre es allerdings, wenn der CEO dazu anleitet, das Unternehmen durchströmende Bedingungen zu schaffen, die reihenweise *Bestleister* entstehen lassen. Denn vielleicht werden die sogenannten Minderleister an besseren Ergebnissen gehindert. Das kann durch Krankheit ebenso sein wie durch eine falsche Aufgabenzuweisung, unzureichende Führung oder sonstige Einflussfaktoren, denen man im Einzelfall auf den Grund gehen muss. Menschen sind in Ausübung ihres Hobbys Bestleister, nicht unbedingt Spitzenleister. Wenn dieselben Menschen also im Unternehmen nicht ihr Bestes geben, so ist es eine viel zu einfache und damit falsche Schlussfolgerung, dass es immer an den Menschen selbst liegt. Ich behaupte damit nicht, dass ich mir keine personenbedingten Kündigungen vorstellen kann. Ich halte nur nichts von Rasenmäher-Methoden. Vor einer personenbedingten Kündigung muss eine Reihe von Aktivitäten zur Vermeidung der Kündigung erfolgen. Und zwar nicht, weil es die Arbeitsrichter so sehen, sondern weil es unethisch ist, Arbeitsverträge gleichzusetzen mit Mietverträgen.

Der CEO des von mir herangezogenen Falles hat das Spiel verloren, obwohl er sich als Gewinner fühlen mag. Die Meinung des Betriebsrats des beschriebenen Unternehmens, dass der Schuss „in den Ofen" gehen „könnte", ist noch gelinde formuliert. Der geht nicht in den Ofen, der trifft ins Mark, und zwar in das des Unternehmens. Denn der so angezählte Mitarbeiter wird sich mit anderen verbünden, eine Sinngemeinschaft gegen die Machenschaften des Managements bilden. Es sind weniger die unterdurchschnittlichen Mitarbeiter, die *Vertrauen, Teamgeist* und *Leistungsfähigkeit* belasten, wie es der CEO in den Raum stellt. Es ist vielmehr er als Vorstand selbst, der mit unbedachten Äußerungen Teamgeist in Rivalität umwandelt, Vertrauen in seine Führungsqualität verspielt und dadurch die Leistungsquote des Gesamtunternehmens nach unten drückt. Man muss die Gefahren kennen, bevor man sich für sie entscheidet.

Wenn der Leistungsansporn aus nüchternem Zahlendenken kommt, läuft etwas falsch. Damit ist das gewünschte Ergebnis nicht zu erreichen. Leistungskultur sieht anders aus. Besagter CEO hat drei folgenschwere Fehler begangen und damit das Gegenteil vom Gewollten erreicht:

1. *Mahnende* Worte schaffen keine Einsicht. Bedrohungen schon gar nicht. Sie bauen Schutzwälle auf. An die Stelle von pauschalen Mahnungen sollte individuelle Ursachenklärung treten. So lässt sich herausfinden, ob jemand nicht kann oder nicht will. Wenn jemand nicht *kann*, also ungeachtet gutem Willen überfordert ist, muss man für ihn passendere Aufgaben finden. Wenn jemand nicht *will*, muss man offen über seine Störungen reden und sie beseitigen. Dieses Beseitigen kann entweder durch Veränderungen im System oder aber durch eine neue Sicht auf die alten Zustände herbeigeführt werden. Im erstgenannten Fall müssen Maßnahmen her, um neue *Tatbestände* zu schaffen, im zweitgenannten Fall geht es um Argumente, die überzeugen, damit neue *Einsichten* geschaffen werden können.

2. *Verordnete* Weiterbildungsmaßnahmen führen dazu, dass sich die davon Betroffenen bestraft fühlen und sich naturgemäß, als Affekthandlung, mit allen Kräften dagegen wehren. Sie lehnen den Seminarleiter und den Ablauf des Seminars ab. Sie verschließen sich gegen die Inhalte. Es kommt zur Symptomverschiebung von „Ich bin das Problem" zu „Andere sind das Problem". Weiterbildungsmaßnahmen müssen immer auf zwei Voraussetzungen fußen: Sie müssen a) vom Lernenden gewollt sein und sie müssen b) auf seinen Potenzialen aufbauen. Potenziale entstehen sehr früh in unserem Leben und bilden sich auch ungenutzt als Fundament für Lernen und Entwickeln aus. Potenzialbasiert lernt der Mensch schnell, gründlich und leicht. Ob es sich um Fremdsprachen, Mathematik, Sport oder was auch immer handelt. Wer, wie Wolfgang Amadeus Mozart, viel musikalisches Potenzial hat, kann es durch den Vater oder andere Förderer zu überragenden Leistungen bringen. Spitzenleistungen sind jenseits von Potenzial niemals zu schaffen. Da helfen weder Motivation noch Druck.

3. Wer aufgefordert wird zu *gehen*, der geht. Und zwar unmittelbar nach der Aufforderung. Wenn er geschickt genug ist – und das sind die meisten – hält er am juristischen Vertrag fest und beendet das Arbeitsverhältnis psychologisch fristlos. Das sieht so aus: Täglich stellt er seinen Körper gegen Bezahlung zur Erfüllung der Präsenzpflicht zur Verfügung, während er gleichzeitig in den geistigen Vorruhestand eintritt. Je nach Grad der Geschicklichkeit unterdrückt er jede Form von offensichtlichem Widerstand. Aber er ist nicht mehr der, der er einst war. Die festgestellte und nicht akzeptierte Durchschnittlichkeit sinkt in die legitime Unterdurchschnittlichkeit ab. Krankheit – nicht einmal simulierte – wird zum willkommenen Partner. Jenseits von Wirtschaftswissenschaft, Ingenieurwissenschaft, Naturwissenschaft oder Rechtswissenschaft gibt es eine Kraft, die alle Erkenntnisse aus den genannten Wissenschaften aushebelt: das psycho-*logische* Programm des Menschen. Jeder Mensch ist intuitiv zum Selbstschutz in der Lage. Die dahinter liegenden Programme laufen mit höchster

Präzision ab. Das Gehirn hat eine immerwährende Tendenz zur guten Gestalt. Geht Lösungsweg A nicht, schalten wir automatisch auf Lösungsweg B. Das beherrschen bereits Kleinstkinder, wenn sie als „Tyrannen", wie es der Psychiater Michael Winterhoff ausdrückt, den Erwachsenen mal schnell klarmachen, was Sache ist. Hysterisches Schreien ist eine der noch harmlosesten Ausdrucksformen, weil offensichtlich einschätzbar, mit der die Kleinen die Macht über die Großen übernehmen.

1.5.2 Vom Umgang mit Performern

Wir reden hier nicht darüber, dass Leistungsverweigerer in einer Leistungsgesellschaft fehl am Platze sind. Es hat nichts mit Leistungs*kultur* zu tun, wenn Führungskräften geraten wird, jährlich einen bestimmten Prozentsatz der Mitarbeiter per se auszusortieren. Auch ist das Credo der Quotenfantasie falsch: In jedem Betrieb gäbe es 20 % Top-Leute, 70 %, die einen ordentlichen Job machen, und 10 %, auf die man gut und gern verzichten kann. Dieses Denken basiert auf bloßen Vorurteilen und stereotypen Annahmen. Vielmehr ist es folgendermaßen: Jedes Unternehmen ist ein Unikat – individuell und auf seine Art unvergleichbar. Jeder Mensch im Übrigen auch. Wer die Ansicht vertritt, dass der Abschied von Minderleistern in jedem Fall für eine bereichernde *Vitalisierung* sorge, lenkt seine Konzentration auf die Hälfte vom Ganzen. Steckdosen mit nur einem Loch liefern keinen Strom. Leistung ist relativ. Bei Teams mit einem allgemein hohen Leistungsniveau ist es geradezu absurd, Quoten-Minderleister zu eliminieren. Bei Teams mit einem insgesamt geringen Leistungsniveau bringt das Aussortieren von fünf oder 10 % der vermeintlichen Schlechtleister keine brauchbare Verbesserung. Die Gesamtleistung bleibt hier immer noch deutlich unter dem Niveau von Spitzenteams.

Wenn die Kultur im Unternehmen stimmt, blühen die Menschen in ihrer Leistungsbereitschaft auf wie von der Sonne gewärmte Schneeglöckchen. Wie das Schneeglöckchen mit der Kälte der Nacht umzugehen weiß, so stecken aufblühende Menschen auch höchste Strapazen locker weg. Hinzu kommt der Faktor der systemischen Beeinflussung in einer sich gegenseitig beeinflussenden Dynamik positiver Schwingungen im Unternehmen. Das heißt: Wenn Spitzenleister nicht als Drohkulissen für weniger Leistende aufgebaut werden, geht von ihnen automatisch eine Vorbildwirkung aus. Wenn begriffen worden ist, dass man nur eine geringe Zahl von Spitzenleistern in einer Organisation haben kann – denn andernfalls wäre es ja nicht mehr die Spitze – und wenn die kulturellen Bedingungen für Bestleistung geschaffen sind, die dafür sorgen, dass jeder zu jeder Zeit gerne sein Bestes gibt, muss man sich um die Entwicklung der Unternehmensleistung keine

Potenziale, Motivation, Intellekt, Ausbildung, Erfahrung im Einklang mit
der Herausforderung schaffen Spitzenleistung

Spitzenleister zeigen
*   Spitzenergebnisse als objektive Messgröße
*   keine Orientierung an der Benchmark, sind die Benchmark!
*   Nähe zur Genialität oder Genialität

Spitzenleister brauchen
*   Verantwortung, definieren Ziele und Aufgaben selbst
*   Gelegentliche Abstimmungsgespräche, keine Vorgaben
*   Wertschätzende Reflexion ihrer Leistung

Abb. 1.3 Merkmale von Spitzenleistern

Anforderungen müssen mit Potenzialen, Motivation, Intellekt,
Ausbildung und Erfahrung korrelieren, um Bestleistung zu ermöglichen

Bestleister zeigen
*   ihr denkbar Bestes, sie geben, was sie geben können
*   Ergebnisse („das Beste") als relative Messgröße
*   sich ausgesprochen leistungswillig, unterhalb von Spitzenleistunge

Bestleister brauchen
*   einen Verantwortungsrahmen und Zielklarheit, keine Aufgaben
*   kontinuierliche Abstimmungsgespräche
*   wertschätzende Reflexion der Leistung

Abb. 1.4 Merkmale von Bestleistern

Sorgen machen. Ein Setzling wächst nicht dadurch, dass man an ihm zieht, sondern
dadurch, dass man ihn in die richtige Erde unter den richtigen Himmel pflanzt und
mit der richtigen Pflege bedenkt (Abb. 1.3, 1.4 und 1.5).

1.5.3   Menschen sind in Ausübung ihres Hobbys Bestleister

Wer glaubt, dass Bestleister rar sind, übersieht, dass es bei vielen Tätigkeiten, die
Menschen entsprechend ihrer Interessen und Neigungen ausüben, und Bereichen,
in denen sich Menschen freiwillig engagieren, enorme Leistungen zu beobachten
gibt. In seinem Hobby ist jeder Mensch auf seine Art ein Bestleister. Hier fühlt
er sich wohl. Hier fordert er sich bis an seine Grenzen und zum Teil weit darüber hinaus. Hier sucht er sich die zu seinen Motiven – und meist auch zu seinen

Eingeschränkte Leistungsfähigkeit bedingt durch somatische,
psychische, psychosomatische Krankheit bzw. Behinderung oder als
Folge eines belastenden sozialen Umfeldes

Relative Bestleister zeigen
- Leistungswillen, sie geben – relativ gesehen – ihr Bestes
- objektiv reduzierte, in Selbstwahrnehmung und Selbstverständnis
  bestmögliche Leistungen

Relative Bestleister brauchen
- Einzelaufgaben oder Aufgabenblöcke
- Schutz vor außergewöhnlichen Belastungen
- erhöhte Aufmerksamkeit und Wertschätzung

Abb. 1.5 Merkmale von Relativen Bestleistern

Potenzialen – passenden Aufgaben. Hier ruft er nicht nach Förderung. Hier will
er nicht einmal von irgendjemandem *abgeholt* werden. Hier sorgt er selbst für den
Antrieb, der aus Freude Leistung werden lässt. Niemand bedroht ihn oder übt Leis-
tungszwang auf ihn aus. Gleichwohl gibt es Wettbewerb und Ansporn. Niemand
verwirrt ihn. Bestleistungen entstehen in diesem Umfeld jenseits von Leistungs-
anreizen durch Bezahlung. Im Gegenteil: Meistens bezahlt der Hobbyist dafür, sich
verausgaben zu dürfen.

Menschen geraten in Ausübung des Hobbys unter Stress. Dieser Stress ist ein
Eustress. Die Anforderung/Situation wird als Herausforderung erlebt, der man sich
gern stellt. Man hält sich für kompetent genug, die Situation zu meistern. Menschen wachsen hier an den sich selbst gestellten Herausforderungen. Man denkt,
dass man erfolgreich sein wird. Also wird man erfolgreich. Die selbsterfüllende
Prophezeiung geht auf. Hier gehen Potenzial, Fertigkeit, Motivation und Rolle ein
spannendes Gewinnerspiel ein.

1.5.4   Der Stress im Hobby nährt, der Stress im Beruf zehrt

Ganz anders der Stress im Beruf. Er artet nicht selten zum *Disstress* aus. Die Anfor-
derung bzw. Situation wird als unangenehm, belastend, überfordernd angesehen.
Man möchte sie möglichst umgehen. Man glaubt, der Aufgabe nicht gewachsen zu
sein. Man fühlt sich als Opfer dieser Situation – hilflos. Das führt ebenfalls zu einer
selbsterfüllenden Prophezeiung, diesmal mit negativem Vorzeichen. Es ist wie
beim Laufen auf glattem Untergrund. Wenn wir uns auf nichts mehr konzentrieren
als darauf, bloß nicht ins Rutschen zu kommen, ist das Rutschen allein dadurch
vorprogrammiert, dass sich das Gehirn auf *Rutschen* einstellt. Unser Gehirn kennt

keine Nein-Signale. Es kennt nur Signale oder das Nichts. Bloß *nicht* rutschen heißt für das Gehirn: rutschen. Oder können Sie jetzt im Augenblick *nicht* an die Farbe Rot denken? Das können Sie nur, wenn Sie nicht wissen, wie Rot aussieht.

Entscheidend ist immer, wie das Individuum die Situation in seiner momentanen Verfassung bewertet. Je mehr Potenziale und Fertigkeiten, Erfolgserwartungen und Motivation bezogen auf die Herausforderung vorhanden sind, je leichter die Situation zu nehmen scheint, desto eher wertet der Mensch bestimmte Anforderungen als positiv. Positiv bewertete Anforderungen sind leicht zu meisternde Anforderungen. Das subjektive Bild wird wichtiger als die objektive Situation. Der Mensch wächst im subjektiven Empfinden der Leichtigkeit über sich hinaus.

1.5.5 Stress ist der Leistungskiller mit der größten Durchsetzungskraft

Erleben Menschen Stress dagegen negativ, sind unangenehme Reaktionen ihres Organismus die Folge. Dabei können je nach individueller Neigung verschiedene Symptomenkomplexe auftreten, die auch zu dauerhaften Störungen führen können.

Die Reaktionen auf negativen Stress sind heute im Allgemeinen bekannt. Man muss weder Psychologe noch Mediziner sein, um sich das streuende Ausmaß von Disstress wie Spannungskopfschmerz, Schwitzen, Herzklopfen, Übelkeit, Gereiztheit, Wut, Versagensgefühle, Konzentrationsmangel, Gedankenspiralen mit unter Umständen dauerhaften Folgestörungen wie allgemeine Verspanntheit, leichte Ermüdbarkeit, Migräne, Magengeschwüre, Schwindel, Herzkreislaufbeschwerden, Aggression, Depression, Angstzustände, Tagträume, Leistungsstörungen und Verkrampftheit vorstellen zu können.

Solche Stresszustände entstehen durch objektive Reize, wie zum Beispiel unzureichende Ausleuchtung des Arbeitsumfeldes, belastende Geräuschquellen, penetrante Gerüche, antizyklische Arbeitszeiten, und solche, die als subjektiv zu bezeichnen sind. Darunter sind beispielhaft überhöhte Zielvorgaben, kaum zu schaffende Aufgaben, der Zwang zur absoluten Fehlervermeidung, Druck durch Vorgesetzte, Druck durch unzureichende Selbststeuerung und Mobbing zu nennen. Die Stressbelastung der Mitarbeiter im Auge zu behalten, gehört zu den wesentlichen Bestandteilen der Führungsverantwortung und zwar aus zweierlei Sicht. Zum einen hat der Führende auch eine gewisse *Fürsorgepflicht*, die darin besteht, dass der Mitarbeiter sich mit Führung besser fühlt als ohne. Zum anderen kommt eine zu hohe Stressbelastung der Mitarbeiter der puren Geldvernichtung gleich. Menschen unter negativ erlebtem Stress leisten nachweislich weniger.

In unserem Diagnostikbereich bei der SAAMAN AG, in dem wir für Firmen Potenzialanalysen, Management-Audits oder Assessments durchführen, haben wir es uns schon vor etlichen Jahren abgewöhnt, Stressinterviews zu führen. Sie bringen nichts Gutes außer der Erkenntnis, dass jeder Mensch unter Stress zu setzen ist. Dafür bringen sie aber viel Unbrauchbares, zum Beispiel, dass die Kandidaten in der Ist-Aufnahme ausgebremst sind, sich mit ihrer wirklichen Leistungsdimension nicht darstellen können. Insbesondere bei der Bedienung von Maschinen oder beim Autofahren ist die Leistungsminimierung zuzüglich Fehlerhäufigkeit unter Stress hinreichend untersucht. Intuitiv tun Menschen unter Stress das Falsche, weil sie nicht mehr Frau oder Herr der Lage sind. So fährt der Autofahrer auf seinen Vordermann auf, anstatt kräftig auf die Bremse zu treten und drauf zu bleiben.

Stress nagt an der Souveränität. So werden in Vorstandssitzungen gestandene Bereichsleiter weich und geraten aus dem Konzept, wenn sie vortragen müssen und dabei zweifelnde oder gar mürrische Blicke erleben. Wenn das Gremium Vorstand wissen will, was in den Köpfen seiner Bereichsleiter steckt, was diese an Fundus zu bieten haben, so sind die Mitglieder des Vorstandes gut beraten, es den eine Stufe unter ihnen angesiedelten Managern durch eine lockere Atmosphäre leicht zu machen, ihre Ideen vor dem erlauchten Kreis vorzutragen. Negativer Stress führt unser Gehirn in den Notlaufmodus.

Wenn es Betrieben gelingt, Bedingungen einzurichten, die den arbeitenden Menschen gedanklich ansprechen und so fordern wie sein Hobby, wird er ähnlich erleichtert auf die Herausforderungen eingehen, wie sie ihm das Hobby bietet. Auf die objektive Anstrengung kommt es dabei weniger an. Es zählt das subjektive Empfinden. Wer damit argumentiert, dass die Welt des Hobbys im Arbeitsprozess nicht abzubilden, weil nicht vergleichbar sei, möge sich auf seine eigenen Freizeitbeschäftigungen und Interessen besinnen. Es gibt kaum ein Hobby, bei dem nicht auch solche Anstrengungen in Kauf genommen werden müssen, die man am liebsten meiden möchte. Uns ist bewusst, dass mit jedem Hobby unangenehme oder unbequeme Vor- oder Nacharbeiten verbunden sind, denen wir uns stellen müssen. Das tun wir, ohne groß darüber nachzudenken. Die Vision ist das Ziel. Das Ziel das Zentrum des Vergnügens, der Freude oder der freiwillig gewählten Herausforderung.

Doch wie kann man die Begeisterung, das Engagement, das Menschen in ihren ureigensten Interessen mühelos an den Tag legen, auch in einem Unternehmen wecken? Sicher nicht mit einem der unzähligen Management-Tools oder mit einer weiteren der unzähligen betriebswirtschaftlichen Gebrauchsanweisungen für Unternehmen.

1.6   Von der Management-Tool-Verwaltung zum Innovations-Kraftwerk

Ich teile die Meinung vieler, dass *Business Reengineering, Total Quality Management, Geschäftsprozess Optimierung, KVP* (Kontinuierliche Verbesserungsprozesse), *BVW* (Betriebliches Vorschlagswesen) allesamt keine falschen Verfahren sind. Wir müssen uns aber darüber im Klaren sein, dass von den Verfahren selbst wenig bis keine Wirkung ausgeht. Nicht das Klavier schafft Hörgenuss, sondern der Pianist. Natürlich kann der beste Pianist keinen Ohrenschmaus mit einem verstimmten Klavier schaffen. Wenn er wirklich Experte ist, wird er in dem Zustand die Finger vom Klavier lassen. Der umgekehrte Fall ist die eigentliche Tragik. Jedes Steinway-Feeling wird mit dem ersten Anschlag des unpassenden Pianisten zunichtegemacht.

Als ich einen Auftrag unter dem verheißungsvollen Projektnamen „Die Zukunft sichern" in einem seit über 125 Jahren produzierenden Familienunternehmen der Baustoffbranche übernahm, stellten sich schnell die Kernprobleme heraus, die Schatten auf die Zukunft warfen. Vier gleichberechtigte geschäftsführende Gesellschafter stellten mir ihr Verständnis von ihrer Zukunftsstrategie des Unternehmens vor. Nie zuvor hatte ich von vier gleichberechtigten und zudem auch noch verwandten Menschen derart heterogene Vorstellungen zu einem ähnlichen Thema gehört. Der Fertigungschef zeigte sich als weitsichtig denkender Überflieger-Ingenieur. Es gab kaum ein Management-Tool, das er nicht schon ausprobiert hatte. Er erwies sich als der typische technokratische Führer, mit dem Ergebnis, dass das relativ kleine 600-Mitarbeiter-Unternehmen mit Tools überfrachtet war, die obendrein inkonsequent gehandhabt wurden. Der kaufmännische Leiter war ein akribischer Betriebswirt, der jederzeit alle geforderten Zahlen zur Hand hatte. Auch er spielte auf der Klaviatur der gängigen Management-Tools. Der Begeisterung versprühende Vertriebschef füllte mit einer auf den Punkt kommenden Rhetorik den Raum. Er war ein überzeugender Leader, hatte sich aber mit seinen Visionen und Ansätzen bei seinen methodenverschriebenen Mitgesellschaftern bisher weniger in Szene setzen können. Schließlich war da noch der analytisch-trockene Marketingchef, der entgegen aller Erwartungen kaum Präsenz einbrachte.

Eines war klar: Die Zukunft dieses Unternehmens wurde aus den vorliegenden Daten ebenso wenig ablesbar, wie die Tools ungeeignet erschienen, das erforderliche Zukunftsbild zu rahmen. Das Unternehmen sollte schneller und in seinen Entscheidungen sicherer, die Mitarbeiter in besserer Weise an das Unternehmen gebunden werden. Da sich die Geschäftsführung auf keine gemeinsame Vision und Linie verständigen konnte, war der externe Organisationsentwickler gefragt. Ich arbeitete auf der von mir für solche Zwecke eingesetzten Re-Inferenz-Plattform.

Re-Inferenz-Modell

Der Inferenz-Prozess
Inferenz veranschaulicht den automatischen, unbewussten Prozess, der in unserem Denken abläuft, wenn wir aus unseren Erfahrungen Schlüsse ziehen. Durch Inferenz können wir schnell, reflexartig und ohne gedanklichen Zwischenschritt zu logischen Schlussfolgerungen gelangen, so als würden wir in Gedanken beim hastigen Erklettern einer Leiter einzelne Sprossen auslassen. Dieses Schema zum Bestandteil unserer Arbeit zu machen und so seine Prinzipien zu verinnerlichen, hat sich bei der Konkretisierung des Denkens als Dreh- und Angelpunkt erwiesen.

Bei einer Inferenz-Synchronie kommt es darauf an, das eigene schlussfolgernde Denken durch das schlussfolgernde Denken anderer zum gleichen Thema abzusichern, ausgehend von dem Grundsatz: Es gibt keine objektiven Daten, sondern immer nur die Interpretation von Daten.

Eindimensionales Denken führt zu eindimensionalen Entscheidungen
Komplex ist nicht nur unsere reale Welt, sondern mehr noch, mit welchen Mustern wir sie wahrnehmen. Eindimensionales Denken bedeutet: Was ich sehe oder meine, ist tatsächlich so. Falsch! Die zur Erhöhung der Entscheidungsqualität erforderliche Mehrdimensionalität wird nicht dadurch erreicht, dass in einer Gruppe mehrere Personen durch dieselbe Brille sehen. Der Inferenz-Prozess sieht deshalb vor, dass die Bewertung einer Situation und der daran gekoppelten Daten durch einen möglichst heterogenen Personenkreis erfolgt. Nicht das Streben nach Harmonie sollte im Vordergrund stehen, sondern die Ausleuchtung, Akzeptanz und Klärung von Einzelmeinungen.

Daten, Bedeutungen, Überzeugungen, Erfahrungen..., diese und ähnliche Einflussfaktoren führen nur dann zu einer objektiveren Schlussfolgerung, wenn mehrere (von Ausbildung, Erfahrung und Persönlichkeit her unterschiedliche) Personen eingebunden werden. Dabei heißt eingebunden: wirklich teilhaben und laut denken. Das steht im Gegensatz zum Erscheinungsbild in den meisten Meetings, in denen zum Beispiel zwölf Menschen in einer Runde sitzen, von denen aber nur drei bis fünf (immer dieselben natürlich) um die Wortführerschaft ringen.

Erhöhung der Entscheidungsqualität und -sicherheit

Die Erkenntnisse und guten Erfahrungen aus der konsequenten Anwendung von Inferenz (schlussfolgerndes Denken unter Einbeziehung möglichst vieler Klugheiten) bilden die Grundlage zum Re-Inferenz-Modell.

In der Anwendung des Re-Inferenz-Modelles kommt es auf zwei Faktoren an:

Die Teilnehmer an einem Re-Inferenz-Prozess können gar nicht heterogen genug zusammengesetzt sein, fachlich ebenso wie von ihrer Persönlichkeit her. Die Qualität der Arbeit menschlicher Gruppierungen begründet sich vorwiegend durch die Vielfalt der teilnehmenden Individuen.

Alle Teilnehmenden sollten divergent denken. Das ist das Gegenteil von konvergent (auf eine Lösung ausgerichtet). Konvergent im Denken – wir können auch sagen gefestigt – ist jemand, der sich von seinen Erfahrungen und frühen Lernprozessen ebenso wie von gewissen Einstellungen und Verhaltensmustern nicht lösen kann.

Divergent ist jemand, der sich einfach alles vorzustellen vermag, losgelöst von seinen konkreten Erfahrungen und Erlebnissen.

Die konkrete Gestaltung des Re-Inferenz-Modelles

Das Re-Inferenz-Modell basiert auf der Grundlage rückwärtigen, schlussfolgernden Denkens, das automatisch entsteht, wenn wir uns zeitlich mit einem bestimmten Termin aus der Zukunft identifizieren und so tun, als ob wir in der Zukunft wären.

Schritt 1 – Vorbereitung
Das Thema (möglichst konkret) und den Personenkreis (möglichst heterogen) festlegen. Mitwirkende und Beobachter bestimmen.

Schritt 2 – Auftakt
Einen Termin fixieren (zum Beispiel „Juli 2015" oder noch konkreter „20.07.2015").

Die Situation, die *ist*, einrichten (nicht die, die *sein wird*, denn wir sind ja gedanklich in einer Zukunft, die simuliert zur Gegenwart wird).

Konkrete Rollen aller Beteiligten in der Situation festlegen. Die eingenommenen Rollen werden in der Zukunft gelebt, sie sollten der Fähigkeit (Wissen) oder der Motivation (Neigung) des Einzelnen entsprechen und müssen demzufolge mit der wirklichen Funktion heute nicht identisch sein.

Die Rolle der Beobachter im Einzelnen festlegen.

Schritt 3– Aktion
Durchspielen der Situation (konkretes Handeln, „Wir sind im Hier und Jetzt, nicht im Dann und Dort.").

Schritt 4– Auswertung
Auswerten der Situation des *gespielten Hier und Jetzt* nach den Kriterien:
auditiv – hören (Beobachter)
visuell – sehen (Beobachter)
kinästhetisch – empfinden (Mitwirkende)
Was haben die Mitwirkenden empfunden? Was haben die Beobachter gehört und gesehen? Ein Feedback-Prozess findet nicht statt.
An seine Stelle tritt ein Sharing-Prozess. Sharing: keine Bewertung (das war gut, das war schlecht), kein Feedback (so habe ich das und das oder die und die Person erlebt), sondern Anteilnahme und Identifikation (Beobachter teilen mit, womit sie sich identifiziert haben, was ihnen attraktiv erschien oder wo sie ins *Gegenthema* gegangen sind. Die Mitwirkenden nehmen nur auf und stellen evtl. klärende Fragen).

Schritt 5– Transformation, Umsetzung, Commitment
Jetzt folgt die entscheidende, abschließende Phase dieser Sitzung. Entweder die *Zukunft* wird verworfen oder angenommen. Wenn angenommen, dann ist festzulegen: Was müssen wir heute tun, planen, in die Wege leiten…, damit das eintritt, was uns in der Zukunft attraktiv erschien und für uns verbindlich ist?
Festlegen der Maßnahmen im Einzelnen, so als würden wir jede einzelne Sprosse einer zu besteigenden Leiter wahrnehmen. Dabei können wir entdecken und verbindlich festhalten, welche Details geklärt, aufgegriffen, umgesetzt werden müssen, um das Angestrebte zu erreichen. Hilfsfragen: Wer macht was bis wann? Wer berichtet an wen worüber bis wann? Wer verantwortet was und wie?
Abschließend wird das Commitment zum Ergebnis geklärt.

1.6.1   Wie sich ein Unternehmen durch Methodenüberfrachtung ausbremst

Die größte Schwäche der Firma wurde schnell sichtbar: Das Unternehmen war durch Methoden, Techniken, Werkzeuge überfrachtet, vollkommen unpassend für die Größe. Die Menschen wurden administrativ eng und doch inkonsequent gesteuert, aber nicht inspirierend geführt, bis auf die Ausnahme im Vertrieb. Das dort vorherrschende Vorschlagswesen brachte keine neuen Ideen hervor. Kein Wunder, denn die Kraft neuer Ideen lässt sich nun mal nicht formalisieren. Die Projektlandschaft glich einer dicht besiedelten Millionenmetropole. Mehr Projekte als Aufträge vom Markt. Sprünge – zum Beispiel nach vorn – sind in einer von schwerer Ritterrüstung eingepferchten Gestalt undenkbar. Da tut jede Bewegung weh. Also tritt man lieber auf der Stelle. Beispielhaft will ich nur eine von vielen nichts bewirkenden und Aufwand verursachenden Aktionen nennen: Ein Außendienstmitarbeiter verbrachte ebenso viel Zeit damit, Statistiken auszufüllen und Berichte zu schreiben, wie er in Gesprächen mit Kunden saß. Da fragt man sich, was wichtiger ist: Kunden zu überzeugen oder die eigene Arbeit zu rechtfertigen? Zu allem Ärger der Außendienstmitarbeiter gab es keine Rückmeldungen auf die Berichte. Der Vertriebsgeschäftsführer hatte sich von seinen Geschäftsführungskollegen „zu diesem Quatsch" überreden lassen. Er las folglich die Berichte nicht. Die an alle Führungskräfte des Vertriebs gehenden Papiere schienen aber auch sonst nirgendwo Aufmerksamkeit zu wecken. Manch ein Außendienstmitarbeiter schrieb völlig unsinnige Sätze in die Berichte, zum Beispiel: „Der Kunde will unserer Firma ein Kaufangebot machen, weil er glaubt, nur so die Ware zu bekommen, die er bestellt hat", ohne eine Resonanz zu erfahren.

Die Geschäftsführung wurde sich im Laufe des Re-Inferenz-Workshops (rückwärts von der Zukunft in die Gegenwart denkend) einig: Das Unternehmen findet im derzeitigen Zustand schwer den Weg in die Zukunft. Da helfen auch modernste Produktionsanlagen nicht wirklich. Der Geist des freien Denkens muss Einzug halten. Es muss ein inspirierendes Rauschen durch das Unternehmen gehen, die Ernsthaftigkeit der Anwendung einiger Tools gesichert und dafür überflüssige abgeschafft werden. Die Erkenntnis, dass Tools ihre Berechtigung haben, soweit sie nicht in Überadministrierung ausarten, ließ nicht lange auf sich warten. Management-Tools können in keinem Fall Visionen, Mut, Freude, Tatendrang und Spontaneität ersetzen. Sie dürfen auch nicht dazu führen, dass aus einer Baukeramikfirma eine Verwaltungsbehörde wird. Vor allem aber darf nicht passieren, dass infolge der Anwendung der Tools nichts passiert. Das jährliche Beurteilungssystem wurde abgeschafft. Das Zielvereinbarungssystem ebenfalls.

Das empört Sie als Leser? Weil die Beurteilung von Leistung unersetzlich ist? Einverstanden. Aber was soll ein noch so ausgefeiltes Beurteilungssystem bringen, wenn die Geschäftsführung nicht bereit ist, die Ergebnisse ernst zu nehmen und Konsequenzen – zum Beispiel für Bonus oder Malus – zu ziehen? Wenn alle dieselben Tantiemen auf ihr Gehalt bekommen, wenn vor dem Hintergrund einer weichen Personalpolitik keine Lern- bzw. Entwicklungsauflagen nach kritischer Beurteilung an den Mitarbeiter herangetragen und nachverfolgt werden, ist ein solches System Ballast, sonst nichts. Ebenso das Zielsystem. Es führt, außer zu zeitraubender Administration, zu nichts, wenn Ziele unverbindlich und inkonsequent in irgendwelche Formulare geschrieben werden, um sie ein Jahr später aus der Schublade zu ziehen.

Eine Modifikation der gängigen Management-Tools hätte in der Situation wenig bewirkt. Die Menschen unterhalb der Geschäftsführung glaubten nicht an die ernsthafte Umsetzung der Erkenntnisse aus den mannigfaltigen Zahlenwerken. Fakt war, dass die einst hervorragend aufgestellte Firma in den letzten zehn Jahren spürbar Marktanteile an die ausländische und deutsche Konkurrenz verloren hatte. Mehr noch, Renditeaussichten waren dahin. Das Unternehmen lebte von der Substanz und der Zurückhaltung der geschäftsführenden Gesellschafter bezüglich ihrer Einkommensansprüche. Als sich die Geschäftsführung als Ergebnis des Re-Inferenz-Prozesses im Klaren war, wo die Firma in fünf Jahren stehen muss, damit sie noch steht, war auch klar, dass mit nahezu allem gebrochen werden musste, was in Gewohnheit ergraut war, und an fast allen Stellen ein Neuanfang die einzige Lösung sein konnte.

Die normalerweise schmerzliche Phase des Beendens, des Abschiednehmens und Loslassens vom Alten brachte in diesem Unternehmen statt Angst Hoffnung, statt Verlustgefühlen Zugewinnerwartungen, statt Unsicherheit Sicherheit. Die Phase dazwischen bis zum wirklichen und spürbaren Neubeginn war nicht wie üblich mit Chaos und Orientierungssuche belegt, weil das Alte nicht mehr gültig war und das Neue noch nicht begonnen hatte. Kreativität keimte in einer nie zuvor da gewesenen Intensität auf, gepaart mit Freude auf das Neue und Erwartung an eine bessere Zeit. Der eigentliche Neustart, das Entdecken der neuen Identität, das Spüren des Zwecks der Veränderung, ging erstaunlich leicht. Neues Verhalten war mit den Betroffenen und Beteiligten leicht einzuüben, weil bisher ungenutzte Energie reichlich aufgestaut war. Aus einem auf Standards ausgerichteten Produktionsbetrieb wurde industrielle Manufaktur. Aus Rabattverkäufern wurden Anwendungsspezialisten, aus Verwaltungsangestellten wurde eine mitdenkende Unternehmensgemeinschaft.

Das alles war innerhalb eines Jahres erreicht. Die sehr junge Nachwuchsgeneration der geschäftsführenden Gesellschafter übernahm nicht die alleinige, wohl aber einen Großteil an Verantwortung. Leider gab es kein Happy End. Die Hausbank drehte dem schon längere Zeit überschuldeten Unternehmen als Folge eines Vorstandswechsels in der Bank ausgerechnet zu einem Zeitpunkt den Geldhahn zu, als die Zahlen sich von Rot auf Schwarz färbten. Eine Ausweichfinanzierung war nicht auf die Beine zu stellen.

1.6.2   Leistungskultur ist ein spürbarer Zustand von Dauer

Leistungskultur ist ein dauerhafter, erleb- und spürbarer Zustand, der durch eine Offensive eingeleitet werden kann, um später als Grundhaltung das ganze Unternehmen zu durchfluten. Die Offensive kann – muss aber nicht zwingend – mit einer Leistungskulturanalyse beginnen. Mit dieser Offensive wird ökonomisches Denken und Handeln in psychologische Realitäten integriert. Menschen ist die Fähigkeit zur Selbststeuerung und Entwicklung gegeben. Manche bedürfen der engeren, andere der marginalen Anleitung.

Menschen sind mit Potenzialen ausgestattet, die sich bereits in frühester Kindheit zu bilden beginnen, wenn sich die Nervenzellen des Gehirns verbinden. Mit Meinungsbildern, die auf Erleben, Denken und Fühlen basieren. Mit einer Einzigartigkeit, die jedes Bestreben, Menschen in Klischees zu pressen oder mehr oder minder engen Typologien unterzuordnen, ins Leere laufen lässt. Wer glaubt, dass mit dem Aufruf zur Innovation oder Schulungen mit gleicher Zielstellung der Innovationsgrad im Unternehmen zunehmen würde, übersieht, dass Innovation auf tief sitzenden Potenzialen beruht. Der eine hat sie. Ein anderer hat sie nicht. Im Sinne von Leistungskultur ist es zweckdienlicher, die Potenziale zu ergründen, um jedem die Rollen zuzuteilen, die seiner Potenziallandschaft am nächsten kommen.

Der Mensch ist nicht einfach. Aber er ist einfach interessant. Und einzigartig in seinem Sosein. Dies zu akzeptieren und für das Zusammenwirken in Organisationen zu nutzen, bedarf einer neuen Einstellung zu einer Reihe von Themen, die mit Management und Leadership verbunden werden. Unternehmenskultur für sich betrachtet löst nicht automatisch das immer wichtiger werdende Leistungsthema. Wir brauchen in den Firmen nicht einfach mehr Leistung. Das auch. Wir brauchen weniger Verschleiß beim Erbringen der Leistung. Und der Verschleiß durch Konflikte, unzureichende Führung, Überforderung oder Unterforderung nimmt in manchen Organisationen nicht übersehende Ausmaße an. Wenn Chefs die Leistung ihrer Mitarbeiter auf hohem Niveau erhalten oder dort hinbringen wollen, sollten sie sich weniger darum kümmern, was dazu alles getan werden muss. Sie sollten sich vielmehr darum kümmern, was alles unterlassen werden muss. Wenn die Leistungskiller ausgemerzt sind, stellt sich beim gewöhnlichen Menschen seine Bestleistung automatisch ein. Um zu wissen, welche Leistungskiller welche Wirkung haben, muss man nur die Mitarbeiter fragen. Allerdings geht das weder über groß angelegte unternehmensweite Mitarbeiterbefragungskampagnen noch in von Misstrauen belasteten Einzelgesprächen. Selbst gestandene Führungskräfte trauen sich unter solchen Bedingungen nicht, die von ihnen empfundene Wahrheit auf den Tisch zu legen.

Fangen wir unten an. Wenn dem Menschen an der Basis ein paar Dinge klar werden, so gibt er in aller Regel sein Bestes: Er muss wissen, was von ihm verlangt wird; er muss die Wertschätzung spüren, die ihm als Mensch entgegengebracht wird; er braucht konkrete Rückmeldungen auf seine Leistung und das Vertrauen, dass er diese Rückmeldungen richtig umzusetzen weiß. Die Fürsorgepflicht des

Chefs besteht darin, dem einzelnen Mitarbeiter die ihm liegenden Aufgaben zu geben. Das, was für die Basis gilt, sollte auf den weiter oben liegenden Etagen ebenfalls beherzigt werden. Mit einem entscheidenden Unterschied: Je weiter man in der Hierarchie nach oben geht oder je besser ausgebildet die Mitarbeiter sind, umso mehr sollte die Übertragung von Aufgaben der Übertragung von Verantwortung weichen.

Der Begriff *Leistungskultur* wird vielerorts falsch interpretiert. Die Betonung liegt nicht auf Leistung, sondern auf *Kultur*. Und das ist ein gesitteter, bereinigter, gepflegter bzw. geordneter Zustand der Organisation. Wenn innerhalb der Organisation alle Formen von Unkultur abgeschafft werden, muss sich niemand mehr über Kultur Gedanken machen. Dort, wo die gepflegte Kultur des Umgangs miteinander bzw. der vorherrschenden Zustände fehlt, wird das Leistungsverlangen als Druck erlebt.

1.6.3   Es gibt niemanden in einer Organisation, der nicht für Bestleistung zu gewinnen ist

Wer nicht glaubt, dass sogenannte einfache Arbeiter für Bestleistung zu gewinnen sind, muss sich die Mühe machen und einige Tage im Blaumann Schulter an Schulter mit diesen Menschen zusammenarbeiten. Erst dann wird er begreifen, was diese Menschen (Wertvolles) denken, was sie an Orientierung brauchen und wo der Schuh drückt, der sie zu scheinbaren oder tatsächlichen Leistungsverweigerern macht, soweit sie als solche gesehen werden. Wer sich in die Produktionsstätten begibt, um mitzuarbeiten, wird schnell entdecken, dass es nicht am Leistungswillen hakt, sondern an ganz anderen Problemstellen, die mit Orientierung und Führung zu tun haben.

Um eine Organisation zu *begreifen*, muss man in sie hineingreifen. Das macht man am besten, indem man in die Keimzellen des Kulturdenkens einer Organisation eintaucht. Die Keimzelle, was das ist? Die Basis! Im geschilderten Beispiel der Baukeramikfirma ging ich in die Fertigung und zog vorher die übliche Arbeitskleidung an. Damit mischte ich mich an einem Morgen unter die Frühschicht. Auf die Frage, wer ich sei, hatte ich eine einfache Antwort: „Ich bin ein Berater für Unternehmenskultur und möchte als Hilfskraft bei Ihnen für zwei oder drei Tage mitarbeiten, weil ich Ihre Firma von Grund auf verstehen möchte, bevor ich überlege, was man wie verbessern könnte." Auf diese Weise habe ich die unterschiedlichsten Produktionsrealitäten in unterschiedlichsten Branchen erlebt, von einer regionalen Brotfabrikation bis zur Fertigung von Landmaschinen für den Weltmarkt. In Pharmafirmen herrschen andere Gesetze als in einer Bank oder Versicherung, in der IT-Welt sieht es anders aus als in den verschiedenen Redaktionen eines Verlagskonzerns. Aber alle haben eines gemeinsam: Zwischen dem, was das Top-Management denkt und sagt, und dem, was davon unten ankommt, scheinen schier unüberbrückbare Welten zu liegen. Das mag man noch verstehen, weil die Manager ihre eigene Nomenklatur haben. Eine, die auf die Menschen an der Basis wie eine exotische Fremdsprache wirkt. Umgekehrt ist der Zustand aber noch drastischer. Die Menschen an der Basis haben wertvolle Gedanken, sprechen Deutsch, werden aber von den Managern einfach nicht verstanden.

Der Automobilzulieferer Webasto pflegte einst das Prinzip, dass jeder Vorstand für ein paar Tage als Mitarbeiter irgendwo im Konzern tätig wurde. Das kostet Zeit. Zeit, die ein Manager kaum zu haben glaubt. Es bringt auf der anderen Seite der Bilanz aber einen Gewinn, den sich der Manager ohne diese Erfahrung gar nicht vorstellen kann. Wer sich so hautnah in die Organisation begibt, merkt schnell, dass nicht nur Akademiker, Vorstände, Berater einen klaren Kopf zum Denken haben.

Es dauerte in der Regel einen halben Tag, dann hatte ich bereits mehr über die Kultur einer Firma erfahren, als in Gesprächen mit der Unternehmensleitung oder in Workshops mit Führungskräften eingefangen werden kann. Hier unten lebt und bebt die Organisation. Jede Organisation. Es ist ein Unterschied, ob man von außen ein Aquarium betrachtet oder zum Fisch wird. Der Fisch weiß aus eigenem Erleben, was er zum Glücklichsein und zur Entfaltung seiner Pracht braucht. Der Aquarianer weiß nicht mehr darüber, als er in Lehrbüchern nachschlagen kann. Das erklärt auch, warum die von oben kommende Eindeckung mit Management-Tools ganz unten nicht als Goldregen verstanden, sondern als Belastung, „die gewaltig von der Arbeit abhält", empfunden wird. In der geschilderten Baukeramikfirma hatte den Sinn und Zweck der implementierten Managementwerkzeuge niemand unterhalb der Gruppenleiterebene begriffen. Es erging den Arbeitern so wie mir. Sie verstanden nicht, wozu das alles gut sein soll und was mit den erhobenen Daten passiert. Ich verstand nicht, wie man Palettenwagen für den Tunnelofen so bestückt, dass im Brennvorgang kein Ausschuss produziert wird. Um das zu schaffen, braucht man keine Zielvorgaben, sondern Wertschätzung und Inspiration, die einem als arbeitenden Menschen klarmachen, warum man wichtig ist und mit seiner Sorgfalt, Aufmerksamkeit und Geschicklichkeit zum Gesamterfolg eines Unternehmens einen kleinen, aber ganz persönlichen Beitrag leisten kann.

1.6.4 Man kann nicht einfach mal einen Fragebogen ins System schicken und auf ehrliche Antworten hoffen

Das Baukeramikbeispiel liegt nunmehr zwei Jahrzehnte zurück. In einem Punkt haben sich die Zustände nicht geändert, auch wenn das meiste heute anders ist als damals: Die Stanniolschicht zwischen ganz oben und ganz unten ist dünner geworden, weil die Hierarchien schlanker geworden sind. Aber es gibt sie immer noch. Ab dem Zeitpunkt dieser ersten Erfahrung, dass die Welt an der Maschine im selben Unternehmen eine ganz andere ist als die im Ledersessel am Echtholzschreibtisch, war mir endgültig klar, warum man nicht einfach einen Fragebogen zur Betriebsklimaanalyse oder Meinungserhebung in die Organisation streuen kann. Das wird seit damals vermehrt getan. Die Erwartung, damit an echte Antworten zu kommen, das Leben in der Organisation zu spiegeln, geht genauso ins Leere, wie einen Finger ins Aquarium zu halten und sich einzubilden, das Wohlbefinden der Fische damit analysieren zu können.

Die Fragebögen können von noch so vielen Experten oder solchen, die sich dafür halten, entwickelt worden sein. Fakt ist, dass die Fragen der online gestellten Systeme zu derart großen Kommunikationsverzerrungen führen, dass die dabei herauskommenden Antworten zu wenig hergeben, um daraus brauchbare Erkenntnisse für konkrete Schritte der Verbesserung abzuleiten. Das mag einer der Hauptgründe dafür sein, dass die Ergebnisse zwar kommuniziert, aber die Beseitigung der Baustellen nicht konsequent nachverfolgt werden. In großen Konzernen kommt meist das Problem der Verwirrung durch unterschiedliche und sich durchaus widersprechende Verfahren bzw. Methoden hinzu. So sagte mir der Chef der Akademie eines internationalen Pharmakonzerns kürzlich: „Wenn der Vorstand auf einer Betriebsversammlung erklärt, dass im neuen Beurteilungssystem die ‚Eins der Bestwert' ist und vier Wochen danach ein konzernweites Stimmungsbild mit einer Beratungsgesellschaft durchgeführt wird, deren Bewertungsskala auf einem Punktesystem mit der Sechs als Bestwert aufbaut, muss man sich nicht wundern, dass die Hälfte der Befragten die Skala genau umgekehrt liest, auch wenn zu Beginn eindeutig erklärt wird, was eine Sechs und was eine Eins in diesem Fall bedeutet."

Fragesysteme der heute üblichen Art können wirtschaftlich die Meinung von Tausenden von Menschen in Kürze erfassen. Fragt sich nur, welche Meinung? Wer zu ehrlichen Meinungen und authentischen Stimmungsbildern kommen will, muss zu anderen Mitteln greifen. Die Wahrheit rücken die Menschen nur heraus, wenn sie Vertrauen in diejenigen, die danach fragen, aufbauen, indem sie die Fragenden optisch und akustisch anfassen können. Wer das Beste will, das ein Mensch zu bieten hat, nämlich seine ehrliche Meinung, seine empfundenen Gefühle, seine Ideen, der muss die Menschen direkt ansprechen. Es ist besser, man fragt eine per Zufall ausgewählte Stichprobe von Mitarbeitern im persönlichen Kontakt oder einem in überschaubaren Gruppen erläuterten Fragebogen, den man in Papierform und damit zu 100 % anonym austeilt und einsammelt, als dass man sich in der Hoffnung verliert, dass groß angelegte Befragungssysteme einen Beitrag zur Erhellung der tatsächlichen Kultur leisten könnten.

Jede Form von Kommunikation birgt die Gefahr der Verzerrung in sich. Deshalb kann man gar nicht vorsichtig genug sein in der Wahl seiner Worte, Gesten und Blicke.

1.7   Wahr ist, was wahrgenommen wird

Wenn ein Manager sich in mündlicher oder schriftlicher Form äußert, könnte er versucht sein zu glauben, gesagt ist auch verstanden. Wer das denkt, übersieht jedoch die Vielschichtigkeit der Kommunikation. Wenn Sie als Manager Botschaften senden, so dürfen Sie sicher sein, dass zwischen dem, was sie senden, und dem, was ankommt, ein nicht unerheblicher Verzerrungswinkel entsteht. Dieser ergibt sich zum einen aus der unterschiedlichen Decodierung bestimmter Begrifflichkeiten aufseiten des Empfängers, die selten im Einklang steht mit der Codierung des Senders. Man muss sich nur den in diesem Buch im Mittelpunkt stehenden Begriff *Leistungskultur* vor Augen führen. Was ich darunter verstehe, kann ich mit drei Worten beschreiben: Leistung aus Kultur. Um eine breite Empfängerschicht mit demselben Begriffsverständnis auszustatten, bedarf es eines ganzen Buches. Am Ende kann ich ungeachtet der vielen Seiten immer noch nicht hundertprozentig davon ausgehen, dass Sie und ich im Begriffsverständnis auf einer Wellenlänge liegen.

Sie als Leser stellen Ihre Erfahrung gegen meine Meinung. Sie haben einen anderen Ausbildungshintergrund. Sie entstammen möglicherweise einem anderen Kulturkreis. Bei Ihnen hat sich im Laufe des Lebens Ihre ureigene Persönlichkeit herausgebildet. Bei mir auch. Sie kontern mit Ihren Erlebnissen aus einer anderen Firma, während ich meine Beispiele darlege. Ich könnte dasselbe Spiel der Spreizung zwischen Gesagtem und Verstandenem auch mit dem Begriff *Motivation* eröffnen. Der Begriff ist geläufiger, das Prozedere dasselbe.

Zwischen dem Führenden und dem Mitarbeiter ist die zu überbrückende Kluft des gemeinsamen Verständnisses größer als unter Managern oder unter Mitarbeitern. Das erklärt sich neben den geschilderten Codierungen und Decodierungen aus der jeweils unterschiedlichen Erlebniswelt und Standortbestimmung. Transformator muss der Führende sein, nicht der Mitarbeiter. Weil dem Sender die Verantwortung für das möglichst störungsfreie Senden und damit weitestgehend verzerrungsfreies Empfangen obliegt.

1.7.1   Geschliffene Rhetorik kann Authentizität zunichtemachen

Ich bin gelegentlich Augenzeuge von Antrittsreden neu berufener Manager. So war ich zur Mitarbeiterversammlung einer Bank von überschaubarer Größe eingeladen, als der neue Vorstandsvorsitzende sich und sein geplantes Vorgehen vorstellte. Mit geschliffener Rhetorik, kontrollierter Motorik und an Formvollendung grenzendem Charisma stand der bald Fünfzigjährige vor ca. 60 Führungskräften und knapp 500 Mitarbeitern. Er sprach frei, ohne auf sein Manuskript zu sehen, von seiner Erfahrung, seinen Zielen, seiner Strategie, seiner Vorstellung von Unternehmenskultur und einigen Schritten, mit denen er die Bank nach vorn bringen will. Im Verlauf der dreißigminütigen Rede wandten sich die Blicke der Zuhörer im Minutentakt mehr und mehr ab. Aus anfänglichem Interesse schien gähnende Langeweile zu werden. Mit den letzten Worten seines Vortrags forderte er sein Publikum auf, über Saalmikrofone Fragen zu stellen. Dazu hatte er den Kommunikationschef der Bank mit der Moderation beauftragt.

Ich war froh, nur Zuschauer sein zu dürfen. So sehr sich der Moderator auch bemühte, es kam nicht eine einzige Frage aus den Reihen der Zuhörer, die sich immerhin zu einem Zehntel aus Führungskräften der Bank zusammensetzten. Nach ewig lang wirkenden Sekunden des Schweigens stellte der Moderator eine Frage. Der neue Chef antwortete spontan und episch breit, vermutlich aus Freude darüber, dass es überhaupt eine Frage an ihn gab. Danach war erneut Funkstille. Jetzt ergriff der Redner ohne vorausgehende Frage das Wort. Mir ging nur eine Frage durch meinen Kopf: Wann wird diese Peinlichkeit beendet sein? Denn ich sah es den Menschen an, dass sie nur aus Höflichkeit auf ihren Stühlen sitzen blieben. Später sagte mir der Kommunikationsmanager der Bank: „Das ist ganz natürlich, dass in einer solchen Situation keine Fragen kommen." Ganz natürlich? Nicht unbedingt. Jede Auswirkung hat ihre Ursache. Und diese gilt es zu ergründen.

Was war passiert? Zunächst einmal, was nicht passiert war: Der Manager hatte nichts Abschreckendes, nichts Furchtauslösendes, nichts Angreifendes gesagt. Er versuchte, Kontakt zu seinen Zuhörern aufzubauen, indem er oft den Namen der Bank betonte, seine Zuhörer in direkter Rede ansprach, das Wörtchen *wir* häufig vorkommen ließ und Blickkontakt zu vielen Menschen im Saal suchte. Ich fand zunächst keine Erklärung für das Desaster. Leider hatte ich keine Zeit, anschließend irgendjemanden nach seinem Befinden zu fragen. Ich musste mich auf den Weg machen zu einer weiteren, ähnlichen Veranstaltung, für die mir die Moderation übertragen worden war.

Auf dem Weg dorthin ließ ich mir alle erdenklichen Fragen durch den Kopf gehen, mit denen ich die zu erwartenden 700 Teilnehmer, ebenfalls Führungskräfte und Mitarbeiter, nach dem Vortrag des Hauptredners mobilisieren könnte. Ich bereitete mich darauf vor, dass mich vom Grunde her Schlimmeres erwartet als den Moderator der vorausgegangenen Veranstaltung. Der Hauptredner war ebenfalls der neue Mann an der Spitze, das Thema um einige Nuancen brisanter. Die Firma: ein Sanierungsfall. Pünktlich auf die Minute stand der Neue auf, ging an das Rednerpult und legte los. Die Körperhaltung weniger perfekt, die Rhetorik eher etwas holprig mit häufigen Blicken auf sein Manuskript. Ob Charisma oder nicht, vermochte ich noch nicht zu beurteilen. Die Luft im Saal war zu diesem Zeitpunkt zum Zerschneiden dick. Betretene Mienen, finstere Blicke, angsterfüllte Augen in den Zuhörerreihen. Die ersten Sätze des CEO klangen, als hätten wir den Tiefpunkt dieser Veranstaltung bei Weitem noch nicht erreicht: „Ich bedaure, mich mit schlechten Nachrichten bei Ihnen vorstellen zu müssen." Sodann kamen ein paar erschreckende Zahlen, u. a. fiel die Vokabel „Arbeitsplätze kosten könnte". Ich stellte mich vorsorglich auf eine Krisenmoderation ein. Darin war ich geübt.

1.7.2   Emotionale Tuchfühlung statt Verbalerotik

Nach knapp einer Stunde kam mein Stichwort: „Und nun möchte ich mit Ihnen diskutieren", sagte der CEO mit aufforderndem Blick zu mir. Von meinem Plankonzept einer Krisenmoderation hatte ich mich zu diesem Zeitpunkt schon wieder verabschiedet. Die Mienen im Saal waren mit denen zu Beginn des Vortrags nicht mehr auf einen Nenner zu bringen. Fragen kamen reichlich. Sinnvolle, konstruktive, zielführende. Die Saalmikrofone konnten gar nicht so schnell an die Plätze gebracht werden, wie es Wortmeldungen gab. Ich hatte alle Mühe, den Fragenstau zu bewältigen. Zum Glück gab der Neue knappe und offenbar auch zufriedenstellende Antworten, die eine Fülle weiterer Fragen erlaubten. Nach zwei Stunden schienen alle ein bisschen erschöpft, aber zufrieden zu sein. Jetzt war mir klar, wo der entscheidende Unterschied zwischen der einen und der anderen Veranstaltung lag.

Der CEO der Bank gab in seiner Vortragsveranstaltung einen perfekten Auftritt ab. Nach der Lehre der geschliffenen Rhetorik und Dialektik ebenso wie nach den Buchstaben der Betriebswirtschaft und des Managements. Aber alles, was er von sich gab, war emotionslos und blutleer. Es war die Rede des neuen Chefs an seine neuen Mitarbeiter, so wie man es in so manchen Managementausbildungsgängen und Rhetorikkursen beigebracht bekommt.

Der CEO der Sanierungsfirma nahm in seiner Rede emotionale Tuchfühlung zu den Menschen auf. Hier war vordergründig nicht von Strategien, Zielen und Plänen die Rede. Hier wurde Betroffenheit geteilt. Der Neue sagte Sätze wie: „Ich habe ein Bild davon, wie Ihnen zumute sein muss. Sie legen sich für diese Firma ins Zeug. Über viele Jahre. Einige von Ihnen über Jahrzehnte. Sie sind stolz auf die Firma. Sie glauben an Ihre Führungskräfte. Und dann kommt plötzlich ein Neuer mit tief enttäuschenden Nachrichten daher und sagt: Wir müssen von Grund auf neu beginnen." Er packte die Menschen dort, wo sie von Ausweglosigkeit und Frust zu Boden gedrückt worden waren und sagte: „Wir schaffen es! Dazu brauche ich Sie. Mehr, als je zuvor in dieser Firma ein Chef Ihre Mithilfe gebraucht hat." Er wich in seiner Rede auch nicht vor Unpopulärem aus. Aber er vermittelte seine Botschaften mit Einfühlung, Menschlichkeit, packend, glaubhaft, überzeugend,

Anteil nehmend, Hoffnung gebend. „Wenn wir Arbeitsplätze streichen müssen, dann so human wie möglich. Darauf gebe ich Ihnen mein Wort." Auf die Frage eines aufgebrachten Betriebsratsmitglieds: „Wer garantiert uns, dass wir mit Ihnen nicht noch tiefer reinrutschen; woher wissen wir, dass Ihr Konzept das Richtige ist?", antwortete der Vorstandschef nachdenklich und besonnen: „Ich werbe um Ihr Vertrauen. Ich habe noch kein Konzept. Ein solches werde ich Ihnen vorlegen, wenn ich die Ergebnisse der Analyse kenne, mit der wir nächste Woche beginnen werden." Dann erklärte er, dass er sich ein Bild von der Leistung und von der Kultur des Unternehmens machen werde.

Die Beispiele liegen einige Jahre zurück. Mein Team und ich führten damals die Analyse im letztgenannten Unternehmen durch. Wir konzentrierten uns auf die harten und weichen Faktoren und stellten sie in einen direkten Zusammenhang von Wechselwirkungen. So entstand ein Bild von den subjektiv erlebten Kulturfaktoren auf der einen Seite und den objektiv messbaren Leistungsfaktoren auf der anderen Seite, das wir in einer Grafik mit Leistung auf der Vertikalen und Kultur auf der Horizontalen zusammenfügten. Um dahin zu kommen, verteilten wir Fragebögen, führten Einzelinterviews und Workshops durch. Als das Ergebnis vorlag, rief der CEO erneut alle Führungskräfte und Mitarbeiter zusammen, was er ab diesem Zeitpunkt bis zum Ende der Sanierungsphase regelmäßig zu Monatsbeginn tat. Er erläuterte in diesen von ihm so benannten „Zur-Sache-Dialogen" alle Maßnahmen, Sparpläne und den Umstrukturierungsprozess in Update-Portionen. Dabei ging er auf die Parameter der Leistung ebenso wie die der unternehmenseigenen Kultur ein. Er ließ sich auf den Fluren des Unternehmens blicken und von einzelnen Mitarbeitern ansprechen. Er brachte eine gute Atmosphäre in das Unternehmen und das, obwohl das Paket der Entscheidungen harte Einschnitte bedeutete.

Durch diese und weitere Erfahrungen in den Jahren zwischen 2001 und 2004 haben wir später ein Standardverfahren entwickelt, das ein schnell zu erfassendes Bild der Größen *Leistung* und *Kultur* mit ihrer gegenseitigen Interdependenz liefert.

1.8   Die Interdependenz von Leistungs- und Kulturparametern

Ob in einem Unternehmen ein neuer Chef das Ruder übernommen hat, ob Restrukturierungen aus anderen Gründen anstehen oder ob der Wandel der Märkte zur Innenschau Anlass gibt: Wer wissen will, wo das eigene Unternehmen steht, kommt an der Diagnostik des Ist-Zustandes nicht vorbei. Allerdings wird in der gängigen Praxis mit diesem Instrument oftmals zu leichtfertig umgegangen. Jede Form von Diagnose ist eine äußerst sensible Angelegenheit. Man kann nicht vor-

Abb. 1.6 Balance zwischen Mensch und Organisation

ORGANISATIONEN BRAUCHEN:

- Normen
- Ziele
- Strategien
- Tools
- Management
- Prozesse
- Kennzahlen
- Ergebnisse

MENSCHEN BRAUCHEN:

- Werte
- Orientierung
- Visionen
- Kultur
- Vertrauen
- Verantwortung
- Wertschätzung
- Erfolg

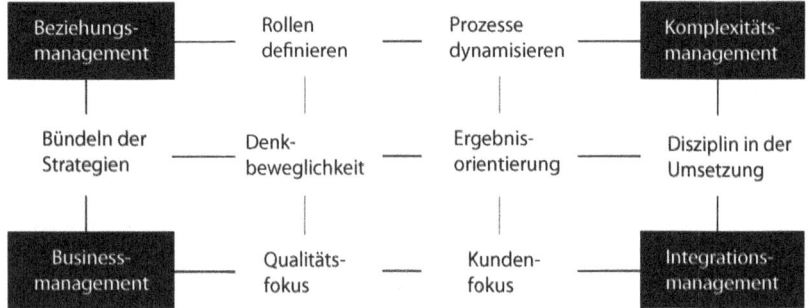

Abb. 1.7 Interdependenz von Leistung und Kultur

sichtig genug sein in der Anwendung solcher Instrumente. Je nach Situation im Unternehmen lösen sie Schrecken oder Hoffnungen aus. Mit beidem gilt es umzugehen. Die Schrecken verzerren die Datenerhebung. Die Menschen antworten nicht authentisch mit dem, was ist, sondern im Sinne selbsterfüllender sozialer Erwünschtheit. Wer seinen Arbeitsplatz gefährdet sieht, will mit seinen Antworten dieser Gefahr begegnen. Wer Einschränkungen befürchtet, wird nicht so antworten, dass aus seinen Befürchtungen Realität wird. Man darf die emotionale Klugheit der Menschen in einem System nicht unterschätzen. Wer sich dumm anstellt, kann klüger sein als der vermeintlich Schlaue. Jede Form von Diagnose, von Analyse, von Befragung ist eine Operation am offenen Herzen der Organisation. Schäden durch Unachtsamkeit im Vorgehen sind auf Jahre irreparabel. Die Merkfähigkeit eines Systems ist weitaus größer als die einer einzelnen Person (Abb. 1.6 und 1.7).

Wie kommt man an die wirklichen Meinungen der Befragten? Sorgsam und umfassend ausformulierte Fragen sind noch kein Garant für ein realitätsnahes Ergebnis. Genau das brauchen wir aber. Sonst geht die Aktion bestenfalls ins Leere, schlimmstenfalls in eine völlig falsche Richtung. Mehr noch: Wer fragt, löst damit die Erwartung aus, dass mit den Antworten mehr passiert, als dass sie nur gelesen werden. Jeder Befragte sieht die Dinge aus der Perspektive seiner Vorteile sowie Urteile ergänzt um sein ureigenstes Schutzbedürfnis. Niemand liefert sich mit seinen abgegebenen Antworten ans Messer. Das stellt höchste Ansprüche an jegliche Art von Befragung. Erst recht, wenn man damit die Substanz eines Unternehmens ankratzt, wie im Fall einer Restrukturierung oder Sanierung.

Wir müssen aber auch im Auge behalten, dass ein Unternehmen kein Gebilde von objektiver Gestalt ist. Zählen, messen, wiegen sind hier nicht so einfach wie beim Umgang mit einem Haufen Kieselsteine. Diese verändern sich nicht, wenn man sie per Hand, per Schaufel oder mit dem Bagger anfasst. Das menschliche Wesen reagiert dagegen unmittelbar auf jede Form von Berührung. Es macht auch wenig Sinn, nur die Leistung oder nur die Kultur im Unternehmen messen zu wollen. Beides greift interdependent ineinander. Deshalb ist es wichtig, beides zu erfassen.

Die Messung von Leistung und Kultur

Das Gesamtunternehmen oder einzelne Bereiche messen und in ein Verhältnis zueinander stellen.

Themenfelder Leistung

- Zielklarheit
- Strategieumsetzung
- Professionalität
- Qualität
- Umsetzungsgeschwindigkeit
- Umsetzungsqualität
- Innovation
- Fehlerquote
- Unternehmenswert

Zur Analyse der Kultur gehören zum Beispiel

- Ethik
- Werte
- Vertrauen

- Wertschätzung
- Menschenbild
- Verlässlichkeit
- Verantwortung
- Motivation

Das Ergebnis gibt Antworten auf folgende Fragen:

- Wie effektiv ist die Organisation wirklich?
- Wie wird das Thema *Leistung*, wie das Thema *Kultur* erlebt bzw. bewertet?
- Dient die gesamte Organisation dem Unternehmenszweck?
- Wie wird die von oben angestrebte Ausrichtung weiter unten verstanden und gelebt?
- Wie werden die einzelnen Bereiche vom Streben nach Professionalität durchströmt?
- Welches Kultur-, welches Leistungsverständnis haben Führungskräfte?
- Welches Kultur-, welches Leistungsverständnis haben Mitarbeiter?
- Wie wird das Leistungsverständnis in Leistungshandeln umgesetzt?
- Welche Werte prägen die Kultur mit welchen Auswirkungen?
- Wie steht es um die Identifikation mit dem Unternehmen?
- Welche Reserven stecken im Unternehmen?
- Was sind die offensichtlichen Leistungskiller in der Organisation?
- Was sind die wirksamsten Hebel zur Leistungssteigerung und/oder Kulturverbesserung?

Es gibt drei Formen des kritischen Bereichs:

- Schwach in Leistung und Kultur (sehr kritisch in der Gesamtausrichtung)
- Schwach in der Leistung, stark in der Kultur
- Schwach in der Kultur, stark in der Leistung

Unternehmen, die sich im kritischen Bereich der Balance von Leistung und Kultur befinden, sind entwicklungsgehemmt. Wenn ein Unternehmen in diesem Bereich liegt, steckt grundsätzlich viel Reserve im System. Bei einem kulturlastigen Unternehmen sind erhebliche Leistungsreserven nicht ausgeschöpft. Ein leistungslastiges Unternehmen ist gefährdeter als ein kulturlastiges (Abb. 1.8 und 1.9).

THEMENGEBIETE
Leistung
* Ablauf
* Ergebnisse
Kultur
* Atmosphäre
* Werteleben

VORGEHEN
* Sicherstellung der Anonymität
* Gruppeninstruktion
* Ausfüllen des Fragebogens in Gruppen
* In kleinen Organisationen Teilnahme aller
* In großen Organisationen randomisierte Auswahl von mindestens 10 % der Belegschaft
* Keine Online-Befragung

Abb. 1.8 Methode der Leistungskultur-Messung

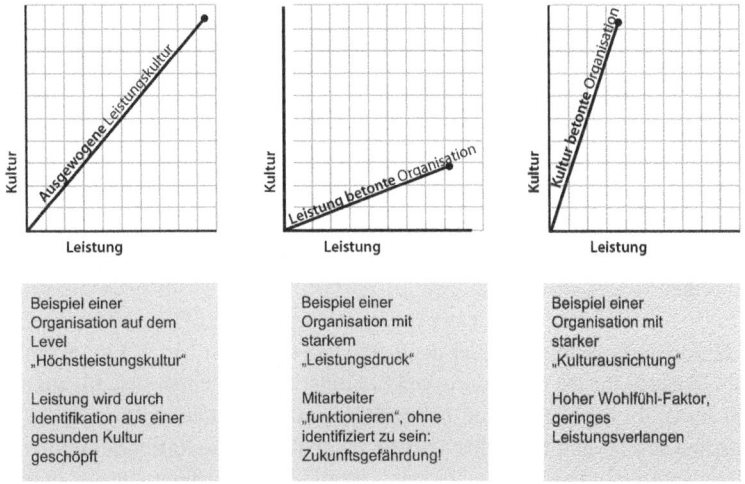

Beispiel einer Organisation auf dem Level „Höchstleistungskultur"	Beispiel einer Organisation mit starkem „Leistungsdruck"	Beispiel einer Organisation mit starker „Kulturausrichtung"
Leistung wird durch Identifikation aus einer gesunden Kultur geschöpft	Mitarbeiter „funktionieren", ohne identifiziert zu sein: Zukunftsgefährdung!	Hoher Wohlfühl-Faktor, geringes Leistungsverlangen

Abb. 1.9 Leistung + Kultur Quadrant

1.9 Fallbeispiel Spitzenleister und Bestleister: Was hat das Unternehmen davon?

Es ist ein Irrtum zu glauben, dass alle Mitarbeiter Spitzenleister werden können. Es ist kein minderer Irrtum anzunehmen, dass es nur wenige Bestleister im Unternehmen gibt. Richtig ausgewählt und richtig geführt werden alle Mitarbeiter Bestleister. Sie bringen sich ein mit allem, was sie zu geben haben. Spitzenleister kann es immer nur einige wenige geben, das erklärt sich allein aus dem Sinn des Begriffes. Spitzenleistung ist die Leistung, die – zumindest für den Moment – nicht weiter steigerbar ist.

Der sorgfältige Umgang mit Spitzenleistung und Bestleistung hat ausschließlich Vorteile für das Unternehmen. Ich kann mich sehr gut an folgenden Fall erinnern:

Der neue Unternehmenschef bat seine Führungskräfte um eine quotierte Einschätzung ihrer Mitarbeiter, aus der erkennbar wird, wie viel Prozent der Mitarbeiter zu den Spitzenleistern, den Bestleistern und den Normalleistern gehören. Die grafischen Darstellungen der Führungskräfte fielen recht unterschiedlich aus. Ein Bereichsleiter legte eine Aufsplittung mit 55 % Spitzenleistern, 10 % Bestleistern und 35 % Normalleistern vor. Ein anderer Bereichsleiter malte 40 % Spitzenleister, weitere 40 % Normalleister und 20 % Minderleister auf. Von Bestleistern war bei ihm nicht die Rede. Ein dritter unter den Bereichsleitern wies Quoten von 50 % Spitzenleistern und 50 % Minderleistern aus. Bestleister tauchten in seiner Grafik nicht auf. Die weiteren Darstellungen ähnelten sich. Einer der Bereichsleiter stellte folgendes Bild dar: 5 % Spitzenleister, 90 % Bestleister, 5 % Normalleister.

Der Chef stellte daraufhin zwei Fragen

1. Woran liegt es, dass ich von Ihnen überwiegend keine Darstellungen mit einigen wenigen Spitzenleistern, einem überwiegenden Anteil an Bestleistern, ganz wenigen Normalleistern und keinem Minderleister sehe?
2. Was haben Sie bisher unternommen, um zu einer solchen Quotierung zu kommen?

Die Diskussion machte zweierlei deutlich: Die Führenden hatten keinen einheitlichen Maßstab für die Bemessung von Leistung. Und sie hatten sich, bis auf einen unter ihnen, bisher nicht damit beschäftigt, was ein Bestleister ist und wie man Menschen so auswählt und führt, dass sie sehr bald in diese Kategorie gehören.

Der Unternehmensleiter stellte klar: „Minderleister können wir uns nicht erlauben. Wenn wir es nicht schaffen, sie mindestens zu Normalleistern zu entwickeln, müssen wir ihnen andere Aufgaben zuweisen. Wenn das nicht hilft, müssen wir uns von ihnen trennen. Normalleister können wir für eine begrenzte Dauer überall dort zulassen, wo wir erkennen, dass der Mensch durch gesundheitliche oder private Probleme zur Bestleistung nicht fähig ist. Diese Menschen haben unsere besondere Fürsorge verdient, bis sie wieder zu Bestleistern aufsteigen. Anders liegt der Fall, wenn Mitarbeiter aufgrund von Aufgaben, die weder zu ihren Potenzialen noch zu ihren Fertigkeiten passen, in ihrer Leistungsfähigkeit eingeschränkt sind. Solange wir ihnen keine passenderen Aufgaben geben können, nehmen wir auch hier die Einschränkung hin. Die Quote der Bestleister sollte in ihren Verantwortungsbereichen bei mindestens 85 % liegen. Mehr als 5 % Spitzenleister sind illusorisch. Mehr als 10 % Normalleister sind auf Dauer nicht gut für die Entwicklung unseres Unternehmens. Begriffe wie ‚Minderleister' oder ‚Schlechtleister' möchte ich aus unserem Sprachgebrauch streichen. Von Leistungsverweigerern müssen wir uns umgehend trennen und Kranke gehören nicht an den Arbeitsplatz."

Die Bereichsleiter erhielten den Auftrag, innerhalb von sechs Monaten in ihren Verantwortungsbereichen die Voraussetzungen dafür zu schaffen, dass sich die Quote der Bestleister auf das erwartete Niveau erhöht. „Wir müssen die Leistungsblockaden identifizieren und abbauen und uns nicht einfach damit zufriedengeben, dass Normalleister das Normale sind", hatte der Unternehmenslenker betont. Und weiter: „Dafür können wir uns maximal ein Jahr Zeit geben." Die zielführenden Maßnahmen in den Bereichen fielen sehr unterschiedlich aus, mit dem gemeinsamen Nenner, dass durch das Unternehmen verursachte rationale Leistungsblockaden ebenso wenig weiter toleriert werden wie emotionale. Im Rahmen einer guten Kultur von Führung und Zusammenarbeit wurde das eindeutige Leistungsverlangen des Unternehmens betont. Einige Bereichsleiter hatten ihre Führungskultur neu auszurichten, einige hatten zusätzlich oder ausschließlich Umbesetzungen vorzunehmen. Und in manchen Abteilungen bedurften die organisatorischen Abläufe bzw. Prozesse einer Korrektur.

Das Ergebnis konnte sich sehen lassen. Die Leistung stieg mit zunehmender Zufriedenheit der Mitarbeiter.

Literatur

Bertelsmann Stiftung (2009) Vertrauen in Deutschland. Eine qualitative Wertestudie der Bertelsmann Stiftung. Task Force „Perspektive 2020 – Deutschland nach der Krise", Gütersloh

Gutenberg E (1983) Grundlagen der Betriebswirtschaftslehre. Band 1: Die Produktion, 24. Aufl. Springer, Berlin

http://www.zeit.de/1996/07/Wenn_die_Kraene_ziehen. Zugegriffen: 2. Jan. 2012

Schein EH (2003) Organisationskultur. The Ed Schein Corporate Culture Survival Guide, 3. Aufl. EHP, Bergisch Gladbach

Towers Perrin (2007) Towers Perrin Global Workforce Study 2007–2008: Was Mitarbeiter bewegt, zum Unternehmenserfolg beizutragen – Mythos und Realität. Towers Perrin, Frankfurt a. M.

Weiterführende Literatur

Bertalanffy L von (1986) Organismic, psychology an systems theory. Clark University Press with Barre Publishers, Barre

Braverman H (1985) Die Arbeit im modernen Produktionsprozess, 2. Aufl. Campus, Frankfurt a. M.

Davidson M (2005) QuErDenken! Lang, Frankfurt a. M.

Förster A, Kreuz P (2007) Alles, außer gewöhnlich, 3. Aufl. Econ, Berlin

Hamel G (2001) Das revolutionäre Unternehmen. Springer, Berlin

Humboldt W von (1967) Ideen zu einem Versuch, die Grenzen der Wirksamkeit des Staats zu bestimmen. Reclam, Stuttgart

Peters T (1994) Kreatives Chaos. Hoffmann und Campe, Hamburg

Simon H (2007) Hidden Champions des 21. Jahrhunderts. Die Erfolgsstrategien unbekannter Weltmarktführer. Campus, Frankfurt a. M.

Sprenger RK (1996) Das Prinzip der Selbstverantwortung. Campus, Frankfurt a. M.

Werner GW, Dellbrügger P (2010) Führung als Selbstführung. In: Das Goetheanum. Wochenschrift für Anthroposophie, Nr. 21/22

Winterhoff M (2008) Warum unsere Kinder Tyrannen werden, 13. Aufl. Gütersloher, Gütersloh

Leistungsfördernde Unternehmenskultur

2

Zusammenfassung

Dieses Kapitel greift zentral das Thema Menschenbild auf, das nicht gleichzusetzen ist mit Leitbild. Das auf Werten basierende Menschenbild eines Unternehmens spielt eine zentrale Rolle für oder wider eine Erfolg sichernde Leistungskultur. Es bedarf keiner Anstrengung, über Wertschätzung, Vertrauen, Verantwortung bejahende Absichtserklärungen abzugeben. Umso schwerer ist das greifbare Umsetzen solcher Werte.

Die Dynamik eines Unternehmens ist unmittelbar gekoppelt an die Bedeutung, die Menschen für das Unternehmen haben. Der Mensch verfügt über ungeahntes Potenzial zur Selbststeuerung. Erwachsene muss man nicht „abholen" wie die Kleinen von der Kita. Sie gehören mitten ins Geschehen eines offenen Systems, in dem das autonome Individuum die gesetzten Realitäten akzeptiert.

Führende als Gastgeber des Systems geben keine Anweisungen, sie laden ein und koordinieren. Sie motivieren auch nicht, sondern halten die Frustration ihrer Mitarbeiter durch Orientierungslosigkeit, Konflikte, Verunsicherung auf einem Minimum. Eine Organisation ist – richtig gesteuert – ein sozio-dynamischer Orkan, dessen Windrichtung von oben zielgenau gelenkt werden muss.

Zur Steuerung gehört das Verankern von richtungsweisendem Leitdenken, das in den meisten Leitbildern zu grau, zu illusionär, zu akademisch, zu konturenschwach, zu episch breit zum Ausdruck kommt. Man braucht sich über den schlechten Ruf von Leitbildern nicht zu wundern, die größtenteils ins Leere greifen und damit ihren Zweck verfehlen. Mit den in Mode gekommenen Zielbildern ist es nicht viel anders. Ein Leitbild oder Zielbild muss nicht sein. Wenn man sich aber ein solches geben will, so muss es packend inspirieren. Und zwar emotional, nicht rational.

W. Saaman, *Leistung aus Kultur,*
DOI 10.1007/978-3-8349-3838-1_2, © Gabler Verlag | Springer Fachmedien
Wiesbaden 2012

2.1 Wer Leistungskultur sagt, muss ein Höchstmaß an Kultur meinen

In manchen Firmen kursiert der Begriff *Höchstleistungskultur*, in anderen spricht man von einer *Hochleistungskultur*. Ich halte beide Begriffe für nicht ganz glücklich gewählt, wobei *Hochleistungskultur* von beiden Begriffen der unproblematischere ist. Andererseits verstehe ich das Streben nach dem Optimum. Wer dieses Streben ausruft, verpflichtet sich damit, alles nur erdenklich Mögliche zu tun, um selbst glaubwürdig zu bleiben. Denn zu einer Hochleistungskultur gehört eben auch, dass die Führungsqualität auf hohem Niveau liegt. In allem, was von Führung ausgeht. Die Benchmark dafür kommt von den Mitarbeitern, die sich laut melden oder mit den Füßen abstimmen. *Höchst* impliziert: das nicht mehr Steigerbare, das absolute Maximum. Welche Firma hat das schon? Dies als erstrebenswertes Ziel den Mitarbeitern zu vermitteln, löst nicht nur Inspiration, sondern ebenso Widerstand aus. Manager und Berater dürfen sich da nichts vormachen. Spitzenleistung, Höchstleistung – das sind Begriffe, die eher Angst machen als dass von ihnen ein positiver Aufforderungscharakter ausgeht. Wenn eine Firma eine – wirkliche! – Leistungskultur hat, dann ist sie sehr weit. In ihr häufen sich die Bestleister, diejenigen, die sich wie im Hobby nicht zu schade sind, ihr Bestes für die Firma zu geben.

Dabei darf nicht übersehen werden, in welcher Reihenfolge dies geschieht. Zunächst arbeitet der Mensch für sich selbst, entlang der Fragen „Was habe ich davon?", „Was bringt mir das?", „Auf was muss ich verzichten, wenn ich es nicht tue?". Das mag man Egoismus oder Egozentriertheit nennen. Ich nenne es *natürlich*, von der Natur gegeben. Den Herzschlag spürt man zunächst einmal im eigenen Körper. In zweiter Linie arbeitet der Mensch für seine engste Bezugsperson. Das sollte eigentlich der Chef sein. Das ist er auch, wenn dieser oder diese aus Sicht des Mitarbeiters würdig für diese Aufmerksamkeit ist, wenn sie oder er es also wert ist, dass man sich für sie oder ihn ins Zeug legt. Die *Firma* steht in der Reihe erst an dritter Stelle. Zumindest gilt das für die meisten Firmen, insbesondere solche, die ihr Gesicht verloren oder nie eines erworben haben.

Für Chefs mit Bestleistungen in der Qualität des Leadership gehen Mitarbeiter durch die Hölle. Allen anderen pflastern sie den Weg dorthin. Je stiller, umso wirkungsvoller. Wer glaubt, dass Führung in einer Leistungskultur mit ein paar Gesprächstechniken, kunstvoller Dialektik, per Zielvereinbarung, Kontrolle oder Anweisungen funktioniert, ist in der Jetztzeit noch nicht angekommen. Das war einmal!

Natürlich kann sich der Unternehmenslenker vor die Mannschaft stellen und das Zeitalter der Höchstleistungskultur für seine Firma ausrufen. Wer „eingeschliffene" und „kaum noch hinterfragte Angewohnheiten" ausmerzen will, kommt mit bloßen Botschaften in Form von Verbots- oder Gebotslisten nicht sehr weit. Wer den „autoritären Führungsstil", die „Besserwisserei", das „Einzelkämpfertum", die „Unfähigkeit zu delegieren", das „Akzeptieren von Mittelmaß", das „Ignorieren von Kundenwünschen", die „großen Visionen statt ständiger Verbesserungen", das „Aussitzen von Problemen", zahllose „Abstimmungsorgien", das „Bestrafen von schlechten Nachrichten", das „Verstecken hinter Hierarchien", die „schlechte Angewohnheit, mehr zu versprechen, als man tatsächlich halten kann", ausmerzen will, hat ein ähnliches Problem wie ein Chirurg, dessen Patient von einer Schrotflinte getroffen wurde. Der erfahrene Chirurg weiß, wie er die Sache anzugehen hat: Zuerst jede der zahlreichen Einschussstellen punktgenau lokalisieren, danach Bleikügelchen für Bleikügelchen aus dem Körper holen, schließlich jede einzelne kleine Wunde gründlich nachversorgen. Das ist Filigranarbeit. Das kostet Zeit. Das verlangt nach äußerster Aufmerksamkeit und Sorgfalt. Dabei spielen die Instrumente eine untergeordnete Rolle. Es kommt einzig und allein auf eine ruhige, zielsichere Hand und gründliche anatomische Kenntnisse an.

Dass exzellente Leistung verbunden mit einer ebensolchen Kultur in einem Großkonzern innerhalb von wenigen Jahren zu schaffen ist, hat Daimlerchef Dieter Zetsche bewiesen. Stand der Konzern zum Zeitpunkt seiner Berufung als CEO noch heftig angeschlagen im Licht der Öffentlichkeit, konnte der Konzernlenker Anfang 2011 nicht nur beeindruckende Zahlen vorweisen. Mehr noch, er hat es geschafft, dem Slogan „Das Beste oder nichts" wahrhaftigen Ausdruck zu verleihen. Qualität und Innovation können sich mehr als sehen lassen. Bei einem 2010 alle gängigen Marken erfassenden Werkstatttest einer neutralen Fachzeitschrift stand die einst geschundene Marke Mercedes mit großem Abstand als Sieger da. Andere Nobelmarken sahen zum Teil dagegen recht blass aus. Statt bröckelndem Image der nahen Vergangenheit leuchtet der Glanz weit zurückliegender Jahre, und das in einem heute deutlich härteren Wettbewerbsumfeld. Menschen lassen sich bewegen. Man muss nur wissen, wie.

2.1.1 Wer ein Boot versenkt, richtet einen Sachschaden an, wer einen Menschen nach unten drückt, riskiert Sabotage an der Persönlichkeit

Führungsverantwortliche müssen eine Menge von der Psyche des Menschen wissen. Wer die Kultur eines Unternehmens verändern will, muss Kultur denken können, Kultur anfassbar machen, Kultur sein – mit allem, was er tut. Als Führungsverantwortlicher sollten Sie sich darüber klar werden, was Ihr Verständnis von Führung ist, dass Sie möglicherweise Ihr Selbstverständnis von Führung von

Grund auf überdenken müssen. Führung in einer Leistungskultur ist keine Frage von Methodenlehre oder Techniken. Führung ist eine Frage der inneren Einstellung. Eine Frage von Faszination für Menschen. Nur wer Faszination für Menschen in sich trägt, kann Faszination bei Menschen auslösen. Die Faszination für Menschen geht einher mit dem Menschenbild, das hinter der Faszination steht. Führung ist auch eine Frage von Faszination dafür, wer das jeweilige Gegenüber ist, was das Besondere an ihm ist. Oder können Sie sich vorstellen, dass jemand ein Schiff führt, ohne über dessen Rumpf, Steuerung und Antrieb zumindest einigermaßen im Bilde zu sein? Jeder, der in einem Boot mit mehr als sechs PS über den Bodensee oder Rhein schippern will, braucht einen Bootsführerschein, jeder der Auto fahren will, einen Autoführerschein. Diese sind ohne grundlegendes Verständnis über die Konstruktion und Bedienung nicht zu haben. Jeder, der Menschen führen will, kann das nach Belieben tun. Da stimmt irgendetwas nicht. Vor allem ist es weit weniger tragisch, hier und da mal ein Boot zu versenken als Menschen nach unten zu drücken.

2.1.2 Wenn die Hütte brennt, hat der Drache der Entropie bereits Feuer gespuckt

Führungsverantwortliche müssen auch in der Lage sein, bereits leiseste Anzeichen einer schlechter werdenden Unternehmenskultur, einen sich ankündigenden Kulturkollaps des eigenen Unternehmens zu erkennen. Wenn *„Die Hütte brennt"* (wie es Bahnchef Rüdiger Grube 2009 ausrief), ist der Zustand der *„Entropie"* bereits eingetreten, wie Max de Pree, in den 80er und 90er Jahren CEO von Herman Miller, Inc., einem der erfolgreichsten Unternehmen der amerikanischen Möbelindustrie, einen solchen Krisenzustand in einer Organisation bezeichnet. Das ist der Beginn einer Phase des unkontrollierten Niedergangs einer Firmenkultur, mit der Folge, dass zeitversetzt auch die Ergebnisse in den Keller gehen. Entropie in Firmen ist der Zustand des Umkippens eines bis dahin intakten Systems.

Der Begriff *Entropie* beschreibt ein Maß für die *Menge an Zufall* oder die Gesamtzufallsmenge, die in einem oder mehreren Zufallsereignissen steckt. Geordnete Zustände gehen plötzlich in ungeordnete über. Es mangelt in der Regel nicht an Warnsignalen für das Umkippen des Systems. Es mangelt den Verantwortlichen an feinfühliger und vor allem frühzeitiger Wahrnehmung solcher Signale. Und wenn Wahrnehmungen nicht vermeidbar sind, so werden sie meist umzudeuten respektive zu verharmlosen versucht. Es beginnt mit zunächst zarten Signalen, denen immer stärker werdende folgen.

Zarte Signale für Entropie sind zum Beispiel:

* Zunahme von Oberflächlichkeit bei Führungskräften und Mitarbeitern
* Zunahme von düsterer Stimmung unter Führungskräften und wichtigen Meinungsträgern
* Keine Zeit mehr für die Pflege am Kulturgut der Firma
* Kein Raum mehr für Werteorientierung, Geist, Freude, Spitzenqualität und Ästhetik
* Ziele werden mit Aufgaben, Visionen mit Strategien verwechselt
* Handbücher sind wichtiger als kreative Prozesse
* Der Verlust von Vertrauen, Umsicht, Erfahrung, Liebenswürdigkeit, Stil und Takt
* Die Vorstellung von der Zukunft wird auf quantifiziertes Denken reduziert
* Worte wie *Verantwortlichkeit*, *Dienstleistung* oder *Vertrauen* werden verschieden interpretiert
* Komplexe und mehrdeutige Vorgänge werden als etwas ganz Simples dargestellt
* Man hört auf, den Kunden als Zielpunkt aller Anstrengungen zu begreifen

Starke Signale für Entropie:

* Nervosität und Spannungen weiten sich aus
* Mobbing wird legalisiert
* Die Zahl der Bedenkenträger übersteigt die Zahl der Why-not-Player
* Management wird wichtiger als Leadership
* Führungskräfte reduzieren ihr Wirken auf Kontrollen
* Das Eskalationsmanagement wird als Attacke eingesetzt
* Der Druck des Alltagsgeschäfts lässt keinen Raum mehr für Visionen und Risiken
* Die Abläufe werden auf die trockenen Regeln der Betriebswirtschaftslehre reduziert
* Kunden werden als zeitraubend und anstrengend angesehen
* Strukturen werden wichtiger als Menschen
* Chefs nehmen sich selbst wichtiger als ihre Mitarbeiter
* Die Auseinandersetzung mit Werten wird lästig
* Die Gesellschafter entziehen sich ihrer Verantwortung

In einem solchen Zustand ist eine Radikalkur bzw. eine Grundsanierung vonnöten. Dabei denke ich nicht an die allgemein übliche Reorganisation. Ganz im Gegenteil. Notwendig in so einem Fall ist eine Revitalisierung der Unternehmens- bzw. im engeren Sinne Leistungskultur. Das geht nicht ohne eine gleichzeitige Arbeit an der Führungskultur. Zuerst müssen die Problemzonen identifiziert werden. Danach muss ein Prozess der radikalen Kehrtwende eingeleitet werden. Zum Beispiel von der Oberflächlichkeit zur Genauigkeit. Von der düsteren Stimmung zur aufmunternden Stimmung. Von der Nervosität zur Souveränität. Vom Managen durch Zahlen und Kontrollen zum Führen durch Zutrauen und Mitarbeiterorientierung. Vom kühlen betriebswirtschaftlichen zum visionären Denken. Von der blanken Ergebnisfixierung zum aufhellenden Wertedenken.

„Wer führt, ist noch lange kein Führer", sagt Gordon (1979). Wer einen Begriff wie Leistungskultur in den Mund nimmt, ist noch lange nicht in der Lage, für eine solche in seinem Umfeld zu sorgen. Dass Firmen durch den demografischen Wandel ein *Mehr* an Ausstrahlungskraft benötigen, ist jedem klar. Über das *Wie* scheiden sich die Geister. *Employer Branding* ist ein Etikett, das inzwischen zu einem Management-Tool ausgebaut wurde. Solche Management-Tools können nicht den gesunden mentalen Zustand einer Organisation ersetzen. Im Gegenteil: Es besteht die Gefahr, die in der Organisation vorherrschende Mentalität zu verwischen. Das ist wie mit Markenbildung. Nicht die Strahlungskraft einer Etikettierung macht die Marke, sondern das, was hinter der Etikettierung steht.

Ich halte das Management-Tool Employer Branding für ungeeignet, Firmen anziehender für die Besten der Besten zu machen. Natürlich kann man Bewerber anlocken. Selbstverständlich schafft man es, die Bewerber bis zum Zeitpunkt der Vertragsunterzeichnung im Unklaren darüber zu lassen, welche Zustände in der Organisation tatsächlich vorherrschen. Nach ein paar Tagen, spätestens nach einem viertel Jahr weiß jeder neue Mitarbeiter, ob ihm im Einstellungsverfahren das wahre Bild der Firma aufgezeigt wurde oder eine Retusche. Bei Leistungskultur liegt die Betonung auf Kultur. Kultur im Unternehmen hat immer auch mit dem Bild vom Menschen zu tun, von dem die das Unternehmen Steuernden geprägt sind. Diese hat mit Stil, guten Umgangsformen, Respekt vor der Leistung anderer, Hochachtung vor der Würde des Menschen, Wertschätzung und Aufmerksamkeit zu tun. Wer Organisationen in eine Leistungskultur überführen will, kommt an der Auseinandersetzung mit dem Bild des Menschen innerhalb dieser Kultur nicht vorbei.

2.2 Das Bild vom Menschen ist die Offenbarung der Unternehmenskultur

Über Menschenbilder ist seit Jahrtausenden nachgedacht und seit Jahrhunderten einiges geschrieben worden. Ein Menschenbild ist die bildhafte Beschreibung des Wesenskerns menschlichen Denkens, Fühlens und Handelns. Es legt die fundamentalen Werte offen, die für das Menschsein stehen. Mit einem Menschenbild haben wir ein grundlegendes Erklärungsmodell für das Was und das Wie (ist der Mensch). Zur Menschenbildtheorie verweise ich auf Anhang A.

Wer Führungsverantwortung trägt, muss sich damit auseinandersetzen, welches persönliche Bild er vom Menschen hat. Von sich selbst. Von Mitmenschen. Das persönliche Menschenbild ist eine Art innerer Leitfaden im Umgang mit Menschen. Je mehr Klarheit hierüber besteht, umso leichter sind Konflikte in der Auseinandersetzung mit anderen zu verstehen und zu lösen. Wer an der Kultur eines Unternehmens arbeiten will, einen Leitbildprozess zu steuern oder zu begleiten beabsichtigt, stößt ebenfalls auf die Frage nach dem Menschenbild – auf welches auch immer.

Dem Menschen in seiner alltäglichen Existenz wird in den meisten Firmen beim Betreten des Firmengeländes abverlangt, dass er einen nicht geringen Teil seines Soseins und Daseins im Spind verschließen möge. Firmen haben ihre Strategie geklärt. Kaum eine Firma jedoch hat ihr Bild vom Menschen definiert. Dabei kommen Firmen mit Menschen ohne Strategie weiter als mit Strategie ohne Menschen. Man schließt einen Dienstvertrag ab, mit dem sich der Vertragsnehmer verpflichtet, seine ganze Kraft in den Dienst der Firma zu stellen. Derselbe Vertrag berechtigt ihn oftmals nicht, ganz Mensch sein zu dürfen. Menschsein fragt aber nicht als Erlaubnis. Es ist einfach da. Ob es uns gefällt oder nicht.

Ist der Mensch ein aktiver Gestalter seiner eigenen Existenz, mit all seiner Kreativität, seiner ihm eigenen Fähigkeit zur Übernahme von Verantwortung? Oder ist er das gutmütige, geradlinige, belastbare, ausdauernde, trittsichere, kraftvolle Maultier, das sich ebenso rasch von Strapazen erholt, wie es genügsam im Futterverlangen ist? Muss der Mensch *entwickelt* werden, wie es in zur Unmündigkeit anstiftenden Personalentwicklungstexten zu lesen ist? Oder entwickelt er sich selbst? Oder ist er gar eine genetische Statue, die einmal durch Geburt geschaffen bis zu seinem Tod unveränderbar ist?

2.2.1   Vom Homo oeconomicus und anderen Formen der Realitätsentfremdung

Welches Menschenbild tragen Sie in sich, wenn sie einen Blick auf sich selbst oder auf andere werfen? Zum Beispiel das vom ökonomisch denkenden und ebenso handelnden Manager? Der alles Wesentliche im Griff hat, der sich über Zahlen definiert, der rational gesteuert ist, der sein Streben nach größtmöglichem Nutzen in den Vordergrund stellt, dabei zu verbergen versucht, dass es ihm vor allem um seinen persönlichen Nutzen geht? Einer, der Probleme jeder Art auf strategische wie operationale Weise, logisch, analytisch, an kantenscharfen Maßstäben für seine

Urteile orientiert löst? Der sich in der Anwendung methodischer Verfahrensweisen als sicher weiß, erstrebenswerte Ziele vor Augen hat, die er mit Vehemenz verfolgt? Der die kognitive Klarheit ebenso wie die emotionale Abstinenz beherrscht? Der Werte immer in nachrechenbaren Größen auszudrücken vermag? Der die Frage auf der Stirn hat: „Wie viele Joghurtbecher verkaufen wir mehr, wenn wir in Weiterbildung oder Unternehmenskultur investieren?" Der sich den „Luxus von Ethik" ebenso wenig leisten kann wie die Rücksicht auf andere?

Dieses Menschenbild entspricht dem in der Theorie konstruierten *Homo oeconomicus*, eine Retortenzüchtung aus dem Wunschdenken der Betriebswirtschaft. Wer an den Nutzenmaximierer, den Homo oeconomicus glaubt, glaubt auch daran, dass, wenn man vorne bestimmte Ziele in Form von Zahlen hineinschüttet, nach einer kurzen Produktionszeit hinten die gewünschten Ergebnisse herausbekommen wird. Ohne Verluste, ohne Nebengeräusche, ohne Zaudern und Konflikte. Dieser rational denkende und handelnde Wirtschaftsdummy hat keine Gefühle, er irrt sich nicht, mit ihm sind Rückschläge oder gar Niederlagen ausgeschlossen. Alle strategischen und operationalen Probleme werden ohne Risiko gelöst. Kein Unternehmen muss Zeit in Werte- oder Kulturfragen verlieren. Der Erfolgstreiber Homo oeconomicus hat die Weltwirtschaft im Griff. Oder doch nicht? Er gehörte eigentlich unter Artenschutz gestellt, hermetisch von der Außenwelt abgeriegelt. Wenn es ihn gäbe. Die rein zu Forschungszwecken entwickelte Laborfigur ist und bleibt eine Utopie. Dort, wo in der Realität artähnliche Manager ihr Wesen treiben, richten sie mehr Schaden als Nutzen an.

Den Homo oeconomicus gibt es nicht. Bei den nun folgenden Bildern vom Menschsein sieht das schon anders aus. Wenn Sie das Bild einer Persönlichkeit als etwas von der Natur Vorgegebenes teilen, das Bild von einer nicht veränderbaren Persönlichkeit. Wenn Sie ein einfaches, einleuchtendes Bild vom Menschen vor Augen haben, das jeglichem Denken um Komplexität den Vorzug gibt. Dann könnten Sie ein Anhänger des *Trait-Modelles* sein, das jeden Menschen mit fünf Persönlichkeitsmerkmalen, den *Big Five*, zu beschreiben versucht. Der Grundsatz der Trait-Anhänger lautet: „Akzeptiere bei dir und bei anderen die grundlegenden Eigenschaften und versuche sie nicht zu verändern". Wer von der Stimmigkeit dieses Menschenbildes überzeugt ist, muss konsequenterweise jede Form von denkbeeinflussender und verhaltensmodifizierender Entwicklung im Laufe des Lebens verneinen. Das Trait-Modell liefert den Grundstein zur Selbstberuhigung: „So bin ich. Niemand kann mich verändern. Auch ich selbst nicht. Die Natur oder Gott haben mich so geschaffen und sind konsequenterweise für mein Sosein verantwortlich."

Wer sich damit anfreunden kann, dass des Menschen Persönlichkeit mit fünf oder einer höheren, aber begrenzten Zahl von Eigenschaften zu erklären ist, darf Körperbau und Funktionsmuster des Menschen in einen engen Zusammenhang stellen und fertig ist das Verständnis um das Wesen des Menschen. Die Big Five erlauben die Reduktion auf simpel begreifbare fünf Merkmale, die obendrein für alle Menschen weltweit Gültigkeit besitzen. Da die Annahme des Trait-Modelles von stabilen Verhaltensmerkmalen ausgeht, die zeitlebens konstant bleiben, kann man sich jede Form von Versuchen in Richtung Weiterbildung, Potenzialerweiterung oder Veränderungsänderung sparen. Bis auf Spesen nichts gewesen, lautet die Formel, die jegliches Bemühen um Entwicklung ad absurdum führt. Denkrigidität hat etwas, nämlich zuverlässige Kalkulierbarkeit. Der Griff dieses Denkmodelles ist stabil, die Befestigungsdübel sind es auch. Allein die Wand, an der das Modell aufgehängt ist, gibt nach, wenn man etwas kräftiger zupacken will. Denn der Mensch verändert sich doch. Ob es uns gefällt oder nicht. Der Einzelne ist nach dem Herauswachsen aus den Kinderschuhen für seine Entwicklung verantwortlich. Ob er es wahrhaben will oder nicht.

Vielleicht sind Sie aber auch vom Menschenbild des *Behaviorismus* der amerikanischen Psychologie überzeugt. Der Behaviorismus beschränkt sich auf das objektiv beobachtbare und damit eindeutig messbare Verhalten unter vollständigem Verzicht auf die Beschreibung von Bewusstseinsinhalten. Dem empirischen Charakter des Behaviorismus entspricht die zentrale Auffassung über das Lernen, das auf einem simplen Reiz-Reaktions-Prinzip beruht. Dem Reiz folgt die Reaktion!

Die Persönlichkeit wird auf beobachtbares Verhalten reduziert. Persönlichkeit ist nichts weiter als Verhalten. Verhalten ist die Reaktion auf einen Reiz. Dem liegt die Lehre von der klassischen Konditionierung zugrunde, nach der es den unkonditionierten und den konditionierten Reiz gibt, auf den prompt die Reaktion folgt. Auf dieser Basis funktioniert das simple Modell von Lob und Tadel zur optimalen Leistungsentfaltung. Das heißt, aus dem Setzen des richtigen Reizes entsteht eine beliebig veränderbare Reaktion. Das, was in einem Menschen vorgeht, was er denkt und fühlt, wird damit schlicht ausgeblendet. Danach gleicht der Mensch einer Maschine, das heißt, wenn man nur die Funktion der einzelnen Knöpfe auf dem Bedienerfeld zu deuten weiß, ist die gezielte Steuerung kein Problem. Eine Zielvorgabe (als gesetzter Reiz) führt automatisch zur Zielerreichung (als darauf reagierendes Verhalten). Führungstechnik ist eine einfache Sache, die jedermann mit ein paar Tricks und Kniffen leicht beherrschen lernt.

Wer davon überzeugt ist, dass man Menschen die Möhre des Lohnes vor die Nase halten muss, damit sie wie der Esel in eine ganz bestimmte Richtung laufen, handelt nach dem maschinellen *Verhalten = Reaktion-aus-Reiz-System* des Behaviorismus. Das tut er auch dann, wenn er sich bisher nicht mit der Theorie dieses Denkmodelles beschäftigt hat. Da der Behaviorismus den *Wert der Wertefreiheit* vertritt, der besagt, dass Werte sich nicht wissenschaftlich begründen lassen, haben sich die Anhänger des Behaviorismus gegen Ethik und Werte entschieden. Denn in diesem Denkmodell tritt die Verhaltenstheorie an die Stelle der Moral. Umso widersprüchlicher wirkt es dann, wenn eine nach der behavioristischen Lehre geführte Firma für *Werte* in ihrem Leitbild eintritt. Das belegt, dass sich die Entscheider und ihre Berater keine Gedanken über den Wert ihres Leitbildes gemacht haben. Ein solches Leitbild ist rein gar nichts wert, weil es das praktische Handeln der verfassenden Firma kontrastiert.

Es ist moralisch gesehen legitim, Menschen in der Bewertung auf ihr Verhalten zu reduzieren und zu versuchen, auf Verhaltensmuster positiv Einfluss zu nehmen. Ob es ebenso klug ist, sich im Umgang mit Menschen auf deren bloßes Verhalten infolge eines Reiz-Reaktions-Musters zu beschränken, ist eine ganz andere Frage. Im behavioristischen Menschenbild werden Gedanken ebenso wie Gefühle ausgeblendet. Auf dieser vereinfachten Sichtweise reiner Verhaltensbeobachtung basieren auch die meisten Assessment-Center. Wer als Teilnehmer über vorspielbares Verhalten zu glänzen weiß, kommt besser weg als der durchweg Authentische, der sich gibt, wie er ist (ausführlichere Beschreibung der Theorien in Anhang A).

2.2.2 Der Mensch verfügt potenziell über kaum vorstellbare Möglichkeiten zur Selbststeuerung

Wenden wir uns dem humanistischen Menschenbild zu. Danach ist der Mensch ein Lebewesen, das aus einer biologischen Evolution hervorgegangen ist. Der wesentliche Unterschied zum Tier ist in den menschlichen Geisteskräften zu sehen. Der Mensch ist sich durch seinen Geist seiner selbst bewusst. Diese Fähigkeit beinhaltet das Wissen um Glück, Krankheit, Schmerz, Verlust und Tod, das dem Tier fehlt. Der Mensch wird dadurch des Freuens und Leidens befähigt. Der *Humanismus* orientiert sich an der abendländischen Philosophie der Antike, an Werten und der Würde des einzelnen Menschen. Toleranz, Gewaltfreiheit und Gewissensfreiheit gelten als wichtige humanistische Prinzipien menschlichen Zusammenlebens. Humanismus bezeichnet die Gesamtheit der Ideen von Menschlichkeit und des Strebens danach, das menschliche Dasein zu verbessern.

Nach der Lehre der Humanistischen Psychologie kann sich eine gesunde und schöpferische Persönlichkeit mit dem Ziel der Selbstverwirklichung entfalten. Das Individuum verfügt potenziell über unerhörte Möglichkeiten, um sich selbst zu begreifen und seine Selbstkonzepte, seine Grundeinstellung und sein selbst gesteuertes Verhalten zu verändern. Dieses Potenzial kann erschlossen werden, wenn es gelingt, ein klar definiertes Klima förderlicher psychologischer Einstellungen herzustellen. Störungen entstehen, wenn äußere Umwelteinflüsse die Selbstentfaltung blockieren.

Die Grundannahme des humanistischen Menschenbildes sagt, der Mensch

- ist mehr als die Summe seiner Teile
- lebt in zwischenmenschlichen Beziehungen
- hat ein Bewusstsein und kann seine Wahrnehmungen schärfen
- kann entscheiden
- ist intentional

Das heißt in erster Linie: Er kann *sich* entwickeln. Das ist nicht dasselbe wie die Vorstellung davon, *ihn zu entwickeln*. Seine Entwicklung verläuft auf verschiedenen Ebenen (Körper, Geist, Seele), sie wird beeinflusst vom Selbstkonzept (wie sehe ich mich, wie möchte ich sein) und von Erfahrung (stimmt mein Selbstbild mit dem Fremdbild überein). Die Entwicklung des Individuums wird unterstützt von anderen Individuen durch Wertschätzung, Einfühlung und Kongruenz.

Die Übernahme einer Führungsrolle ist immer zugleich die Übernahme der Verantwortung für das Sorgen beziehungsweise sich Kümmern um den Mitarbeiter. Sorgen um etwas kann nur als förderndes Sorgen verstanden werden. Das ist mehr als pflichtmäßiges Nachfragen, ob das Ziel erreicht oder die Aufgabe erledigt ist. Das wird von vielen Führungskräften missverstanden, wenn sie meinen, Führung hieße, Anweisungen zu geben und die Umsetzung zu kontrollieren. Vielmehr sollte der Führende eifrig forschend seinem Mitarbeiter bei dessen Entwicklung zusehen und besorgt neugierig darauf hinlenken, dass die Entwicklung in eine Selbstständigkeit führt, die dauerhaftes Coaching überflüssig macht.

Führung lässt sich demnach als non-direktives Begegnen und somit Verzicht auf Fremdbestimmung und Überredung gestalten. Der Mensch ist zur Selbstentwicklung in der Lage. Probleme resultieren daraus, dass Selbstkonzept und Erfahrung auseinanderklaffen. So hält sich eine Führungskraft zum Beispiel für führungsfähig, während die Mitarbeiter mit dieser Führungskraft gegensätzliche Erfahrungen machen. Das Grundprinzip einer humanistisch orientierten Unternehmensführung basiert darauf, den anderen zu unterstützen, um Selbstkonzept und Erfahrung in Einklang zu bringen. Grundsätzlich sind die Führungskräfte und Mitarbeiter dabei autonom. Sie haben das Recht, sich zu entwickeln. Sie haben die Pflicht, ihren Verstand und ihre Arbeitsleistung zugunsten des Unternehmens einzubringen. Sie sind aktiver Gestalter ihrer eigenen Existenz und von Natur aus kreativ und experimentierfreudig. Sie haben die Pflicht, sich so zu entwickeln, dass sie ihre Aufgaben mit einem Maximum an Verantwortung wahrnehmen. Der gesunde Mensch kann aus eigener Kraft sein Leben positiv gestalten. Natürlich kommen die *Realitäten* hinzu, die es zu beachten gilt. Solche Realitäten werden durch internationale Märkte, Gesetze, Ziele, Normen und Gemeinschaftswerte gesetzt.

Auch die Unternehmensleitung setzt Realitäten. Zum Beispiel die von Qualität, Service, Verlässlichkeit. Führende geben Atmosphäre und Wärme, bemühen sich um einfühlendes Verstehen, achten darauf, echt zu sein. Mit einem in der Organisation gelebten humanistischen Menschenbild muss die Norm verbunden werden, dass jeder jederzeit die persönliche Verantwortung für eigene Fehler übernimmt, die mindestens darin besteht, aus dem Fehler zu lernen.

2.2.3 Die Systemtheorie betont die Wechselwirkung zwischen autonomem Individuum und der realitätssetzenden Organisation

Das *systemische Menschenbild* basiert wie das humanistische Menschenbild auf der Autonomie eines jeden Einzelnen. Die Systemtheorie, als eine viele wissenschaftliche Disziplinen übergreifende Denkweise (s. Anhang A), betrachtet den Menschen jedoch nicht isoliert, sondern als Teil eines Gesamtsystems mit allen seinen Wechselwirkungen. Leistungskultur zu Ende gedacht lässt sich am sichersten damit erreichen, dass auf der einen Seite der Mensch als autonomes Wesen akzeptiert, andererseits als Teil des Gesamtsystems gesehen wird.

Ludwig von Bertalanffy beschrieb in den 50er Jahren lebende Organismen als Systeme der Selbststeuerung. Systeme sind von der Umwelt abgrenzbare, strukturierte Ganzheiten, deren Elemente in Wechselwirkungen zu- und miteinander stehen. Eine Firma ist als Systemganzheit, eine Abteilung als Teilsystem zu verstehen. Von den Teilsystemen geht eine Dynamik aus, von der das Gesamtsystem beeinflusst wird. Das Gesamtsystem nimmt wiederum Einfluss auf seine Teilsysteme. Die Individuen in einer solchen Organisation werden jedoch als autonome, innerhalb des Systems agierende Individuen verstanden, die jedes für sich ihre Rolle mit einem denkbaren Höchstmaß an Verantwortungsbewusstsein einnehmen.

Damit ist der Führende so autonom wie der Geführte, wenngleich die Rollen unterschiedlich sind. Jeder von beiden muss sich fragen: Wozu bin ich in der Lage? Was sind meine Grenzen? Welchen Preis bin ich bereit zu zahlen? Ohne Wertschätzung, Empathie und Kongruenz ist das systemische Menschbild ebenso wenig denkbar wie das humanistische. Veränderungen lassen sich mehrdimensional denken, innerhalb und außerhalb des Systems, Veränderungen in Bezug auf Personen, der subjektiven Deutung einzelner Personen, von Verhaltensregeln des Systems an sich, von Interaktionsstrukturen, in Bezug auf die Systemumwelt, hinsichtlich der Entwicklungsrichtung und Entwicklungsgeschwindigkeit. Eine Organisation, ob Firma, Institution oder Behörde, ist ein komplexes Gebilde. Dies zu verstehen setzt die Auseinandersetzung mit dem systemischen Denken voraus.

Die Sichtweise auf das systemische Menschenbild basiert auf Wachstum und Entwicklung. Menschen haben in sich, was sie brauchen, um zu (über)leben. Die

Lebenskraft des Menschen ist ein *Schatz*, auf den jederzeit zurückgegriffen werden kann. Menschen, die sich als Ganzheit erleben und vom Gefühl getragen sind, selbst etwas wert zu sein (Selbstwertgefühl), können mit allen Herausforderungen des Lebens in schöpferischer und angemessener Weise umgehen. So werden aus Arbeitnehmern Bestleister. *Selbstwert* ist die Summe der Gefühle und Vorstellungen, die der Mensch von sich selbst hat. Dieser Selbstwert in einer bestimmten Umgebung (Familie, gesellschaftliche Gruppe, Firma) ist niedrig, wenn die Kommunikation indirekt, vage, nicht wirklich ehrlich/offen ist, die Regeln starr und unmenschlich anmuten, nicht angesprochen werden dürfen und für ewig Gültigkeit besitzen sollen. Starre Formen, mangelnde Offenheit, vage Kommunikationsinhalte bremsen eine Leistungskultur aus, bevor sie sich zu entfalten beginnt. Je starrer die äußeren Festlegungen im Lebensraum sind, umso häufiger kommt es zur Entladung von Spannungsfeldern und damit zu Konflikten, die vermeidbar gewesen wären. Eine Leistungskultur ist nicht frei von Konflikten. Diese gehen aber nicht auf die Entladung von Spannungsfeldern zurück, sondern sind Ursache der unterschiedlichen Meinungen und Bedürfnisse der Individuen, die es zusammenzuführen gilt.

Im systemischen Denken kann man sich *offene* und *geschlossene* Systeme vorstellen. Das *offene System* bietet eine immerwährende Auswahl an Entscheidungsmöglichkeiten und die für das Gelingen einer Leistungskultur erforderliche Flexibilität. Es besitzt sogar die Freiheit, für eine Weile *geschlossen* zu sein, wenn die Geschlossenheit gerade passt. Dieses gesunde System ist in der Lage, sich mit einem verändernden Kontext zu dynamisieren und diese Tatsache anzuerkennen. Damit werden Hoffnungen, Ängste, Zuwendung, Ärger, Frustration und Fehler als zu einer Person dazu gehörig akzeptiert und frei geäußert. Der Mensch kann sich in seiner vollen Bandbreite zeigen, ohne Bedrohungen bzw. Sanktionen befürchten zu müssen. Ein solch offenes System fördert die Entwicklung des Selbstwertes und stimmiger Kommunikation. Es wird aufrechterhalten durch menschengerechte Richtlinien. Menschen leben in einem von Vertrauen, Humor, Freude, Wirklichkeit und Veränderungsfähigkeit gefüllten Raum, der Schutz und Freiheit zugleich bietet. Das ist der Lebensraum, den eine Firma bieten muss, will sie sich eine gesunde Leistungskultur erhalten oder eine solche entwickeln.

Ein *geschlossenes* System funktioniert auf der Basis von Rigidität, festgeschriebenen Regeln, unabhängig davon, ob sie passen oder nicht. Solche Systeme kennzeichnen sich durch schwache, verzerrte und unbewegliche Beziehungen zur Außenwelt. Ihnen haftet machtautoritäres Gebaren an, das von einigen wenigen eingenommen und dem gesamten System zugemutet wird. Damit ist das System beherrscht von Macht, Leistungsdruck, neurotischer Abhängigkeit, Gehorsam, Unterwerfung, erzwungener Übereinstimmung und der eigendynamischen Entwicklung von Schuld. Fehler werden sanktioniert, zur Leistungserbringung wird nicht eingeladen, Arroganz auf der einen und devote Unterwürfigkeit auf der anderen Seite beherrschen die Szene.

Eine Veränderung zu gestatten ist ausgeschlossen, weil sie das (scheinbare) Gleichgewicht stören würde. Angst lässt die Menschen in diesem System zusammenstehen, mit der Fantasie, dass Veränderungen eine Katastrophe herbeiführen würden, die zur Vernichtung der Geschlossenheit führt, die dem Einzelnen Halt gibt. Menschen in geschlossenen Systemen leben in einer feindlichen Welt, in der Zuwendung in Geld, Bedingungen, Macht und Status gerechnet wird. Wenn Angehörige des Systems an die Grenze ihrer Anpassungsfähigkeit kommen, bricht das geschlossene System in sich zusammen. Denn die für das offene System charakteristische *Anpassungsfähigkeit* nährt in gewissem Umfang auch das geschlossene System, weil der ausgeübte Druck nach permanenter Anpassung verlangt. Viele Organisationen sind geschlossene Systeme, obwohl sie als offene Systeme darzustellen versucht werden. In geschlossenen Systemen geht es nicht darum, welche Bedingungen Menschen brauchen, um leistungsfähig zu sein. In solchen Systemen wird die Hierarchie als Instrument für Druck, Unterwerfung, Zwang missbraucht.

2.2.4 Führende sind die Gastgeber eines funktionierenden Systems

Ob es sich um ein geschlossenes System oder ein offenes handelt, lässt sich am Führungsverständnis der das System prägenden Entscheider ablesen. *Vorgesetzte* und *Untergebene* stehen für ein geschlossenes System. Die einen sagen an, die anderen führen aus. In einem offenen System bedeutet Führen einladen zu einem gemeinsamen Fest, auf dem sich jeder frei bewegen kann, dessen Rahmen aber vom Führenden als Gastgeber vorgezeichnet wird. So wie jeder Gast das Fest mit seiner Anwesenheit füllt, hat jedes Mitglied eines Systems die Verantwortung, sich einzubringen, um die Entwicklung seines sozialen Systems, seines unmittelbaren Umfeldes, mit zu beeinflussen. Gleichzeitig wird jedes Mitglied vom System beeinflusst. Wenn die Aktivität eines Einzelnen resonanzlos im Raum steht, weil andere keine Antwort auf Fragen geben, Gesten der Kontaktaufnahme unbeantwortet lassen, sich auf die Findung gemeinsamer Themen und Interessen nicht einlassen, so entsteht damit automatisch eine Rückkoppelung auf das einzelne Mitglied. Ähnliches passiert, wenn die Themen, die der Einzelne in das System einbringt, von den anderen Mitgliedern des Systems als unbrauchbar, nicht zielführend, danebenliegend zurückgewiesen werden. So kann innerhalb eines Systems der Einfluss des Systems auf den Einzelnen größer sein als sein Einfluss auf das System. Ein System zu prägen setzt voraus, dass die Versuche des Prägens vom System angenommen werden. Das werden sie, wenn sie für das System interessant genug sind.

Wir haben es bei einem System mit drei Einflussgrößen zu tun:

- Einfluss durch formelle Führung durch das legitimierte Amt oder die zugewiesene Leitungsverantwortung
- Einfluss durch informelle Führung durch jeden Einzelnen jenseits von zugewiesener Leitungsverantwortung
- Einfluss, der vom System als Gesamtheit ausgeht

Wenn man unterstellt, dass das Verhalten des Einzelnen grundsätzlich vom System beeinflusst wird, dann ergibt sich daraus die Konsequenz, dass sich Probleme des Einzelnen nicht von System getrennt betrachten, bewerten und lösen lassen. Deshalb sollte man im Falle von Missständen nicht den Schuldigen innerhalb des Systems suchen, sondern das Gesamtsystem betrachten, um die sich gegenseitig bedingenden Faktoren zu erkennen. Und genau das ist es, was in vielen Firmen falsch läuft. Anstatt sich das System als Ganzes anzusehen, richtet man den Blick auf Teilaspekte. Das kann zu keinem brauchbaren Ausgangspunkt für sinnvolle Veränderungen führen. Häufig kommen Unternehmen bei dem Versuch der Einzelbetrachtung von Problemen nicht weiter, wie im folgenden Beispiel:

Ein über drei Generationen marktführendes und ursprünglich den Markt erst ermöglichendes Mittelstandsunternehmen hat in den letzten fünfzehn Jahren an Marktanteil verloren, von Jahr zu Jahr mit zunehmender und seit jüngster Zeit bedrohlicher Geschwindigkeit. An der Spitze steht seit zwanzig Jahren die vierte Generation der Unternehmerfamilien: ein auf seine Art präsenter Unternehmensführer aus der einen und ein kaum in Erscheinung tretender Unternehmensführer aus der anderen Familie. „Auf seine Art präsenter" meint, von diesem Unternehmer gehen sehr humane Werte aus, solche, die bis zum rigorosen Verzicht auf bestimmte Werkstoffe in Entwicklung und Fertigung führen. Obwohl der präsente Unternehmer bezüglich Werkstoffkunde ein Laie ist, lässt es der kaum präsente Unternehmer, seines Zeichens ausgewiesener Experte auf dem Gebiet, zu.

Das Rollenspiel ist seit zwei Jahrzehnten zwischen den beiden nach klaren Regeln aufgeteilt: Obwohl beide die Geschäftsführung des Unternehmens stellen, geht die Führung nur von einem der beiden aus. In der Ebene darunter gibt es wenig bis gar keine gemeinsame Linie in der Ausrichtung des Unternehmens. Jeder Unternehmensbereichsleiter führt seinen Bereich und ist an der Abstimmung mit seinen Kollegen auf gleicher Ebene kaum interessiert. Das Unternehmen hat zwei Fertigungslinien, die nebeneinander her arbeiten, obwohl man viel voneinander lernen könnte. Das Unternehmen hat eine Entwicklung, die entwickelt, was der dominante Laie in der Geschäftsführung erlaubt. Verwaltung, Qualitätssicherung und Marketing spielen ebenfalls jeweils ihr eigenes Spiel. Unglücklich sind alle, weil jeder das Unheil durch weitere Verluste von Marktanteilen auf das Unternehmen ungebremst zukommen sieht.

Jeder Unternehmensbereich weiß aus seiner Perspektive die Problemverursacher auszumachen. Die Verwaltung führt das zunehmend schlechtere Ergebnis infolge jährlich schwindender Substanz auf Marketing und Verkauf zurück, die schließlich für den Umsatz verantwortlich sind. Dieser Unternehmensbereich macht die Entwicklung für das Dilemma rückgängiger Zahlen verantwortlich, von der zu wenig Innovation ausgeht. Die Entwicklung reklamiert die mangelnde Handlungsfreiheit durch die Werkstoffbeschränkungen seitens der Unternehmensleitung. Innerhalb der Unternehmensleitung hält der eine von beiden den anderen für zu dominant, ordnet sich aber unter, um keine Konflikte heraufzubeschwören. Der über alles hinweg präsente Unternehmensleiter sieht den zweiten geschäftsführenden Gesellschafter als zu schwach an, als dass er auf dessen Rat – obwohl Experte – hören würde. Die Qualitätssicherung klagt seit Jahren die Fertigung an, dass diese sich nicht an die Vorgaben halte.

So gesehen ist viel Bewegung im System. Man kann es auch so ausdrücken: Das System trägt sich durch die geballte Kraft an negativer Energie. Die zweite Ebene traut sich nicht, gegen den dominanten Unternehmer anzutreten, um diesen aus der Kraft der Geschlossenheit der zweiten Ebene zu einem Paradigmenwechsel zu bewegen. Der alles dominierende Unternehmer reklamiert, dass von der zweiten Ebene keine Impulse ausgehen. Alle wissen, was der andere falsch macht. Das Unternehmen ist ein Mekka für Berater, weil es den klassischen Fall für marginale Teillösungen abbildet, die den Beratern zu Aufträgen verhelfen, ohne den Schnitt zur Veränderung im Gesamten anzusetzen. Ein Berater optimiert die Produktionsabläufe, ein anderer schult den Verkauf, ein Dritter berät den Unternehmer, weitere sind mit unzähligen Einzelaufgaben seit Jahren beschäftigt, ohne dass das Unternehmen erkennbar nach vorn kommt.

Wer kann hier wie helfen? Jeder der Angesprochenen kann helfen. Er muss sich zunächst einmal von der Einzelbetrachtung der diversen Vorgänge verabschieden und einen Blick auf das Ganze, sich gegenseitig bedingende Abläufe, werfen. Unternehmer eins macht, was Unternehmer zwei zwar nicht gefällt, dieser aber widerspruchslos akzeptiert. Jeder von beiden hat die Chance – und vor allem die verpflichtende Verantwortung –, auf den anderen zuzugehen. Die Unternehmensbereichsleiter eine Ebene darunter müssten sich als Team finden. Die Initiative dazu liegt in der Verantwortung eines jeden, der zu diesem Kreis zählt. Als Team könnten sie zunächst ihre gemeinsamen Probleme lösen, um sodann auf die Unternehmerschaft zuzugehen. Natürlich müsste dieses Zugehen mit attraktiven Inhalten gefüllt sein, die die Unternehmensleitung aufhorchen lässt. Alle gemeinsam müssten sich in eine Metaebene begeben, um aus der Perspektive des Kronleuchters auf das Geschehen im Raum zu sehen. Die Rolle der Berater ist dabei noch die einfachste. Solange keiner der Berater einen Auftrag zur Systemveränderung hat, ist keiner der Berater zur Systemveränderung legitimiert. Also bleibt alles, wie es ist. Anstatt grundlegend *am* System zu arbeiten, wird weiterhin egozentriert *im* System gearbeitet. Rette sich, wer kann!

2.2.5 Leistungskultur ist auf Dauer nur in einem offenen System denkbar

Innerhalb eines Systems wirken verschiedene Faktoren wechselwirkend aufeinander. Das sind zum Beispiel einzelne Elemente, handelnde Personen, die Umwelt, subjektive Deutungen, Glaubenssätze, soziale Regeln (formale wie informelle), Regelkreise (immer wiederkehrende Verhaltensmuster) und Entwicklungsprozesse. Der einzelne Mensch ist autonom und lebt doch in einer interdependenten Gemeinschaft. Er nimmt auf das System ebenso Einfluss wie das System auf ihn. Seine Verantwortung bezieht sich auf sein Handeln im Kontext des Ganzen. Führende sind Gastgeber, weil sie den Rahmen der stattfindenden Veranstaltung vorgeben. Was findet wo, wie, in welcher Zeit und mit welchem Investitionsaufwand statt? Das sind typische Führungsfragen bzw. -zuständigkeiten.

Offene Systeme sind bewegliche Systeme, die schnell auf Veränderungen und Anforderungen reagieren können. Geschlossene Systeme sind starre Systeme, die von einem oder wenigen Einzelnen bestimmt werden. In geschlossenen Systemen verlässt sich jeder auf den einen oder die wenigen Verantwortlichen. In offenen Systemen fühlt sich jeder verantwortlich. Es kommt bei jeder Veränderung eines Systems zunächst einmal darauf an, Konflikte innerhalb des Systems zu erkennen, die einer Veränderung entgegenstehen. Konflikte lasen sich nicht im isolierten Raum betrachten. Das Suchen nach einzelnen Konfliktverursachern hält Systeme auf. Das Suchen nach systemischen Konfliktursachen bringt Systeme voran.

Im zuvor genannten Firmenbeispiel sind die Ursachen systemisch interdependent, das heißt, sie schaukeln sich gegenseitig auf. Jeder der Beteiligten hätte – theoretisch – die Möglichkeit, auf den anderen zuzugehen, um erste Schritte einer möglichen Veränderung und damit die Öffnung des Systems einzuleiten. Damit geht der Einzelne Unbequemlichkeiten ein. Es stellt sich aber die Frage, was auf Dauer unbequemer ist – schwelenden und sich gegenseitig beeinflussenden Konflikten aus dem Weg zu gehen oder ihnen zu begegnen? Der markante Unternehmer im genannten Beispiel hat gute menschliche Werte. Er hat aber den Blick dafür verloren oder nie gehabt, was er mit der zu starken Auslegung dieser Werte an Unmenschlichkeit schafft. Wer sich bestimmten Werkstoffen aus humanitären

Gründen verschließt, die andere im Markt bedenkenlos verwenden und die in der Wissenschaft nicht mehr umstritten sind, gefährdet sein Unternehmen. Eine solche Argumentationslinie wird aber in besagtem Unternehmen nicht erkämpft. Es fehlt den übrigen Beteiligten nicht an anders gearteter Überzeugung, sondern an Mut und Hartnäckigkeit, diese Überzeugung zu penetrieren. Man kann also nicht sagen, es sei „der Unternehmer", der durch ein hyperdimensioniertes Humanitätsverständnis die Firma in ihren Chancen am Markt ausbremst. Es ist vielmehr das System, in dem die egozentrierte Minimalisierung des Möglichen Einzug gehalten hat. In diesem System dominiert das Klagelied, dass es eigentlich anders sein müsste. Dennoch: Niemand ist bereit, den Kopf zu weit herauszustrecken, weil er befürchtet, Einzelverlierer in einem System zu sein, das sich wegen der von oben getragenen Humanität ausgesprochen schwer damit tut, Menschen auszugrenzen. Jeder befürchtet, was nicht zu befürchten ist: dass er mit einer Kündigung rechnen muss, wenn er vom Unternehmer abweichende Argumente pro Zukunftssicherung des Unternehmens vertritt. Obwohl es sich im Beispiel um kein autoritär geführtes System handelt, trauen sich der zweite Geschäftsführer und zehn Unternehmensbereichsleiter nicht, einen Einzelnen davon zu überzeugen, dass man über gewisse Schatten springen muss, um aus dem Tal herauszukommen, in dem sich das Unternehmen seit mehr als zehn Jahren befindet. Die Suche nach Schuldigen wäre zwecklos. Sie würde zu dem Ergebnis führen müssen, dass alle die Verantwortung für den Zustand des Unternehmens tragen. Stattdessen müsste sich das System öffnen, um neue Chancen für eine neue Ausrichtung zu sehen und zu nutzen.

2.2.6 Konflikte sind die Leistungsbremse eines Systems, wenn man sie nicht anpackt

Offene Systeme zeigen einen offenen Umgang mit Konflikten, die ganz unterschiedliche Ursachen haben können. In solchen offenen Systemen wird versucht, jede Konfliktursache aufzuspüren, um daraus zu lernen. Nicht die Personen sind die Ursache von Konflikten, sondern ihre Interpretation von Ereignissen, ihre gefilterte oder ungefilterte Wahrnehmung, die Regeln, die von ihnen missachtet oder zu eng oder zu weitläufig ausgelegt werden, oder das, was im Umfeld bzw. der Umwelt geschieht. Die Diagnose von Konflikten erfordert den Blick auf das Ganze und die sich elementar ergebenden Schwingungen. *Konflikte* sind nicht dasselbe wie *Probleme*. Bei Konflikten geht es immer um dem einzelnen Konflikt innewohnende menschliche Bedürfnisse. Diese Bedürfnisse sind für sich genommen von guter Gestalt, weil sie subjektiv immer richtig sind. Wer von seinem Bedürfnis geleitet ist, bestimmte Werte zu leben, zum Beispiel den humanen Wert des Verzichtes auf bestimmte Werkstoffe, wird nicht damit zu überzeugen sein, dass man ihm einen Irrtum einzureden versucht. Es hilft also nicht, gegen die Bedürfnisse anzukämpfen. Man muss vielmehr im Konfliktlösungsbemühen daran arbeiten, die unterschiedlichen Bedürfnisse zusammenzubringen. Wer dies tun will, muss zunächst den Unterschied zwischen Missverständnissen und Meinungsverschiedenheiten aufdecken. Missverständnisse lassen sich durch Gespräche beseitigen. Meinungsverschiedenheiten können sich durch Dialoge über sie eher verhärten.

Bei tief sitzenden Meinungsverschiedenheiten hält sich jeder für den Experten seiner Meinung. So der genannte Unternehmer, der sich einem bestimmten Werkstoff gegenüber verschließt, der am Markt durch andere Hersteller längst eingeführt ist. Hier kommt man mit einem Kommunikationspingpong, wer mehr Recht als der andere haben könnte, in die sichere Sackgasse. Man muss solche Meinungen isolieren und mit Verantwortung zusammenbringen. Im zuvor genannten Unternehmensbeispiel wäre zu klären, wer mit seiner Verantwortung für was zu stehen hat. *Verantworten* heißt Antworten finden auf Fragen der Zuständigkeit. Wenn der Unternehmer sich für bestimmte Themen als zuständig erklärt, mit allen Konsequenzen, müssen die andersartig Denkenden entscheiden, ob sie den vorgezeichneten Weg mitgehen wollen oder nicht. Um dies für den Unternehmer und den einzelnen Unternehmensbereichsleiter aus der zweiten Ebene zu klären, bedarf es der Öffnung des Systems. Öffnen heißt in diesem Falle abwägen und entscheiden. Wer den Weg des Unternehmers mitgeht, muss diese Überzeugung in das System tragen. Wer eine andere Auffassung vertritt, muss für sich selbststeuernd und verantwortlich prüfen, ob er zu diesem System passt. Würden alle anders Denkenden gehen, müsste der Unternehmer seine Haltung noch einmal überdenken oder die zweite Führungsebene komplett neu aufstellen.

Wir brauchen von Grund auf ein Umdenken im Firmenalltag. Mehr Leistung entsteht nicht dadurch, dass man mehr Leistung verlangt. Leistung entsteht aber auch nicht dadurch, dass die wichtigen Themen ungeklärt bleiben, die Konflikte unter den Teppich gekehrt oder in Argwohn über die angeblichen Missstände umgewandelt werden. Sein Maximum an Leistung gibt der Mensch, wenn er begriffen hat, um was es geht, und dann in der Freiheit seiner Entscheidung auf dieses Begreifen reagieren kann. Wer will, dass ein Keimling schneller und höher wächst, muss für Licht, Dünger, Wärme und Feuchtigkeit sorgen. Mehr kann er nicht tun. Viele Ökonomen haben noch nicht verstanden, dass die Wirtschaftlichkeit eines Systems vor allem eine Frage des Umgangs mit den Menschen und der Menschen untereinander ist, die Einfluss auf dieses System nehmen. Je mehr wir uns vom Denken um die gegenseitige Wertschätzung entfernen, umso mehr entfernen wir uns von den Chancen einer menschengerechten Ökonomie.

2.2.7 Effizienz und Effektivität einer Organisation sind eine Frage des Selbstverständnisses der Menschen in dieser Organisation

Inwieweit in einer Organisation eine Leistungskultur gedeihen kann, hängt nicht unwesentlich mit dem Bild vom Menschen zusammen, das von dieser Organisation getragen wird. Ein Menschenbild ist nicht die Beschreibung eines einzelnen Menschen. Im Menschenbild drücken sich die grundsätzliche Einstellung und Haltung gegenüber Menschen aus. Dabei spielen sowohl das Selbstbild – wie sehe und verstehe ich mich? – als auch das Fremdbild – wie sehe ich andere, was traue ich ihnen zu, was halte ich von ihnen? – eine zentrale Rolle. Unternehmenskultur jenseits eines zu dieser Kultur passenden Menschenbildes ist keine Kultur, sondern Wildwuchs. Wo *Unternehmenskultur* als bloße Worthülse verwendet wird, reiben sich die Menschen in einer solchen Pseudokultur an Widersprüchen. Sie hören und lesen, was sie nicht oder möglicherweise kontrastiert erleben. *Leistungskultur* drückt sich unter anderem in der Summe der Vermeidung von leistungsbremsenden Störungen aus. Solche Störungen sind das Ergebnis von nicht erfüllten Erwartungen, nicht eingelösten Versprechungen, einer Kluft zwischen Anspruch und Wirklichkeit, eine Folge unüberlegten Handelns.

Jedes Führungsdenken, jedes Organisationsmodell, jeder Veränderungsansatz, jedes Beratungskonzept, jedes Trainingsformat, jedes Weiterbildungsprogramm, jede Form von Coaching basiert schließlich auf einem bestimmten Menschenbild. Wenn ein Führungstrainer sich in seiner Arbeit auf die Vermittlung von Führungstechniken beschränkt und glaubt, damit dem Führungsnachwuchs dienlich zu sein, so liegt diesem Denkmodell ein anderes Menschbild zugrunde, als wenn ein Führungstrainer nicht die Vermittlung der methodischen Kompetenz in den Vordergrund stellt, sondern die Bewusstseinsschaffung für das psycho-soziale Feingespür in der Ausgestaltung der Führungsrolle. Führung lässt sich nicht auf Methodik beschränken, obwohl die Verführung für in Sachen Management und Leadership Lehrende groß zu sein scheint. Die systemischen Wechselwirkungen und dynamischen Schwingungen einer Organisation sind viel zu komplex, als dass man ihrer mit ein paar Führungstechniken Herr (oder Frau) werden könnte. So muss jeder Coach für sich selbst klären, ob er rein themenzentriert oder gleichsam personenzentriert arbeiten will.

Für eine gesunde Leistungskultur ist jedoch essenziell, nicht nur auf ein wie auch immer geartetes Menschenbild im eigenen Kopf zu vertrauen, sondern vielmehr das Menschenbild, auf dem die Kultur des Unternehmens basiert, aufzuschreiben. Auch als Führungskraft sollten Sie einmal für sich selbst Ihr eigenes Bild vom Menschen in Worte fassen. Und wenn Sie als Coach tätig werden, müssen Sie Ihr Bild

DER MENSCH
- ist von Natur aus ein soziales, geistiges, emotionales und körperliches Wesen; als solches hat er Bedürfnisse auf allen Ebenen und ist ein untrennbares Ganzes
- braucht den Einfluss gelebter Kultur, um seine menschlichen Potenziale voll entfalten zu können; in der Auseinandersetzung mit anderen kann er sein Selbstbild erweitern und sich aus sich heraus weiterentwickeln
- ist reflexiv, d. h. er ist sich seiner selbst und seiner Umwelt bewusst und macht sich dadurch ein Bild von sich und der Welt. Er kann eigenes Erleben, sein Verhalten und seine Werte reflektieren und Verantwortung für das eigene Handeln übernehmen
- ist von Natur aus produktiv und gestalterisch; in einer gesunden Leistungskultur fördern Rahmenbedingungen die Entwicklung der natürlichen Leistungsfähigkeit der Menschen; eine solche Kultur kommt ohne künstlichen Druck aus und bildet gleichzeitig einen Rahmen, in dem das Individuum sein Bestes gibt

Abb. 2.1 Menschenbild und Leistungskultur

vom Menschen als Grundlage für Ihr konzeptionelles Vorgehen präsent haben. Mehr noch, als Coach müssen Sie das Bild vom Menschen, das Ihren Coachee trägt, kennen, wenn Sie tief greifend für ihn etwas tun wollen. Im Vordergrund steht immer das Sich-bewusst-werden über das eigene Denken und Handeln gegenüber Kunden, Mitarbeitern, Führenden …, aber auch im Umgang mit sich selbst, hin zu einem Menschenbild, das den Grundstock für uns Führungsverantwortliche, Berater, Trainer, Coaches hinterlegt (Abb. 2.1).

Beispiel für ein an der Systemtheorie angelehntes Menschenbild

Der Mensch …

… ist von Natur aus ein soziales, geistiges, emotionales und körperliches Wesen.

Als solches hat er Bedürfnisse auf allen Ebenen. Wir betrachten Menschen immer als untrennbares Ganzes. Wir liefern keine Einschätzungen aus isolierten Einzelbeobachtungen ohne Gesamtzusammenhang. Wir sind uns der Komplexität des Individuums bewusst. Deshalb verzichten wir auf Kategorisierungen und Typologien.

… braucht den Einfluss gelebter Kultur, um seine menschlichen Potenziale voll entfalten zu können.

In der Auseinandersetzung mit anderen kann er sein Selbstbild erweitern und sich aus sich heraus weiterentwickeln.

... ist reflexiv, d. h., er ist sich seiner selbst und seiner Umwelt bewusst und macht sich dadurch ein Bild von sich und der Welt.

Wir bestärken Menschen darin, ihr eigenes Erleben, ihr Verhalten und ihre Werte zu reflektieren und Verantwortung für das eigene Handeln zu übernehmen. Auch beim Erlernen neuer Verhaltensweisen stehen für uns Authentizität und Selbststeuerung an erster Stelle.

... kann sein volles Potenzial nur entwickeln, wenn er authentisch ist, d. h. wenn sein inneres Sosein mit seinem Verhalten im Einklang ist.

In Lernsituationen sehen wir Führungskräfte, Trainer und Coaches als Lernmoderatoren, nicht als Lehrer. Wir schaffen zuerst die Bedingungen für optimales Lernen und Leisten und bieten sodann Lernmaterial und Empfehlungen zur aktiven Auseinandersetzung an. Wir vermitteln keine isolierten Verhaltensweisen und beschränken uns nicht auf bloße Informationen, sondern ermuntern Menschen dazu, Neues auszuprobieren und ihre eigenen Erfahrungen zu machen.

... ist von Natur aus produktiv und gestalterisch tätig.

Innerhalb unserer Leistungskultur fördern Rahmenbedingungen die Entwicklung der natürlichen Leistungsfähigkeit der Menschen. Unsere Unternehmenskultur kommt ohne künstlichen Druck aus und bildet gleichzeitig einen Rahmen, in dem das Individuum sein Bestes gibt.

Jedes Menschenbild einer Organisation muss individuell erarbeitet werden, um passgenau zu sein. Dem aufgezeigten Textbeispiel ging ein intensiver Prozess der Auseinandersetzung der unterschiedlichen Sichtweisen in der betreffenden Organisation voraus. Damit hat sich im vorliegenden Fall eine heterogene Arbeitsgruppe aus Experten und Laien beschäftigt. Der Vorteil dieser Zusammensetzung besteht vor allem darin, das Menschenbild aus mindestens zwei Perspektiven zu bearbeiten. Ein Beispiel wie vorliegend verführt zur Nachahmung. Es hilft keiner Organisation, wenn sie sich den Text für ihr ganz individuelles Menschenbild ausleiht. Das in einer Organisation formulierte Menschenbild dient vielen Zwecken und muss von daher ein Unikat eben dieser Organisation sein. Der Text vom Menschenbild muss das spürbare Menschenbild der betreffenden Organisation spiegeln.

Das jeweilige Bild vom Menschen muss vor dem Hintergrund der Geschichte eines Unternehmens, seines Zweckes, seiner Vision, seines Rollenverständnisses in der Gesellschaft, seiner Verantwortung gegenüber anderen, seiner gewollten Kultur erarbeitet werden.

2.2.8   Ankerpunkte für das Menschenbild in einer die Organisation durchflutenden Leistungskultur

Jedes Unternehmen und jede Führungskraft muss sich im Umgang mit anvertrauten Menschen die Frage nach dem *Anrichten* im Unterschied zum *Ausrichten* stellen. Führung ist ein an sich harmloses Instrument, ähnlich einem Fleischmesser. Zur Führung bedarf es keiner Lizenz. Für das Fleischmesser ist kein Waffenschein erforderlich. Beim Fleischmesser kommt es nicht auf die Größe der Klinge an, auch nicht so sehr auf die Schärfe des Schliffs. Es kommt einzig und allein auf die Moral des Benutzers an, ob er damit Nahrung portioniert oder es als tödliche Waffe benutzt.

Ankerpunkte in einer Leistungskultur

Rechte und Pflichten des Einzelnen

• Rechte
Bedingungslose Akzeptanz der Individualität eines jeden Menschen in seiner Einzigartigkeit

Anspruch auf Förderung zwischenmenschlicher Beziehungen in einer von Ausbildung, Erfahrung, Position und Status unabhängigen Gleichwertstellung

Gewährung der Autonomie für Entscheidungen, Entwicklung und Verantwortung im Selbstkonzept

Kreativ-experimentierfreudiges Lernen aus Erfahrung, soweit es dem Unternehmenszweck dienlich ist

Verbundenheit mit dem Ganzen, Eingebundenheit und Transparenz so weit, wie zur Entfaltung des Einzelnen im Sinne des Unternehmens hilfreich ist

Führung auf Basis uneingeschränkter Wertschätzung des Einzelnen zur Aufrechterhaltung seines gesunden Selbstwertgefühls

• Pflichten
Bereitstellung uneingeschränkter Leistungsfähigkeit
Bedingungsloser Einsatz für das Unternehmen innerhalb der Arbeitszeit
Sorgfalt bei und Verantwortungsübernahme für Entscheidungen und Handlungen

Konstruktive und dem Unternehmen dienliche Zusammenarbeit mit allen Individuen und anderen Gruppen
Lernen aus jedem Fehler, vermeiden von Wiederholungsfehlern
Klärung und Beseitigung von Konflikten, die auf das eigene Verhalten zurückzuführen sind
Repräsentanz des Unternehmens durch Identifikation mit Zielen, Strategien, Produkten, Leistungen

Solche Ankerpunkte geben Orientierung, als Ergebnis aus einem Menschenbild, als Fundament von allem. Die Werte einer Firma drücken sich im Menschenbild aus. Die Kultur ist der Spiegel des Menschenbildes. Die Leistung ist nicht unabhängig von der im Unternehmen herrschenden Kultur zu sehen. Ein Unternehmen, das eine dauerhafte Höchstleistung anstrebt und obendrein die Nachhaltigkeit für die nächste Generation sichern will, kommt an der Auseinandersetzung mit dem Bild vom Menschen nicht vorbei.

2.3   Leitdenken verankern und penetrieren

Vision, Werte, Positionierung, Attraktivität eines Unternehmens – darauf kommt es an, wenn man Menschen in den Bann der Identifikation ziehen will, um Bestleistung jedes Einzelnen zu erreichen. In der Vergangenheit wurden dazu Leitbilder geschaffen. Fast alle Unternehmen haben eines. Kaum ein Unternehmen richtet sich danach aus. Dieselben Top-Manager, die zu irgendeinem Zeitpunkt den Text verabschiedet haben, können sich zu einem späteren Zeitpunkt nicht mehr oder kaum erinnern, was damals verabschiedet wurde. Leitbilder im klassischen Sinne scheinen keine Relevanz zu haben. Besonders in Krisenzeiten. Die gut gemeinten Vorsätze sind plötzlich nichts mehr wert. Neuerdings zeichnet sich eine Tendenz „Vom Leitbild zum Zielbild" ab – mit neuen Verheißungen. Das *Zielbild* wird als logische Konsequenz aus der Misere der Leitbilder in den Raum gestellt. Ich bezweifle, dass sich damit mehr erreichen lässt. Im Gegenteil. Die mir bisher bekannt gewordenen Zielbilder sind episch breit, verstricken sich in Details und haben den Nachteil der Enge und Unfreiheit. Sie schaffen geschlossene Systeme dort, wo wir allein aus Gründen der Innovation und Motivation offene Systeme benötigen. Sie wirken mit ihren über 30, 40, 80 Seiten, als würde man dem Einzelnen gar nichts mehr zutrauen.

2.3.1   Die Misere der Leitbilder ist ein Ergebnis der Inkonsequenz

Leitbilder sollten das Bekenntnis zur Kultur eines Unternehmens sein. Mit wenigen Worten und für eine breite Leserschaft verständlich sollte ein Leitbild die Werte des Unternehmens auf den Punkt bringen. Vor allem sollte ein Leitbild so formuliert sein, dass von ihm eine Verbindlichkeit für alle im Unternehmen Tägigen ausgeht. Ein nicht gelebtes Leitbild richtet mehr Schaden an, als dass es Nutzen stiftet. Deshalb sollte sich jede Unternehmensleitung gründlich überlegen, ob und wie man sich in einem Leitbild festlegen will. Die Leitbilder vieler Firmen leiden unter mangelnder Prägnanz der Texte und Halbherzigkeit in der Umsetzung. Zahlreiche Mängel in der Konzeption und schwache Texte sind selbst bei Top-Konzernen keine Seltenheit, wie eine Studie der SAAMAN AG im Jahr 2006 zeigte[1] und wie es meine Erfahrung bis heute bestätigt. Dazu ein konkretes Beispiel eines im Internet veröffentlichten Leitbildes aus dem Jahre 2010:

> Unser Leitbild
> Wir sind die international führende unabhängige Dienstleistungsgruppe für staatliche und privatwirtschaftliche Aufgaben. Mit unserem Expertenwissen schaffen wir Qualität und Sicherheit im Umgang der Menschen mit Technik und Umwelt.
> Wir konzentrieren uns mit unternehmerischem Einsatz auf hochwertige und innovative Dienstleistungen, die für unsere Kunden und die Gesellschaft Nutzen bringen.

- Wachstum
- Wirtschaftlicher Erfolg
- Innovation
- Kundenorientierung
- Mitarbeiterorientierung
- Internationalisierung
- Integration

Beim Lesen der Aufzählung der Stichwörter drängt sich mir der Eindruck der Beliebigkeit auf. Welches Unternehmen will das nicht, was da aufgeführt wird? Auffällig sind Widersprüchlichkeiten an manchen Stellen. Unter den Begriffen „Wachstum" bis „Integration" wird jeweils ein ausführlicher Text geboten. Zu „Mit-

---

[1] Die Saaman AG hat 2006 die Leitbilder der Dax-30-Unternehmen untersucht. Die Studie „Leitbilder in Dax-Unternehmen" wurde am 04.12.2006 in der FAZ veröffentlicht. Mit Ausnahme von zwei Unternehmen verfügten zum Untersuchungszeitpunkt alle Unternehmen über ein schriftliches, in der Regel auch im Internet zugängliches Unternehmensleitbild, auch *Corporate Principles, Mission Statements* genannt. Die Texte wurden innerhalb der Jahre 2003 bis 2006 erstellt oder überarbeitet.

arbeiterorientierung" heißt es: „Unsere Mitarbeiter sind die wichtigste Kraft in unserem Unternehmen. Die Realisierung unserer Vision setzt Mitarbeiterorientierung voraus, weil die Sozial- und Fachkompetenz, die Motivation und Kreativität, die Innovationskraft und das Engagement unserer Mitarbeiter unverzichtbar sind." „Unverzichtbar"? Das kann man glauben. „Die wichtigste Kraft?" Das zu glauben fällt schwer. Nennt man das Wichtigste an fünfter Stelle von nur insgesamt sieben Positionen? Wenn Mitarbeiter die wichtigste Kraft sind – was sie in der Tat für jedes Unternehmen sind –, warum stehen sie nicht an erster Stelle? „Kundenorientierung" ist keine Frage von einigen wenigen Vorstandsmitgliedern. Wer Kundenorientierung ernst meint, muss die Mitarbeiter an die erste Stelle setzen. Wer sonst sollte sich am Kunden orientieren? Das Wachstum? Der wirtschaftliche Erfolg? Die Innovation?

Ich bin nicht der Auffassung, dass ein Unternehmen auf hohem Niveau einer Leistungskultur unbedingt ein Leitbild braucht. Ich bin der Überzeugung, dass ein Leitbild reiflich überlegt und gründlich ausgearbeitet sein muss, wenn es Wirkung erzielen soll. Andernfalls ist es besser, auf eine solches zu verzichten. Eine kleine Zahl von Dax-30-Konzernen, nämlich vier von dreißig, verfügte zum Messzeitpunkt der Studie über ein vorbildliches Leitbild. Klar und verständlich in der Sprache, dazu – außer bei einem der vier Unternehmen – kurz und übersichtlich verfasst, können diese Leitlinien als Fahrplan für konkretes Handeln genutzt werden. Drei weitere Unternehmen verfügten über gute Ansätze, aber keinesfalls perfekte Leitbilder. Denn es fanden sich in diesen Leitbildern viele Allgemeinplätze, aus denen sich die Einzigartigkeit und die spezifischen Werte der Unternehmen nur schwer ableiten lassen.

Die Mehrzahl der Leitbilder der Dax-30-Unternehmen wies mittlere bis große Mängel auf, und zwar sowohl inhaltlicher als auch sprachlicher und formaler Natur. So ließen sich in einem Fall die entsprechenden Einlassungen nur schwerlich als Leitlinien identifizieren. Bei einem inzwischen stark in die Krise geratenen Finanzinstitut entsprach das Leitbild eher der Wiedergabe von Gesetzestexten für Geldinstitute. Hochinteressant übrigens, dass ausgerechnet das Management dieses Finanzhauses die Gesetze torpedierte, die explizit noch einmal im Leitbild fixiert waren. Leitbilder sind eine Farce, wenn sich die Unternehmensführung nicht an die dort verankerten Werte oder Vorsätze hält. Im schlimmsten Fall richtigen sie Verheerendes an. Die Botschaft lautet: Wir haben ein Leitbild zum Schein. Jeder kann machen, was er will. So war es bei der betroffenen Bank.

Wenn Leitbilder zu bloßen Prospektformaten abgewertet werden, sind sie eher Last als Hilfe. Dazu ein Textbeispiel aus oben zitiertem Leitbild unter „Wachstum":

Unser Unternehmen wächst: Wir stärken unsere Marktposition, indem wir nachhaltig und wahrnehmbar den Nutzen für Kunden und Mitarbeiter steigern.
Durch unser Wachstum können wir unsere Innovations- und Investitionstätigkeit intensivieren, um unsere Wettbewerbsfähigkeit zu gewährleisten und weiter auszubauen. So sind wir adäquater Partner für Kunden aller Größenordnungen.
Wachstum erreichen wir durch Optimierung bestehender und Entwicklung zusätzlicher innovativer Dienstleistungen. Wir schöpfen bestehende Märkte aus und erschließen neue. Unsere eigenen Aktivitäten ergänzen wir durch Partnerschaften und Kooperationen. Dabei berücksichtigen wir die Gesamtstrategie unseres Unternehmens.

Hier war die Marketingabteilung am Werk. Werte, wie sie in ein Leitbild gehören, sind im Werbetext nicht zu identifizieren.

Systematisch betrachtet, lassen sich mehrere Fehlerkategorien festhalten: Viele Konzerne neigen dazu, ihre Leitbilder zu ausführlich zu formulieren. Bei dem Versuch, nichts Wichtiges unerwähnt zu lassen, entsteht der Eindruck der Beliebigkeit oder die Schilderung in epischer Breite verstellt den Blick auf das Wesentliche. Das konturenscharfe Erfassen dessen, was gemeint sein soll, wird schlicht unmöglich gemacht. Sprachliche Brillanz entsteht in Leitbildern durch Kürze, Eindeutigkeit und Unverwechselbarkeit. Denn Leitbilder verbessern die tägliche Lebenswelt im Unternehmen nur, wenn das Gedankengut auch wirklich in die Köpfe ankommt und verstanden wird.

Neben der Tendenz zum zu-viel-gewollt prägt oft auch allgemeine Inhaltsleere die Leitbilder. Sätze wie „Die Aufgabe der Funktion ist die Unterstützung der Prozesse" sind entbehrlich, weil nichtssagend. Zu oft ersetzen Floskeln und Binsenweisheiten echte Inhalte. Hier wurde zwar kompakt argumentiert, doch niemand ist nach einer solchen Lektüre wirklich schlauer. Wenn Leitbilder das Ergebnis eines Kompromisses von zu vielen unterschiedlichen Meinungen und Interessen sind, fehlt ihnen das scharfe Profil.

Viele Dax-30-Unternehmen trafen zudem nicht den Kern eines Leitbildes. Unternehmensleitlinien müssen Antworten geben zu Fragen, wie: Was ist das Herzstück des Unternehmens, aus dem wertschaffende Leistungen erwachsen können? Welche Werte sind es wert, gelebt zu werden? Wonach soll ich mein Handeln ausrichten, wenn ich Mitarbeiter bin? Worauf kann ich mich verlassen, wenn ich Kunde bin? Einzelne Unternehmen definierten ihre Unternehmensziele, die Unternehmenspolitik oder einen Verhaltenskodex für Führungskräfte. Mit einem Unternehmensleitbild hat dies indes wenig zu tun. Hier erfüllen die Leitbilder nicht den Anspruch, das Geländer einer gesunden Unternehmenskultur zu sein. Solche Leitbilder verfehlen vielmehr ihre ureigenste Funktion, die Kultur des Unternehmens zu transportieren, zu übersetzen und für Mitarbeiter und Kunden begreifbar zu machen.

Zahlreiche Leitbilder stärken nach innen nicht die Vertiefung einer Leistungskultur. Auch wenn das Leitbild nicht der richtige Platz für hehre Visionen ist, muss von ihm doch die Botschaft ausgehen: Unsere Mitarbeiter sind das wichtigste Kapital, wir packen an, wir stehen mit Verve für dieses oder jenes, für unsere Kunden setzen wir alles in Bewegung.

Oft fehlte den Leitbildern der Unternehmensbezug. Ein Unternehmen etwa präsentierte ein knappes, gut lesbares Leitbild. Allerdings: Derselbe Text könnte auch von einem Wettbewerber stammen. Insgesamt wirken diese Leitbilder, denen es an unternehmensspezifischer Ausprägung mangelt, auf den Leser wie aus einem Lehrbuch abgeschrieben. Bei solchen kalten Leitbildern ersetzen wunschgetränkte Theoriepapiere die Abbildung der tatsächlichen Zustände im Unternehmen.

Fasst man die Analyse der Leitbilder der Dax-30-Unternehmen zusammen, so lässt sich kritisch anmerken, dass abgesehen von einigen positiven Ausnahmen die meisten Leitbilder zu ausführlich sind. Viele Texte verharren im Allgemeinen, ihnen fehlt der Unternehmensbezug. Teils abstrakt, teils lieblos formulierte Leitlinien dienen jedoch nicht dazu, Anteilseignern, Kunden, Lieferanten und Mitarbeitern die Werte und die Kultur eines Unternehmens verbindlich näherzubringen. Es liegt der Verdacht nahe, dass die Leitbildfindung kein breiter, ernsthafter, die Mehrzahl der Mitarbeiter einbindender Prozess war.

2.4 Wenn Menschen für das Leben der Werte Verantwortung übernehmen

Den markanten Satz von John Dewey „Ein Gramm Erfahrung ist besser als eine Tonne Theorie" (Dewey 1993) möchte ich ummünzen: Ein Gramm erlebter Werte zuzüglich einem Gramm umgesetzter Strategie ist besser als eine Tonne theoretischer Beschreibung in Form von Leit- oder Zielbildern. Wenn sich ein solches Dokument aus Sicht der dafür Verantwortlichen unbedingt über viele Seiten erstrecken muss, wer stellt sicher, dass alles das, was in diesen Seiten zu lesen ist, mit Entschlossenheit gelebt wird? Richtig ist, dass der Sinn des Handelns im Unternehmen für alle erkennbar und nachvollziehbar sein muss, damit Identifikation entstehen kann. Einzelne Werte wie „Vertrauen", „Verantwortung", „Professionalität", „Wertschätzung" gewinnen aber nicht dadurch an Gestalt und Attraktivität, dass man sie durch langatmige Erklärungen beschreibt. Mit solchen Erklärungen verkommt ein Wert zur Bedeutungslosigkeit und wird mechanisch, allein deshalb, weil zu viele Deutungen der Griffigkeit im Verständnis schaden. Menschen müssen Werte durch praktisches Leben erkennen können. Ihnen müssen die Folgen ihres Handelns bewusst werden, wenn sie sich gegen die Werte verhalten, damit sie einmal eingeführte Werte tragen und ertragen können. Das ist das Tor zur Verantwortung.

Nach Dewey gibt es eine *aktive Phase des Tuns* sowie eine *passive Phase des Erleidens*. Dort, wo Werte nicht vorhanden sind oder nicht verstanden werden, sehe ich eine dritte Phase: die des direktiven oder non-direktiven Opponierens. Eigenständigkeit im Denken und das daraus abgeleitete Urteilsvermögen sind keine Leistungsbremsen im eigentlichen Sinne. Die Leistung geht allenfalls in eine nicht gewünschte Richtung. Wenn Menschen die Werte des Unternehmens verstehen, können sie diese in ihr Wertesystem integrieren. Allein aus diesem Grund plädiere ich für ein *Wertebild*, das man ja nicht unbedingt so nennen muss, das aber einen handfesten Beitrag zur Gewinnung von Orientierung bietet, um jedem Menschen im Unternehmen klarzumachen, worauf es ankommt.

2.4.1 Lückenlose Übereinstimmung von Denken und Handeln

„Wirke auf andere durch das, was du bist" (Humboldt 1967). Diese Empfehlung von Wilhelm von Humboldt gilt für Menschen in gleicher Weise wie für Firmen. Wenn die Übereinstimmung von Denken und Handeln nicht stimmt, wenn die Authentizität fehlt, ist es besser, keine Werte zu äußern, als sich dabei erwischen zu lassen, auf der Schale der eigenen Verbalbanane auszurutschen. Wenn ein Unternehmen „Leistung aus Leidenschaft" postuliert, dann muss Leidenschaft spürbar werden in allem, was von diesem Unternehmen ausgeht. Wenn ein Unternehmen den Wert „Das Beste oder nichts" für sich in Anspruch nimmt, so muss es von allem die Finger lassen, was unterhalb des Besten anzusiedeln ist. Wenn ein Unternehmen Werte wie

- Unabhängig
  (Wir handeln stets so, dass unsere unternehmerischen Entscheidungsfreiräume gesichert bleiben)
- Innovativ gestaltend
  (Wir verstehen Innovation als wegweisenden Brückenschlag in die Zukunft; so entwickeln wir vorausschauend das Unternehmen)
- Partnerschaftlich vertrauensvoll
  (Unser Tun wird von wechselseitig verpflichtendem Geist, von Freundlichkeit und Aufrichtigkeit getragen. Unsere Beziehungen zu Kunden und Geschäftspartnern sind auf beiderseitig nachhaltigen Nutzen ausgerichtet)

in die Öffentlichkeit gibt, so hat sich dieses Unternehmen mindestens drei Einschränkungen auferlegt:

- Sich von Banken bzw. anderen Einfluss nehmenden Fremdentscheidern fernzuhalten, zumindest dafür zu sorgen, dass Außenstehenden kein Mitspracherecht zuteilwird
- Nicht Mitläufer, sondern Anführer der Branche zu sein, heute zu denken, was morgen umgesetzt wird, den Weg zu weisen und nicht auf eingetretenen Pfaden zu laufen
- Fairness auf der ganzen Linie zu beweisen, insbesondere dort, wo durch „wechselseitig verpflichtenden Geist" Fairness geboten wird; keine Überheblichkeit zu zeigen, den Nutzen für beide Seiten sicherzustellen

Angenommen, ein Unternehmen würde sich mit seinen Werten an Wilhelm von Humboldt anlehnen und die „Selbsterfassung als Voraussetzung für Kraft" zu seinen Werten zählen, ergänzt um die Entwicklung einer individuellen, ganzheitlichen Persönlichkeit („vielgliedrige Ganzheit" nach von Humboldt), so kann von Humboldt folgend „Bildung nicht die Füllung mit Stoffen" sein, sie muss vielmehr die „Ausbildung von Kräften" – die Stärkung der Persönlichkeit – nach sich ziehen. Das setzt ein gehöriges Maß an Vertrauen in den Einzelnen ebenso voraus, wie es Konsequenzen für die Führung und die Entwicklung *von* Menschen hat. In einem solchen Unternehmen dürfte es den abwertenden Begriff „Personalentwicklung" gar nicht geben. Es müsste vielmehr ein Zuständigkeitsbereich geschaffen werden, der Menschen zu Wachstum des *Selbstbewusstseins* und Ausweitung der *Selbststeuerungsfähigkeit* anleitet, um sich der Nutzung der eigenen Kräfte bewusst zu werden bzw. Begeisterung für das Wachsen des Selbst zu schaffen. Das bedeutet eine Veränderung im Denken und Handeln.

2.4.2 Wachstum des Individuums führt zum Wachstum des Unternehmens

Entwicklung *von* Menschen wird durch *Entwicklungschancen des Menschen* ersetzt. Die meisten Mitarbeiter sind klüger, als sie aussehen. Das ist keine neue Erkenntnis. Wir haben durch gesellschaftliche Normen, die das *Ich* klein halten, durch Erziehung zur Bescheidenheit, durch hierarchische Symbole sowie durch Systeme von Belohnung und Bestrafung dafür gesorgt, dass Menschen in jungen Jahren vieles lernen, nur nicht Selbstwertgefühl, Selbstliebe, Selbstaufmerksamkeit, Selbstreflexion, Selbststeuerung, die zu einem lebenslangen Wachstum aus dem Selbst führen. Mit Blick auf die jüngste Generation von Mitarbeitern wird deutlich, dass es in den letzten Jahrzehnten durchaus Veränderungen gegeben hat. Der Zustand ist nicht mehr so schlimm wie einst, aber immer noch schlimm genug. Wir müssen in den Betrieben weg von zur Aufrechterhaltung der Entmündigung führenden Systemen. Wir müssen hin zu einem Umgang miteinander, der dem einzelnen Menschen deutlich macht, dass niemand mehr für ihn verantwortlich sein kann als er selbst.

Ein Wert wie „Wertschätzung" ist schnell dahingesagt. Aber was heißt es, den anderen in seinem Wert zu schätzen? Was wird in den Firmen dafür getan? Meine Antwort ist: einiges, aber nicht genug. Wir sollten anfangen, mehr Fragen in Bezug auf andere zu stellen, die dem anderen helfen, sich mit sich selbst auseinanderzusetzen. Stattdessen geben wir zu viele Antworten. Wir haben zu viele Regelwerke in den Unternehmen. Wir brauchen mehr Verantwortungsbewusstsein.

Wir müssen weg vom Lehren, Anweisen, Vorschreiben, hin zum Schaffen von Lernmöglichkeiten, Verdeutlichen von Herausforderungen, Aufzeigen von Chancen. Wir müssen dazu übergehen, dem Einzelnen mehr Verantwortung für das, was er tut, abzuverlangen und mehr Verantwortung für sich zu erlauben. „Not macht erfinderisch", ist eine alte Volksweisheit. Allerdings laufen wir in die entgegengesetzte Richtung. Wir tendieren zu einer Überversorgung. Das wird nicht nur bei Zielbildern deutlich. Es muss klar werden, dass Entwicklung nur vom Selbst ausgehen kann. Ich habe es an anderer Stelle schon betont: Der Mensch ist von sich aus zur Leistung – sogar zur Bestleistung – fähig, wenn man ihn nur lässt. Allerdings heißt „lassen" nicht, sich nicht mehr um ihn zu kümmern. Auf die Art und Weise des Kümmerns kommt es an. Aus jeder Form von Hilfe muss eine Hilfe zur Selbsthilfe werden. Alles andere ist ein Splitter im Auge des anderen, von denen viele zur Erblindung gegenüber dem von innen heraus möglichen Wachstum führen.

2.4.3 Je mehr der Mensch wert ist, umso leichter lassen sich Werte leben

Über Generationen hinweg herausragend erfolgreiche Unternehmen verschreiben sich einer beständigen *Positionierung*, haben eine durch *Innovation* in Verbindung mit *Tradition* geprägte *Vision*, zuzüglich einiger weniger die Kultur definierender *Werte*. Manche von ihnen, wie zum Beispiel der Uhrenhersteller Patek Phillip, sind damit seit 250 Jahren der absolute Spitzenreiter ihrer Branche. Andere, wie der Branchenführer Phoenix Contact, schaffen auch in schwierigen Zeiten einen exorbitanten Wachstumskurs und werden 2008 und 2010 zum Top-Arbeitgeber des Jahres gekürt. Diese Unternehmen zeichnen sich durch einen einzigen Fokus aus: das Beste in ihrer Branche zu übertreffen, sich nicht an Benchmarks auszurichten, sondern diese anzuführen.

2.4.4 Beim Lesen von Leitbildtexten muss ein Kribbeln durch den Körper ziehen

Ob Leitbild, Wertebild oder andere Begrifflichkeiten. Ein Unternehmen braucht verlässliche Leitlinien, von denen die Botschaft ausgeht: „So sind wir! Darauf können Sie sich verlassen!" Diese Botschaft muss für die Stakeholder ebenso nachvollziehbar sein wie für die Angehörigen der Firma. Dem Denken und Handeln muss eine moralisch beleihbare Wertearchitektur hinterlegt sein. Beim Lesen solcher Texte muss das Emotionale spürbar werden, das den Wunsch weckt, dort zu bleiben, sich dorthin zu bewerben, von dort aus Waren zu beziehen, dorthin zu liefern oder dem Unternehmen sein Geld anzuvertrauen.

Diese Botschaft muss auch an erster Stelle der individuellen Kultur des Unternehmens entsprechen, muss die Quintessenz des Unternehmens herausfiltern und zugleich den Weg in die Richtung weisen, die das Unternehmen in der Zukunft anstrebt. So individuell die Geschichte eines Unternehmens ist, so passgenau müssen auch die Werte des Unternehmens sein.

Vision, Strategie, Werte

Gesendete Botschaften müssen gelebte Handlungen werden
Wenn
  Vision (Wo sieht das Unternehmen seine Zukunft?)
  Strategie (Wie will das Unternehmen in die Zukunft?)
  Menschenbild (Wie ist die Stellung des Menschen im Unternehmen?)
  Werte (Welche Ethik/Moral ist dem Handeln hinterlegt?)
  Leitbild (Was sind die Tugenden des Miteinanders?)
  Führungsleitlinien (Was garantieren Führende ihren Mitarbeitern?)
  Kundenversprechen (Was will das Unternehmen seinen Kunden sagen?)
niedergeschrieben werden, so gilt der oberste Grundsatz der Verbindlichkeit: Schriftliche Botschaften verpflichten zur konsequenten Umsetzung! Wer sich verpflichten soll, muss vorher eingebunden werden. Die Texte solcher Botschaften müssen für die Adressaten verständlich und ihre Inhalte originär sein. Das Leben der Botschaften ist ein Dauerauftrag.

2.5 Fallbeispiel Menschenbild

Der Personalleiter einer mittelständischen Bank engagierte einen bekannten Managementberater, um mit ihm das Bildungssystem für Führende auf dessen Theorien umzustellen. Man führte zahlreiche Workshops durch, in denen die Führungskräfte teils zu ihrem großen Erstaunen lernten, dass es keine positive Beziehung zwischen Begeisterung und Leistung gäbe, dass Coaching in der Führung von Organisationen keine Berechtigung habe, weil es für die Funktion von Management nicht wesentlich sei, dass Management ein Beruf der Wirksamkeit sei, geprägt durch die Erfüllung klar definierter Aufgaben, die sich aus Disziplin, Leistung und Verantwortung bestimmen. Dieser auch als Wissenschaftler auftretende Berater machte keinen Hehl daraus, dass er nichts von Gefühlen hält, vor allem nicht vom Bauchgefühl, dass man niemals Fehler machen dürfe, dass man auf Basis rationaler Logik zu funktionieren habe. Er erklärte außerdem, dass Stil im Management nicht wichtig sei, die Identifikation der Mitarbeiter mit dem Unternehmen gar schädlich sei und dass gutes Management kaum eine Kulturabhängigkeit habe. Dabei stellte er die kühne Behauptung auf, dass Plausibilität im Management als Wegweiser nicht tauge und „Kunde" und „Leadership" gefährliche Wörter seien, die man nicht verwenden dürfe. Er schreckte in seiner blumigen Wortakrobatik auch nicht davor zurück, den wissenschaftlichen Beweis für Gängiges und Bewährtes infrage zu stellen, ohne für seine eigenen Theorien einen wissenschaftlichen Beweis zu liefern.

Langsam kamen den von der Rhetorik und Aura des Mannes zunächst tief beeindruckten Führenden einschließlich des Vorstandes Zweifel. Aber das Programm lief weiter, obwohl dieser Berater sich in vielen Themenbereichen verbissen einseitig und damit wenig humanistisch gebildet zeigte. Mehr noch verteufelte er dieselbe „Egomanie" an Managern, die ihm zu Eigen war. Ungeachtet dessen versprach man sich von dem Programm eine für die Bank hilfreiche Linie in der Beherrschung der immer größer werdenden Komplexität im Finanzmarkt. Denn darauf stellte das Angebot dieses Beraters ab: jede Komplexität beherrschen zu lernen.

Wie bei Beratern einer bestimmten Zunft üblich, wurde viel Staub aufgewirbelt, ohne dass die aus den Workshops hervorgegangenen und aufwendig protokollierten Ideen zur erfolgreichen Umsetzung kamen. Zwischenzeitlich wurde durch mit diesem Programm nicht unmittelbar in Zusammenhang stehende Ereignisse der komplette Vorstand ausgetauscht. Die Erfolgsversprechen des Managementprofessors gingen ins Leere. Außer Verunsicherung und Spesen nichts gewesen. Der neue Vorstandsvorsitzende trennte sich recht bald von seinem Personalleiter, nicht nur wegen des auf der ganzen Linie missglückten Entwicklungsprogramms für Führende.

Zur neuen Ausrichtung des nun berufenen Vorstandes gehörte unter anderem die Führung auf Basis eines anderen Menschenbildes als bisher. Eines, das den Menschen als soziales, geistiges, emotionales und körperliches Wesen akzeptiert, das den Einfluss der gelebten Kultur braucht, um die ihm eigenen Potenziale voll entfalten zu können, weil es von Natur aus Spielraum für Produktivität und Gestaltung lässt.

Der neue Vorstand und die neue Personalleitung setzten für zwei Jahre jegliche Entwicklungsprogramme für Führungskräfte aus, mit Ausnahme der rein fachlichen Weiterbildung. Dahinter standen zwei Absichten. Zum einen wollte man das viel Unruhe, Verunsicherung und Unzufriedenheit stiftende Programm nicht gleich durch ein neues ablösen und damit neue Verwirrung stiften. Zum anderen hatte sich die Bank ungeachtet intensivster Managementschulungen zur Beherrschung der Komplexität nicht aus ihrer lang andauernden Schieflage befreien können. Auf dieser Baustelle gab es Vordringlicheres zu erledigen, als das Management erneut zu schulen. Der Vorstandsvorsitzende war sich nicht zu schade, mit allen Führungskräften auf jeder Ebene ein persönliches Einzelgespräch zu führen. Diese Gespräche strukturierte er in drei Phasen: 1. Gegenseitiges persönliches Kennenlernen, 2. Erwartungen der Führungskraft an den neuen Vorsitzenden und den Gesamtvorstand, 3. Erwartung des Vorsitzenden an die Führungskraft. Dabei vermittelte der Vorsitzende der einzelnen Führungskraft seine Werte, aufgrund derer er die Bank führen werde, sowie eine damit verbundene Führungskultur. Diese wollte er zunächst durch Vorleben anstatt durch theoretische Lehre vermitteln, was ihm gelang.

Leadership war ab jetzt kein unanständiges Wort mehr in der Bank. Im Gegenteil, es stand dafür, dass Führende zu den Geführten eine tragfähige Führungsbeziehung aufbauten, um ein Gespür für deren Potenziale und Fertigkeiten zu entwickeln, dass sie die gegenseitigen Rollenerwartungen klärten, Verantwortungsspielräume definierten, Wertschätzung erlebbar machten und Vertrauen in die Schaffenskraft und den Leistungswillen des Einzelnen setzten, der nach immer wieder neuer Bestätigung verlangt.

Vorstand und Personalleitung planten für die Zukunft eine ganz andere Art von Entwicklungsprogramm. Keines mit einem selbst gekrönten Managementguru von außen, sondern eines, in dem Führende und Mitarbeiter ihr Zusammenwirken auf Basis von Sachnotwendigkeiten und Beziehungskultur reflektieren und in relativ engen Zyklen bestätigen oder modifizieren können. Damit einher ging eine größtmögliche Transparenz, um Menschen nicht erst abholen zu müssen, sondern sie stattdessen unmittelbar einzubinden.

Literatur

Dewey J (1993) Demokratie und Erziehung. Beltz, Weinheim
Gordon T (1979) Managerkonferenz. Effektives Führungstraining. Hoffmann und Campe, Hamburg
Humboldt W von (1967) Ideen zu einem Versuch, die Grenzen der Wirksamkeit des Staats zu bestimmen. Reclam, Stuttgart

Weiterführende Literatur

Bertalanffy L von (1968) Organismic, psychology an systems theory. Clark University Press with Barre Publishers, Barre
Bertalanffy L von (1970) Aber vom Menschen wissen wir nichts. Econ, Düsseldorf
Förster A, Kreuz P (2007) Alles, außer gewöhnlich, 3. Aufl. Econ, Berlin
Goleman D (2001) Emotionale Intelligenz, 14. Aufl. dtv, München
Hamel G (2001) Das revolutionäre Unternehmen. Springer, Berlin
Saaman W (2005) Integration durch Identifikation. Signum-Wirtschaftsverlag, Wien
Schein EH (2003) Organisationskultur, 3. Aufl. EHP, Bergisch Gladbach
Watzlawick P, Beavin JH, Jackson DD (2007) Menschliche Kommunikation. Formen, Störungen, Paradoxien, 11. Aufl. Huber, Bern
Werner GW, Dellbrügger P (2010) Führung als Selbstführung. In: Das Goetheanum. Wochenschrift für Anthroposophie, Nr. 21/22

Zukunftsweisende Organisationsformen

3

Zusammenfassung

Welche Organisationsform ist zeitgemäß? Welche wird zukünftigen Anforderungen am meisten gerecht? Die Linien- bzw. Aufbauorganisation mit ihren festen Strukturen? Die Matrixorganisation mit ihrem Ansatz der kollektiven Verantwortlichkeit? Die eher für den Dienstleistungsbereich entwickelte Rollenorganisation?

Die Fluide Organisation (FLO) ist die beste Antwort auf alle sich in Zukunft stellenden Fragen: Umgang mit Ungewissheit, Erhöhung des Denk-, Entscheidungs- und Umsetzungstempos, Stärkung des Unternehmens durch Schaffung von Kraftfeldern mittels Prozessdynamik und Potenzialausschöpfung, sowohl im Gesamten als auch beim Einzelnen. Die Fluide Organisation ist der Maßzuschnitt für jedes Unternehmen, unabhängig von Branche und Größe. Sie ist das Herzstück einer dynamischen Leistungskultur mit hoher Fließgeschwindigkeit.

Die Fluide Organisation basiert einerseits auf Zuweisung von Rollen an Potenzialträger für die Rolleninhalte, andererseits auf fluide, d. h. strömende bzw. fließende Prozesse, die sich an den sich stellenden Gegebenheiten bzw. Anforderungen ausrichten und sich dort Wege bahnen, wo sie mit dem geringsten Widerstand möglich sind.

Die Funktionsfähigkeit einer Organisation ist die Summe aus der Professionalität aller Funktionsträger im systemischen Zusammenwirken. Dabei kommt es darauf an, Störungen und Leistungsblockaden so gut es geht auszuschalten. Mehr noch stellt sich die Frage, wer die Existenzberechtigung einer Firma am meisten begründet. Die Antwort läuft am Ende der Denkkette Kapitalgeber, Management, Mitarbeiter auf den Begriff „Kunde" als Empfänger und Bewerter jeder Form von Leistung zu. Damit ist die Organisation dazu da, alles Erdenkliche zu unternehmen, um den Kunden mehr als zufriedenzustellen. Die Fluide Organisation bringt dafür eine größtmögliche Prozesssicherheit mit klarer

W. Saaman, *Leistung aus Kultur,*
DOI 10.1007/978-3-8349-3838-1_3, © Gabler Verlag | Springer Fachmedien
Wiesbaden 2012

Rollenverantwortung zusammen, um im Gesamtzusammenhang Wirkung und Auswirkung immer wieder neu abzugleichen. Es gibt keine zweite Organisationsform, die schneller und sicherer auf die immer größeren Herausforderungen ausgerichtet werden kann als die Fluide Organisation.

3.1 Welche Organisationsformen sind geeignet, das Beste zu erreichen?

Ein Unternehmen braucht als Legitimation Kompetenz, um attraktiv für Kunden – nicht für den Markt, der ist zu anonym – zu sein. Zur Kompetenz gehören die Stärken ebenso wie die Maximen, nach denen das Handeln ausgerichtet werden soll. Ein Unternehmen braucht ein Selbstverständnis bezüglich seiner Prinzipien, Verantwortung und Werte und zur Klärung der Positionierung, zum Beispiel zwischen Tradition und Innovation. Ein Unternehmen braucht Horizonte, die das Wachstum ermöglichen und den Wandel antreiben. Schließlich braucht ein Unternehmen eine *Organisationsstruktur* oder ein *Organisationssystem*, je nachdem, wie die Aufstellung geplant ist. Der Unterschied zwischen Struktur und System hat mit der kristallinen oder fluiden Ausrichtung der Organisation zu tun.

Organisationsstrukturen bzw. -systeme müssen den Herausforderungen an eine Organisation nicht nur gewachsen sein. Das wäre zu wenig. Sie müssen helfen, die Zukunft zu gestalten. Die Welt hat aufgehört, starr zu sein. Die sich rasant verändernde Weltwirtschaft stellt Firmen vor Herausforderungen, für deren Lösung nicht mehr wie in der Vergangenheit Jahre Zeit bleiben. Da stellt sich die Frage, ob starre Organisationsstrukturen wie die Linien-, Aufbau- aber auch Matrixorganisation überhaupt noch in die Landschaft passen. Ein Organisationssystem, wie zum Beispiel die *Rollenorganisation*, passt sich wegen ihrer prozessorientierten Dynamik schnell an alle nur denkbaren Veränderungen an.

In Firmen finden sich als Folge der notwendigen Anpassung inzwischen vermischte Organisationskonzepte, die nicht immer gut miteinander harmonieren. In einer starren Linienorganisation wirkt die hyperflexible Projektorganisation wie ein künstlich angebautes Konstrukt. In solchen Vermischungen siegt zumeist die Starrheit über die Flexibilität, das heißt, anstatt dass die Projektorganisation die Linienorganisation geschmeidiger macht, bremst die Linienorganisation die Projektorganisation aus. Leiten von Projekten ist Führen ohne Leitungsmacht. Wer dieses überaus komplizierte Spiel nicht beherrscht, wird von den Hierarchen der Linie schnell aus dem Rennen geworfen. In solchen Mischformen haben nur die stärksten Persönlichkeiten als Projektleiter eine Chance, ungehindert bis zum Ziel vorzudringen. In der Praxis werden aber bevorzugt die jungen, unerfahrenen Mo-

tivierten als Leiter auf Projekte gesetzt, mit dem Versprechen, dass sie sich hier bewähren können für die Linie. Umgekehrt wird ein Schuh daraus: Wer in der Linie
ausreichend Führungserfahrung gesammelt hat, bringt die besten Voraussetzungen
mit, seine hier gewonnene Erfahrung in eine Herausforderung ohne Netz und dop-
pelten Boden einzubringen.

Wenn wir uns in die Zukunft bewegen, in und mit den Unternehmen weiter-
kommen wollen, dann müssen wir nicht nur ständig neue Technologien schaffen
und eine Welle grundlegender Innovationen zur unternehmerischen Sicherung für
die Generationen danach entwickeln. Wir müssen uns ebenso damit befassen, ob
die derzeit gelebten Organisationsformen den größeren Herausforderungen stand-
halten. Das Schaffen bzw. Erhalten einer Leistungskultur im Unternehmen ist nur
zum Teil eine Frage der Führung. Es ist vor allem auch eine Frage der Organisationsgestaltung. Die Organisationsstruktur beeinflusst das Führungshandeln ebenso, wie unter neuem Führungsdenken andere Organisationsstrukturen notwendig
werden. Deshalb bin ich davon überzeugt, dass wir uns früher oder später von den
herkömmlichen Organisationsstrukturen wie Linie-, Aufbau-, Matrixorganisation
verabschieden müssen. Je früher, umso besser. Zur Abrundung des Bildes werde
ich zunächst aufzeigen, von was wir uns verabschieden müssen, um dann darzule-
gen, welchem Organisationssystem – als Ablösung der Organisationsstruktur – wir
uns zuwenden sollten.

3.2   Formen der strukturierten Organisation

3.2.1   Merkmale der Linien- oder Aufbauorganisation

Unter *Linienorganisation* bzw. *Aufbauorganisation* versteht man ein hierarchisch
gegliedertes Organisationssystem. Es besteht aus klaren und einheitlichen Wegen
der Zielvorgabe und Anweisung auf unterschiedlichen Ebenen. Jeder Mitarbeiter
weist eine Verbindung zu einer höheren Ebene auf. Gegenüber dieser muss er sich
verantworten. In einer Linienorganisation hat jedes Mitglied des Unternehmens
nur einen Vorgesetzten.

Der Grundsatz der Auftragserteilung besteht darin, dass jede Stelle nur einer einzigen Instanz unterstellt ist. Es gibt exakte Abstufungen der Leitungsebenen und
damit verbundene Unterstellungsverhältnisse. Ebenso zählen eine genaue Kompetenzabgrenzung sowie eine klare Übersicht über die Gliederung der Organisation
dazu. Oft werden langwierige Instanzenwege sichtbar, die den Informationsfluss
zwischen den Stellen behindern sowie für eine mangelnde Dynamik bei Arbeitsprozessen sorgen. Ebenso kommt eine hohe Belastung der Instanzen durch Routineauf-
gaben und Einzelheiten zustande, die sich kritisch auf die Positionen der Zwischen-

instanzen auswirken könnte. Eine erweiterte Form ist die Stablinienorganisation, in der zusätzlich Stabsstellen eingeführt wurden, um die Linieninstanzen zu entlasten und die Vorgesetzten vom unterstellten Bereich weniger abhängig zu machen.

Vorteile des Linien- bzw. Aufbaukonzeptes:

- Straffe, übersichtliche Organisation
- Eindeutige Dienstwege und Verantwortungsbereiche
- Keine Kompetenzüberschneidungen
- Gute Kontrollmöglichkeiten für die Vorgesetzten
- Mechanistische Präzision
- Absichernde detaillierte Anweisungen für Mitarbeiter
- Verlässlichkeit, reibungslos funktionierend
- Disziplin ohne Interpretationsspielräume
- Klare Aufgaben- und Kompetenzabgrenzung

Diesen Vorteilen stehen unumstrittene Nachteile gegenüber:

- Starre, zum Teil lange Dienstwege
- Informationsverzerrung durch lange Dienstwege
- Starke Belastung des jeweiligen Vorgesetzten, weil alle Informationen und Ent-scheidungen von ihm bearbeitet werden müssen
- Gefahr von Bürokratisierung und Überorganisation
- Motivationsmangel bei den untergeordneten Stellen
- Keine Verantwortungsübernahme jenseits der engen Anweisungen
- Geringe Identifikation
- Kein Überblick über Zusammenhänge
- Unterdrückung des Mitdenkens
- Abwürgen von Kreativität und Innovation
- Vermischung mit einer Projektorganisation und der daran geknüpften Hoff-nung der Beschleunigung mancher Vorgänge

Mit Ausnahme von Militär und Noteinsatzzentralen dürfte sich die Linienorgani-sation inzwischen überholt haben, in der freien Wirtschaft auf jeden Fall.

3.2.2 Merkmale der Matrixorganisation

Unter *Matrixorganisation* ist ein mögliches Strukturprinzip in der Organisation zu verstehen, in dem Zuständigkeit und Verantwortlichkeit aufgebaut werden können.

Dabei werden zwei Leitungssysteme miteinander verknüpft. Die Mitarbeiter stehen in mehreren Weisungsbeziehungen. Sie sind zum Beispiel den Leitern der verrichtungsbezogenen Abteilungen Beschaffung, Produktion und Absatz und gleichzeitig den objektbezogenen Produktmanagern unterstellt. Eine Matrixorganisation ist damit eine Form der *Mehrlinienorganisation*. Sie wird zu einer *Mehrlingsorganisation*, wenn sie obendrein mit einer Projektorganisation vermischt wird.

Auch ohne integrierte Projektorganisation entstehen Überschneidungen in den Zuständigkeiten. Die in der Praxis häufig aufkommenden Probleme versucht man durch die Unterscheidung von personeller zu fachlicher Weisungsbefugnis auf eine einzige Linie zu beschränken, wobei die personelle Weisungsbefugnis stärker greift als die fachliche. Somit ist jeder Mitarbeiter nur einem unmittelbar weisungsberechtigten Vorgesetzten zugeordnet. Die überkreuzenden Zuständigkeiten der anderen Linie werden dann meist dadurch aufgelöst, dass Mitarbeiter temporär aufgabenbezogen für die andere Linie freigestellt werden. Der Anteil der Arbeitszeit, der hierfür bereitzustellen ist, wird dann meist zwischen den Vorgesetzten der jeweiligen Linien verhandelt. Diese Situation verkompliziert sich, wenn zusätzlich Projekte aufgelegt werden.

Die heute übliche Umsetzung einer Matrixorganisation unterscheidet zwischen der disziplinarischen Linienfunktion, üblicherweise in der Senkrechten dargestellt, und der fachlichen Weisungsbefugnis in der horizontalen. Die fachliche Führung ist dabei sehr oft projektbezogen und somit für einen bestimmten Projektzeitraum angelegt.

Vorteile dieser Struktur:

- Kurze Kommunikationswege
- Flexible Berücksichtigung von wettbewerbsrelevanten Aspekten
- Spezialisierung der Leitungsfunktion bei gleichzeitiger Entlastung der obersten Unternehmensleitung
- Problemlösungen unter Berücksichtigung unterschiedlicher Standpunkte und der Vorrang der Sachkompetenz vor der hierarchischen Stellung sowie die Förderung von Teamwork
- Enge fachliche Steuerung des Mitarbeiters auf der horizontalen Ebene
- Permanenter Ansprechpartner in der Linienorganisation, der im Sinne des Mitarbeiters und dessen Entwicklung agieren und vermitteln kann

Diesen Vorteilen stehen unumstrittene Nachteile gegenüber:

- Kompetenzkonflikte
- Interpersonelle Konflikte
- Machtkämpfe und unbefriedigende Kompromisse

- Zurechnungsprobleme von Erfolgen und Misserfolgen
- Mangel an Transparenz, notwendigen, klaren Regelungen der Kompetenzen
- Hoher Kommunikationsaufwand
- Schwerfällige und lang andauernde Entscheidungsfindung
- Unsicherheit der Ausführungsstellen infolge der Mehrfachunterstellung
- Undurchsichtige Mehrlingsstrukturen bei gleichzeitiger Beauftragung von Projekten

3.2.3   Merkmale der primären/sekundären Mischorganisation

In der heutigen Zeit reicht für Firmen eine einzige Unternehmensorganisation oftmals nicht mehr aus. Sie greifen zusätzlich auf eine Sekundärorganisation zurück. Die schon angesprochene *Projektorganisation* ist eine typische Sekundärorganisation. Es hat sich gezeigt, dass die traditionellen Organisationsformen für die Bewältigung von Projektaufgaben, deren Zahl und Bedeutung stark angewachsen sind, nicht ausreichen. Projekte haben bestimmte Merkmale, mit denen einfach geprüft werden kann, ob die Bezeichnung „Projekt" im Einzelfall gerechtfertigt ist. Von einem *Projekt* kann man dann sprechen, wenn es sich um eine Einmaligkeit handelt, ein definiertes Ziel bzw. eine Zielvorgabe im Raum steht, zeitliche, finanzielle und personelle Rahmenbedingungen abgesteckt werden, die Abgrenzung zu anderen Vorhaben geklärt ist, eine projektspezifische Organisation eingerichtet wird und die Komplexität im Auge behalten wird.

Aufgrund dieser Projektmerkmale besteht bei jedem Projekt ein höheres Risiko als bei Routinefällen. Die Durchführung von Projekten erfordert daher ein ganz besonderes Vorgehen unter Einsatz von Methoden des Projektmanagements. Nur durch die Organisation eines Projektes ist gewährleistet, dass die Komplexität strukturiert und damit vermindert wird, der Umfang gegliedert und damit überschaubar und handhabbar wird, die unterschiedlichen Fachgebiete wohl abgestimmt tätig werden und die zeitliche Endlichkeit auch erreicht wird.

Unter Projektorganisation werden demnach alle Aktivitäten zusammengefasst, die sich zur Bewältigung komplexer, singulärer Aufgaben mit spezifischen Leistungs-, Termin- und Kostenzielen eignen. Damit ist die Projektorganisation nicht nur eine Sekundärorganisation. Sie ist vielmehr kein Ersatz für eine unternehmensübergreifende Primärorganisation.

Vorteile dieser Organisationsform sind:

- Anforderungskonforme Kommunikationswege
- Flexibelste Steuerung von Akutvorfällen von wettbewerbsrelevanten Aspekten

- Expertentum in der Leitungsfunktion bei gleichzeitiger Entlastung der Primär-
  organisation
- Zeitnahe Problemlösungen unter Berücksichtigung unterschiedlicher Stand-
  punkte und Einbeziehung unterschiedlicher Fachkompetenz jenseits der hier-
  archischen Stellung
- Themen- und auftragszentrierte Förderung von Teamwork
- Fachliche Bündelung heterogener Sachkompetenzen
- Interdisziplinäres Agieren und Vermitteln von Know-how

Diesen Vorteilen stehen unumstrittene Nachteile gegenüber:

- Kompetenzkonflikte mit der Linie oder Matrixverantwortlichen
- Machtkämpfe und unbefriedigende Kompromisse
- Zurechnungsprobleme von Erfolgen und Misserfolgen
- Personaler Verschleiß von Experten durch Überforderung mit der Projektrolle
- Hoher Kommunikationsaufwand
- Behinderung durch Linie/Matrix-Verantwortliche mit der Folge unrealistischer
  Zeit- und Kostenplanungen
- Unsicherheit der Ausführungsstellen infolge der Mehrfachunterstellung

3.3 Formen der systemischen Organisation

Die als *Rollenorganisation* bekannt gewordene systemische Organisationsform ist
bereits ein guter Ansatz für eine durchgängige Leistungskultur. Man muss sie dazu
allerdings vor dem Hintergrund der in der Soziologie *und* Psychologie begründeten Rollentheorie verstehen (vgl. Anhang B). Schnelligkeit und Dynamik notwendig werdender Anpassung an neue Gegebenheiten, Einfachheit in der Zuordnung
von Zuständigkeiten durch Rollen, Klarheit in der Zuweisung von Verantwortung,
Beweglichkeit im interaktionellen Geschehen, Potenziale, Motivation und Selbststeuerungsfähigkeit als Ausgangsbasis für die Besetzung mit Rollen, aus denen
sich Aufgaben, Zuständigkeiten und der Grad der Verantwortung ableiten, das
sind die wesentlichen Vorteile eines modernen Organisationssystems. Das diesem
Anspruch gerecht werdende System bezeichne ich als *Fluide Organisation (FLO)*,
weil es sich von der in gängiger Literatur beschriebenen Rollenorganisation noch
einmal deutlich absetzt. Hinter der namentlichen Abgrenzung steht neben dem soziologischen Verständnis von *Rolle* das psychologische, während sich der Ansatz
der Rollenorganisation auf das soziologische Verständnis beschränkt und das für
Leistung ungleich wichtige psychologische Verständnis von Rolle weitestgehend
ausblendet.

Bevor ich auf die *Fluide Organisation* näher eingehe, gebe ich zunächst einen kurzen Überblick über die klassische Rollenorganisation, wie sie als modifizierte Form der Prozessorganisation verstanden und in der Literatur besprochen wird.

3.3.1 Die Rollenorganisation als Weiterentwicklung der Prozessorganisation

Die Rollenorganisation im herkömmlichen Sinne basiert auf einer Weiterentwicklung der Prozessorganisation. Sie weist neben der personellen Komponente eine höhere Flexibilität als besonderen Vorteil für Produktion und Dienstleistung auf. In der betriebswirtschaftlichen Literatur existieren für das Prozessmanagement ganz unterschiedliche begriffliche Einordnungen, wie zum Beispiel bei der *Geschäftsprozessoptimierung*, dem *Reengineering* oder der *Prozessorganisation*. Vielfach wird dabei auf eine Definition von *Prozessmanagement* verzichtet. Dirk Nonnenmacher hat in seiner Arbeit zur „Organisation von Dienstleistungsprozessen" präziser auf den Begriff des Prozessmanagements hingewiesen, der in seinem Sinne als „Führung von Unternehmen verstanden werden" soll, „die sich durch eine prozessorientierte Denk- und Handlungsweise sowie eine Prozessorganisation" erweisen (Nonnenmacher 2007). Das erklärt die Rollenorganisation im Verständnis Nonnenmachers zu einer erweiterten Prozessorganisation.

In Abgrenzung zum Managementbegriff (Gestaltung, Steuerung, Entwicklung) liegt für Nonnenmacher die Funktion des Prozessmanagements in der veränderten, prozessorientierten Denkweise. So werden Gestaltung, Steuerung und Entwicklung prozessorientiert gedacht und vollzogen. Damit wird der ganzheitlichen Denk- und Handlungsweise entsprochen, so wie Nonnenmacher es versteht. Meine Ergänzung zum Ansatz der klassischen Rollenorganisation lautet: Wenn Prozessdenken dafür sorgt, dass eine kontinuierliche Weiterentwicklung des Unternehmens sichergestellt wird, so darf sich dieses Prozessdenken nicht allein auf den (harten) Teil des Managements beschränken. Vielmehr muss es den (weichen) Teil des Leaderships, des Umgangs mit Menschen, in gleicher Weise mit einbeziehen. Dieser Aspekt kommt bei der klassischen Rollenorganisation zu wenig zum Tragen.

Picot et al. (1995, 2001), Becker et al. (2003), aber auch Nonnenmacher, beschreiben die Rollenorganisation vorwiegend aus der Sicht der *Organisation*. Das ist ein Fortschritt gegenüber der Linien- und Matrixorganisation, auch der Prozessorganisation, einer, der im Sinne eines durchgängigen Leistungskulturverständnisses aber nicht weit genug geht. Die einzelnen Rollen werden dort nicht als Beschreibung von *verantwortlichem Handeln* gesehen. Der eigentliche Vorteil kommt in der klassischen Rollenorganisation zu wenig zum Vorschein, weil sie stark auf die rein betriebswirtschaftliche Sicht reduziert ist. Die Betrachtung *Organisation* ist folglich eine rein funktionale.

Die Frage nach der Priorisierung der *Funktion* einerseits oder des *Prozesses* andererseits zeigt, dass die Verfasser solcher Denkrichtungen eher ein Facelifting konventioneller Strukturen im Auge haben, als ein systemisch ganzheitliches Modell zu kreieren. Auch die durchaus wichtige Frage der *Prozess- versus Kundenspezifität* stößt schnell an Grenzen. Begriffe wie „Stellenbildung", „Funktionelle Fachbereiche", „Prozessorientierte Aufbauorganisation" machen deutlich, dass die klassische Rollenorganisation enger an die Prozessorganisation angelehnt ist, als dass sie den Vorteil der Ausgestaltung von Rollen auf der Basis von Potenzial, Fertigkeiten, Motivation und Selbststeuerungsfähigkeit zu ihrem Kernanliegen macht. Das Problem der meisten Organisationen besteht in der zu großen Rigidität. Die Rollenorganisation ist ohne Zweifel flexibler, wenn auch nicht flexibel genug, wie ich meine. Ein um Rollenkategorien erweitertes Prozessdenken genügt nicht, um sich konsequent von der Organisationsstruktur hin zu einem Organisationssystem zu bewegen.

3.3.2   Der Mensch ist Leistungsmittelpunkt, nicht Produktionsfaktor

In der gängigen Literatur zum Rollenmodell in Organisationen wird das Leistungspotenzial einer Firma aufgegriffen und als die Bereitschaft und Fähigkeit dargestellt, Leistungen zu erbringen. Das ist ebenso richtig wie unvollständig. In diesem nicht zu Ende gedachten Ansatz schimmert die falsche Vorstellung durch, dass der Mensch nicht mehr als ein Produktionsfaktor sei. In den typischen Grafiken zur Darstellung prozessualer Zusammenhänge wird in Matrixform Folgendes dargestellt: auf der Vertikalen der Weg vom Anbieter über die Potenzialfaktoren und Verbrauchsfaktoren hin zum Nachfrager. Auf der Horizontalen der Weg vom Leistungspotenzial über den Leistungserstellungsprozess hin zum Leistungsergebnis. Das ist sachlich gesehen nicht falsch, wird aber dem eigentlichen Leistungsvermögen von Menschen nicht gerecht, wenn diese von ihrer Wertigkeit her auf dieselbe Stufe gestellt werden mit *Objekten, Rechten, Nominalgütern, Informationen*. Hier schimmert die uralte Gutenbergsche Theorie durch. Der einstige gesunde Menschenverstand eines Gutenberg reicht nicht weit genug, um die Komplexität des heutigen Verständnisses von weltweit gespannten Vernetzungen in den Griff zu bekommen. Das hat Einstein scheinbar vorausgesehen, als er äußerte: „Der gesunde Menschenverstand sagt uns, dass die Erde platt ist" (http://www.juv.at/material/1793.pdf).

Den Menschen als Produktionsfaktor verstehen zu wollen zeigt einmal mehr, dass hier die Kultur im Denken um Leistung ausgeblendet wird. Daraus lässt sich eine der Ursachen für Leistungsmängel in Organisationen ableiten, die mit einem Handgriff zu vermeiden wären, würde man den Menschen an die ihm gebührende Stelle rücken: ins Zentrum allen Geschehens. Dort gehört er in einem Dienstleistungsbetrieb genauso hin wie in einem Produktionsunternehmen, wenngleich es bei der erstgenannten Kategorie offensichtlicher scheinen mag. Die klassische Rollenorganisation wurde vornehmlich in IT-Welten entwickelt und ist bisher über diesen Horizont so gut wie nicht hinausgekommen. Selbst aus nahezu automatisierten Produktionsprozessen ist der Mensch als wichtigster, für Leistung sorgender Rollenverantwortlicher nicht wegzudenken.

Die Rollenorganisation ist weitaus flexibler als eine Linien- oder Matrixorganisation. Gegenüber der Matrix hat sie mehr Klarheit zu bieten. Mit der Brille der bloßen Prozessorientierung sind die Vorteile eines Denkens in Rollen aber bei Weitem nicht ausgeschöpft. Dass alle organisatorischen Maßnahmen an den übergeordneten Zielen eines Unternehmens auszurichten sind, macht die klassische Rollenorganisation deutlich. Dass das schöpferische, aus innerster Motivation kommende, im vollem Verantwortungsbewusstsein gestaltete Handeln dem Individuum verhelfen kann, weit über sich hinauszuwachsen, wenn der Freiraum dazu geboten wird, lässt sie außer Acht. Dass der arbeitende Mensch Vertrauen in ihn, Zuverlässigkeit seitens der anderen, Wertschätzung von den Arbeit*gebern* als Nahrung für seinen Leistungstrieb braucht, das hat in der aus betriebswirtschaftlicher Perspektive gedachten Rollenorganisation keinen Raum. So gesehen ist die bisher in der Literatur diskutierte und in einigen wenigen Betrieben umgesetzte Rollenorganisation für sich genommen kein schlechter Ansatz, der aber in der Realität weniger zu bieten hat, als in der Theorie versprochen wird.

3.4 Die Fluide Organisation (FLO)

Die *Fluide Organisation* ist die beste Antwort auf zukünftige Herausforderungen, vor denen Unternehmen in immer größerem Ausmaß und Tragweite stehen werden. Wir haben seit 2008 erfahren können, dass Prognosen in der Wirtschaft in einer bisher ungewohnten Weise auf tönernen Füßen stehen. Wirtschaftswissenschaftler und sich an deren Ansichten orientierende Politiker haben sich hinsichtlich der Einschätzung, was kommt, nach oben wie nach unten geirrt. Zuerst nach oben. Denn es kam deutlich schlechter als vorhergesagt. In 2010 war es umgekehrt: Die Einschätzungen waren durchgängig kritisch, die Wirtschaft überraschte mit einem Boom. Dann 2011 erneut der Schock an den Finanzmärkten. Das bedeutet für Firmen, schneller als jemals zuvor auf unabwägbare Trends bzw. Ereignisse reagieren zu müssen. Ist ein Lotsenstreik noch einkalkulierbar, weil man Wochen oder Tage vorher über Zerwürfnisse zwischen der Arbeitgeber- und Arbeitnehmerseite informiert wird, so kommt ein alle Flugpläne lahmlegender Vulkanausbruch ohne Vorwarnung. Hier ist guter Rat nicht teuer. Hier gibt es nirgendwo einen solchen, der Einbrüche der Wirtschaft infolge von Naturkatastrophen verhindern könnte.

In der an sich durchaus auf Flexibilität ausgerichteten Rollenorganisation bleibt der Begriff *Rolle* relativ unscharf, weil nur soziologisch erklärt. Es fehlt das Wesentliche: die psychologische Definition des Rollenbegriffes. Aber genau darauf kommt es an, dass Führende wie Geführte durch die Übernahme von gezielten Rollen (auf verantwortlichem Handeln basierende Verhaltensweisen) die jeweils neue Situation adäquat bewältigen. Deutsche wie europäische Politiker haben genau zu dem Zeitpunkt, als es darauf ankam, die Krise durch neues Rollenverhalten so klein wie möglich zu halten, träge *reagiert*. Dabei wäre *Agieren* angesagt gewesen. Die anstehenden Entscheidungen verlangten den Handelnden ein Höchstmaß im Umgang mit fließenden Prozessen ab. Situationsadäquate Rollen einzunehmen bedeutet in einer solchen Situation, aus gewohnten Denk- und Verhaltensmustern auszubrechen. Das geschah durchaus, aber mit einer viel zu langatmigen Verzögerung. Der Schnelligkeit der Ereignisse hielt das Tempo der Rollenanpassung nicht stand. Zynisch könnte man sagen: Spontaneität will sorgfältig überlegt sein.

Der Rollenbegriff ist in der Rollenorganisation nicht kompatibel mit der von der Psychologie ausgehenden Rollentheorie, bedingt mit der von der Soziologie abzuleitenden. Den Hintergrund beschreibe ich näher in Anhang B. In der Fluiden Organisation steht der Rollenbegriff auf psychologischem wie soziologischem Fundament. Rolle beschreibt beim Individuum (psychologische Sicht) die Summe aus *Potenzialen, Zuständigkeiten, Verantwortung*. Der Rollenverantwortliche verkörpert damit eine interdependente Triade, in der sich die Zuständigkeiten an den Potenzialen, die Verantwortung an den Zuständigkeiten und umgekehrt orientieren. Alles ist mit allem verknüpft. Wer Potenziale für eine bestimmte Zuständigkeit besitzt, wird dieser Herausforderung leichter gerecht, als wenn er jenseits seiner Potenziale Aufgaben bewältigen muss, mit denen er sich schwertut. Wer mit Herausforderungen gut zurechtkommt, kann die Verantwortung für das übernehmen, was er tut, weil ihm persönlich liegt, was er zu tun hat. So entsteht Bestleistung, in einigen Fällen sogar Spitzenleistung. Die *Rolle* systemisch betrachtet beschreibt das interagierende Moment unterhalb der verschiedenen Rollenverantwortlichen (soziologische Sicht), das durch Verhalten einerseits und die Reaktion auf das Verhalten andererseits zum Tragen kommt.

3.4.1 Wenn der Rollenverantwortliche mit seiner Rolle im Einklang ist

Der Mensch ist in der Lage, Rollen einzunehmen (Ausdruck des Verhaltens, Übernahme einer bewusst gesteuerten Handlung gegenüber Dritten). Er ist nicht nur fähig, diese Rollen vielfältig auszugestalten, sondern auch die mit der Rolle verbundene Verantwortung zu tragen. Das ist jedem Autofahrer (mehr oder minder) klar. Wenn er sich ans Steuer setzt, die Rolle des Fahrers einnimmt, trägt er nicht nur Verantwortung für sich selbst, sondern ebenso für andere. Wenn der Autofahrer als Individuum die entsprechenden *Potenziale* besitzt, wird er ein souveräner Fahrer sein, der das von ihm gelenkte Fahrzeug beherrscht. Wenn er sich zudem seiner *Zuständigkeiten* bewusst ist, wird er ein umsichtiger Fahrer sein, der weiß, dass er sein Verhalten auf das anderer abstimmen muss. Nennen wir die anderen Verkehrsteilnehmer Fußgänger, Radfahrer, Autofahrer, Motorradfahrer und den fließenden und das ganze Verkehrsgeschehen *System*.

Der reife Fahrzeuglenker ist sich seiner unmittelbar mit der Rolle verbundenen Verantwortung bewusst. Sein Fahrstil wird also von den Faktoren *Potenzial, Zuständigkeit* und *Verantwortung* beeinflusst. Dasselbe lässt sich für die anderen Verkehrsteilnehmer, als Rollenverantwortliche, sagen. Mit dem Fehlen von Potenzialen, Zuständigkeits- und Verantwortungsbewusstsein wird der Fahrzeuglenker zum Risiko für andere und damit für das gesamte System. *Rollenbewusstsein* heißt zu wissen, was man zu tun hat und dafür voll verantwortlich zu sein. Mit der Fahrschulausbildung und anschließend bestandener Fahrprüfung hat der Fahrzeuglenker genügend Wissen und Erfahrung in sich aufgenommen, um für sein Handeln intellektuell einstehen zu können. Er weiß, dass die Missachtung der StVO ihn den Führerschein kosten könnte, zumindest aber mit Bestrafung verbunden ist. Autofahrer lassen sich besonders gut hinsichtlich ihrer Triade aus Potenzial, Zuständigkeit und Verantwortung identifizieren. Jeder hat – theoretisch – eine vergleichbare Ausbildung durchlaufen und an einer Prüfung nach einheitlichem Maßstab teilgenommen. Doch die Unterschiede zeigen sich deutlich. Wer gar kein Potenzial hat, besitzt keinen Führerschein, weil er bei der Prüfung durchgefallen ist. Wer wenig Potenzial hat, fährt auch nach Jahren noch unsicher. Wer wenig Zuständigkeitsbewusstsein hat, macht andere für Situationen verantwortlich, die er selbst verursacht hat. Wer kein oder wenig Verantwortungsbewusstsein hat, fährt nicht nur schneller, als die Polizei erlaubt, sondern oft auch schneller, als es sein Beherrschungsgrad zulässt.

Man beachte: Im Fahrzeug liegt weder der Gesetzestext der StVO, noch sitzt ein „Vorgesetzter" mit im Fahrzeug, von dem der Fahrer Anweisungen erhält, noch muss er nach jeder Fahrt einen Bericht abliefern, der sein Handeln rechtfertigt. Das alles findet im Straßenverkehr nicht statt. Trotzdem funktioniert das Teamspiel auf den Straßen, obwohl man die einzelnen Fahrzeuglenker in ihren unterschiedlichen Fahrzeugen nicht als *Team* bezeichnet. Sie sind es auch nicht. Sie bilden eine Gruppierung. Anders stellt es sich in Firmen dar. Wenn man die Regelwerke von Firmen auf den Straßenverkehr übertragen würde, so hätten Fußgänger, Radfahrer und Kraftfahrer zuerst einmal eine Stellenbeschreibung. Außerdem würden mit ihnen Ziele vereinbart, weil wir ja davon überzeugt sind, dass heute ohne Zielvereinbarung nichts mehr geht. Jeder hätte einen Chef, der den Fahrstil mehr oder minder regelmäßig kontrolliert. Vor allem käme es zu einem regen E-Mail-Austausch zwischen allen Verkehrsteilnehmern. Autofahrer würden die Fußgänger eines Stadtbezirkes ebenso wie die Polizei in Cc setzen, damit nur ja alle informiert sind über das Vorhaben des Autofahrers. Wer die meisten Kilometer nachweisen kann, erfährt das größte Lob, das mit dem Umsteigen in ein komfortableres Fahrzeug verbunden ist.

Das Prinzip des Selbstverständlichen aus dem Straßenverkehr muss in jeder Organisation Einzug halten – nicht umgekehrt. Die Fluide Organisation setzt deshalb auf das Verantwortungsbewusstsein aller Handelnden, die damit zu *Rollenverantwortlichen* werden, und das des Auswählenden, der entscheidet, wer auf der Basis welcher Potenziale welche Rollen übernimmt. Es gibt nichts Statisches. Die Fluide Organisation baut auf Auswahl, Ausbildung, Einweisung der Rollenverantwortlichen auf, denen jeweils genau so viel Vertrauen entgegengebracht wird, wie erforderlich ist, um den Einzelnen seine Sache machen zu lassen. Gemessen wird seine Leistung vorwiegend am Ergebnis. Es kommt für den Rollenverantwortlichen darauf an, für andere und mit anderen das zu leisten, was von ihm verlangt wird. So wie der Fahrzeugführer sich an einer Kreuzung ohne Vorfahrtschilder mit den drei aus je einer anderen Richtung kommenden Verkehrsteilnehmern arrangieren muss, wer unter Beachtung des Rechts-vor-Links-Prinzips zuerst fährt, so muss der Handelnde in einer Organisation dasselbe tun: sich arrangieren. Je weniger Vorschriften, umso mehr muss er sich arrangieren. Zu beachten ist, dass ein Zuviel an Vorschriften dasselbe Dilemma auslöst wie ein Zuwenig an Regelungen. Beim Zuviel erwächst durch Reizüberflutung eine Ignoranz. Beim Zuwenig ist es die Orientierungslosigkeit, die ein gutes Ergebnis verhindert.

An das *Rollenbewusstsein* ist unmittelbar das *Verantwortungsbewusstsein* gekoppelt, das sich auf die Ausübung der Rolle beschränkt. So ist der Leader nicht etwa verantwortlich für das Handeln seiner Mitarbeiter. Das kann er gar nicht. Er ist im Rahmen seiner Rolle, Leader zu sein, verantwortlich für sein Führungswirken. Das Führungswirken erstreckt sich von der Auswahl des Mitarbeiters über seine anforderungsgerechte Einweisung bis hin zur mitarbeitergerechten Betreuung, wo nötig auch Kontrolle.

Mit der Rolle steht der Individualität die Sozialität gegenüber. Beides zusammen ergibt die Einstellungen, Wertvorstellungen und Verhaltensweisen, die dem Träger einer Rolle einen sozialen Status zuschreiben. Damit wird der Geschäftsführer, der Abteilungsleiter oder der Facharbeiter beschrieben. Mit dem Status ist eine gehobene Verantwortungspflicht verbunden. Vom Rollenverantwortlichen wird erwartet, dass er die Verantwortung dafür übernimmt, dass das, was er anpackt, gelingt. So sind der Maschinenführer für seine Maschine, der Abteilungsleiter für seine Abteilung und der Geschäftsführer für sein Ressort oder die ganze Firma verantwortlich. Das macht jeden Rollenträger automatisch zum Rollenverantwortlichen, weil Rolle und Verantwortung ein untrennbares Paar bilden.

Rolle ist einerseits *das Einnehmen von Verhaltensweisen*, andererseits *die von anderen ausgehenden Erwartungen*. Der Abteilungsleiter muss seine Rolle so ausgestalten, dass die ihm anvertrauten Mitarbeiter die zu erwartenden Ergebnisse erreichen. Dazu nimmt er bestimmte Verhaltensweisen ein. Der Geschäftsführer erwartet genau dies vom Abteilungsleiter, nämlich dass er alles Notwendige unternimmt, um seine Mitarbeiter zu guten Ergebnissen zu führen. Die Fluide Rollenorganisation ist keine Selbstverwaltungseinrichtung.

3.4.2 Der Mensch wächst mit seinen Rollen in seiner Persönlichkeit

Der Rollenverantwortliche hat Rechte und Pflichten, die mit dem jeweiligen sozialen Status eng verknüpft sind. Hierbei geht es um die *erwartete Verantwortungsübernahme* einerseits und um die *übernommene Verantwortung* andererseits. Beides ist untrennbar miteinander verbunden. Gleich auf die Würde (der Rolle, des „Amtes") folgt die Bürde. Der Mensch erfüllt in seinen Rollen einerseits die an ihn gestellten Erwartungen, andererseits wächst er mit der Vielzahl der übernommenen Rollen in seiner Persönlichkeit. Hier unterscheidet sich das Denken in Rollen ganz wesentlich vom Denken in Zielen oder Aufgaben. Ein Ziel kann ein Mensch erreichen oder verfehlen. Das hängt von der Passgenauigkeit des Zieles und den Umständen ab. Eine Aufgabe kann der Einzelne mehr oder weniger gut erfüllen. Auch hier besteht eine enge Abhängigkeit von der Passgenauigkeit zwischen Aufgabe und Person. In einer Rolle geht der Mensch auf. Er ist die jeweilige Rolle, die er einnimmt und ausfüllt. Wenn die Rolle passt, passen auch die dazugehörigen Ziele und Aufgaben, die man nicht mit ihm vereinbaren muss. Mit einem Einzelunternehmer vereinbart auch niemand Ziele oder Aufgaben. Wenn sich der Einzelunternehmer zur Rolle des Einzelunternehmertums bekannt hat, wenn dieses Bekenntnis nicht nur von der Motivation, sondern gleichzeitig von der realistischen Einschätzung des Könnens getrieben war, so ist dieser Einzelunternehmer in der Lage, allen Herausforderungen in richtiger Weise zu begegnen, um zum Erfolg zu kommen.

Es kommt in einer Organisation darauf an, Rollenverantwortliche mit der auf sie passenden Rolle auszustatten, mit ihnen die Dimension ihrer Rolle (oder Rollen) abzustimmen und sodann darauf zu vertrauen, dass sie in Kooperation mit anderen das Richtige tun. Sie werden es tun, wenn die Rolle bezüglich 1. Potenzialen, 2. Wissen, 3. Erfahrung und 4. Motivation passt. Es wäre absolut verfehlt, eine Rolle nach bloßer Motivation zu übertragen, wie es bei der Übertragung von Stellen in Linien oder Matrixorganisationen auch heute noch zu beobachten ist.

Die freie Marktwirtschaft funktioniert am besten, wenn an den entscheidenden Schnittstellen die richtigen Rollenverantwortlichen, die immer zugleich auch das unmittelbar mit der Rolle verknüpfte Handlungsbewusstsein übernehmen, sitzen. Neben den vorstehend genannten vier Voraussetzungen für die Rollenübernahme kommt eine fünfte hinzu: die innere auf bestimmten Werten basierende Haltung. Der Mensch ist ein Individuum und gleichzeitig ein soziales Wesen, eingebunden in die Gesellschaft, in und aus der er lebt. Er ist in seinem Handeln auf andere gerichtet. Er ist im Sinne des Integrativen Ansatzes wesensmäßig Koexistierender, und hier zeigt sich das verbindende Element des Ansatzes: Dass nämlich Sozialisation und Rollenverkörperung, kategoriale Rollenvorgaben und die Möglichkeit der aktionalen Ausgestaltung der Rolle nicht gegensätzlich sind, sondern Bestandteile in Prozessen des Rollenspiels von Menschen mit Menschen, Gruppen und Institutionen.

3.4.3   Die Fluide Organisation wird den Anforderungen der Zukunft umfassend gerecht

Eine durchgängig fließende Organisation muss eine strikte *Zuständigkeits-* und *Verantwortungsteilung* innerhalb einer ebenso konsequenten *Denkgemeinschaft* vorsehen. Dieser Ansatz findet sich bisher nicht in der einschlägigen Literatur über Rollenorganisationen. *Organisation* ist mehr als Ablauf und Prozess: nämlich sich selbst und mit anderen zu einer Rhythmik von Klarheit und Eindeutigkeit anzuhalten und damit die Verantwortung des Rollenverantwortlichen in den Vordergrund zu stellen. Das geht über das Maß der Zielverantwortung eines Stelleninhabers innerhalb einer Linien- oder Matrixorganisation und ebenso der klassischen Rollenorganisation hinaus.

Die heutige Welt dreht sich schneller und ist mit ihrem Geschwindigkeitszu-
wachs längst nicht am Ende. Das ist eine Binsenweisheit. Auf die Menschen in
Organisationen kommen immer anspruchsvollere Aufgaben zu, die ein immer
höheres Intelligenzniveau erfordern. Aber nicht nur das Intelligenzniveau ist im
Steigflug. Zu leicht wird übersehen, dass die Identifikation mit der zugewiesenen
Rolle eher noch als wichtiger einzustufen ist als das Intelligenzniveau. Dem Tempo
der Zeit begegnen wir nicht mit starren Strukturen, sondern mit sich schnell an-
passenden Systemen – im Denken wie im Handeln.

Ein zukunftsgerechtes Organisationssystem muss einerseits den Herausforderungen an die Organisation der Firma, Institution oder Behörde gerecht werden
und andererseits dem Zusammenwirken unterschiedlicher Menschen mit unterschiedlichen Voraussetzungen entsprechen. Sogenannte an der Sache ausgerichtete,
strukturierte Organisationen bügeln über den eigentlichen Erfolgstreiber hinweg:
den denkenden und handelnden Menschen. Erst wenn es in einer Organisation zu
einer Integration von Technik und Mensch, von Leistung und Kultur, von Außenstehenden und Innenhandelnden kommt, wird eine Organisation allen Anforderungen entsprechen können. Das geht nicht ohne Identifikation des Einzelnen mit
dem, was gesamt gewollt und wichtig ist. Wer meint, dass „Identifikation weder
nötig noch wünschenswert ist", wie ich es teils zu lesen bekomme, kann nur dem
Irrtum von Fehldeutung des Begriffes *Identifikation* unterlegen sein. Wir betrachten hier die Übernahme von Denk- und Verhaltensweisen oder Haltungen durch
Verinnerlichung. Nichtidentifikation würde demnach bedeuten, dass jeder macht,
was er will. Wer kann das im Ernst wollen?

Die höchste Kunst einer effektiven und effizienten Organisation ist die, dass das
Individuum ein Individuum bleibt und ungeachtet dessen bereit ist, mit anderen
Individuen an einer gemeinsamen Sache zu arbeiten. In der Fluiden Organisation
sind die Rollenverantwortlichen im Einklang mit den an sie gestellten Herausforderungen und ihrem Können, weil sie entsprechend ihrer Rolle(n) sorgfältig aus-
gesucht wurden. Darin besteht ein wesentlicher Unterschied zur klassischen Rollenorganisation. Es geht nicht *nur* um Prozesse. Es geht *auch* um Prozesse, aber in
erster Linie um diejenigen, von denen die Prozesse in Gang gesetzt und gesteuert
werden. Jedem Rollenverantwortlichen werden genau die Herausforderungen mit
Verantwortung übertragen, für die er am besten geeignet ist. Eignung misst sich
schlussendlich am eingespielten Ergebnis. Dem voraus geht eine Überprüfung von
Wissen, Potenzialen, Fertigkeiten, Motiven und Werten. Das geht über die heute
angewandte Management- und Personal*diagnostik* (Assessment-Center, Potenzialanalysen, Management Appraisal etc.) hinaus und verlangt nach einer qualifizierten *Prognostik*. Der eine Mitarbeiter ist ein Meister der emotionalen Intelli-

genz (Goleman 2001). Ein anderer beherrscht bestimmte Methoden perfekt. Ein dritter zeichnet sich durch tief greifende Fachkompetenz aus. Selten finden wir Menschen, die alles gleich gut beherrschen. Das zeigt sich in markanter Weise bei der Unterscheidung von Managern und Leadern. Die erstgenannten beherrschen das Materiell-technische hervorragend, sie können Zahlen deuten, strategisch denken und Prozesse analysieren. Auf dieser Grundlage ihres Könnens versuchen sie, Menschen zu führen. Und genau das geht daneben. Weil diese Manager technokratisch vorgehen, glauben, dass Führung eine Frage von Techniken sei, stoßen sie an Grenzen, wenn es darum geht, Menschen in ihrem Sosein zu verstehen. Sie schließen von sich auf andere und „führen" schwungvoll am Bedürfnis des Mitarbeiters vorbei. Mehr noch: Sie haben keine Ahnung, welche Potenziale, möglicherweise ungenutzt, in ihren Mitarbeitern verborgen sind, weil die Auseinandersetzung mit Potenzialen an ihnen vorbeigeht.

Ganz anders der klassische Leader. Er hat dort seine Stärken, wo der Manager seine Schwächen hat: im Zwischenmenschlichen. Leader erspüren, was die Potenziale und was die Grenzen der ihnen anvertrauten Menschen sind. Sie haben eine feine Nase und ein scharfes Auge für das, was in einem anderen vor sich geht. Leader bauen eine Beziehungsfrequenz zu ihren Mitmenschen auf. Damit gelingt es ihnen spielend, andere für sich zu gewinnen. Leader vollbringen eine für die Organisation unverzichtbare Leistung, indem sie Bedingungen schaffen, unter denen Motivation aufblühen kann. Es gehört zu den Erfolgskillern unserer Zeit, dass eine Heerschar von sehr geeigneten Menschen allein dadurch von Bestleistungen abgehalten werden, dass für Dinge zuständig sind, die sie ausgerechnet nicht oder nur schwach beherrschen. Bei einigen ist die Motivation stark und das Können schwach. Damit ist der Leistungskultur ebenso wenig gedient, wie wenn das Können stark und die Motivation schwach ist. Mit diesem Zustand lässt sich noch eher leben, weil von ihm weniger Schaden ausgeht. Nur durch Potenzial und Willen zum Führen wird es möglich, dass handelnde Menschen von Führungsverantwortlichen in die auf sie passenden Rollen gebracht und dort bedürfnisgerecht gesteuert werden.

In einer zunehmend fordernden Weltwirtschaftssituation kann sich heute kein Unternehmen mehr leisten, Mitarbeiter an ihren Potenzialen vorbei tätig werden zu lassen. Wenn der Fachkraft an der Maschine die Potenziale fehlen, schnell und sicher diese Maschine beherrschen zu lernen, ist diese Fachkraft fehl am Platz. Derselbe Mensch würde vermutlich in einer anderen Rolle als der, exakt diese Maschine bedienen zu müssen, zu deutlich besseren Leistungen kommen. Es ist Aufgabe der Führung, Mitarbeiter dort einzusetzen, wo sie den besten Wertschöpfungsgrad innerhalb der Organisation erlangen können.

Wesensmerkmale der Fluiden Organisation

Fließend
Keinerlei statische Formen wie Linie oder Matrix. Keine Hierarchie, sondern Berichtsnetzwerke.

Lichtdurchflutet
Transparent, informativ, ohne Schatten von Macht und Einfluss

Ungebremst konsequent
Überlegen – abwägen – entscheiden – machen! Keine Strategien für die Schublade. Keine Diskussion über nicht Machbares. Denken dialogisieren, Dialogisiertes umsetzen oder vergessen. Keine Kompromisse.

Interkulturell
Heterogenität anziehen, koordinieren, pflegen. Teams mit alt und jung, männlich und weiblich, innovativ und bewahrend, mutig und sicherheitsliebend, hart und weich im Denken mischen.

Deeskalierend
Klare Rollenzuständigkeit, klare Verantwortungsabgrenzung, nicht Positionen sondern Personen ausstaffieren.

Energie freisetzend
Im Denken alles erlauben, im Handeln das Erfolg schaffende fördern. Wenige, aber dafür einprägsame Prinzipien fixieren. Alles Tun in einen Wertefokus stellen, die wenigen Werte als absolut verbindlich erklären.

3.4.4 Der Chef hinter dem Chef – oder Kunden, Kunden, Kunden

Kern der wertschöpfenden Ausrichtung einer Organisation ist die Orientierung an den Beziehungspartnern. Firmen haben einen Dauerauftrag zu erfüllen: vielen Ansprüchen gerecht zu werden. Das sind von außen die Ansprüche der Umwelt, der Gesellschaft, der Kunden, der Kapitalgeber, der sonstigen Beziehungspartner wie Lieferanten und Mitbewerber. Im Innenverhältnis geht es um die Mitarbeiter, einschließlich der Führungsverantwortlichen, ohne die der nach außen gerichtete Dauerauftrag nicht zu erfüllen wäre. Übersehen wird häufig, dass dieser Dauerauftrag nicht eine Verpflichtung einiger weniger ist. Es ist die dauerhafte Verpflichtung aller. In den letzten dreißig Jahren ist eine Vielzahl von Methoden, Instrumenten, Konzepten entstanden, mittels derer die Restrukturierung von Organisationen voranzutreiben versucht wurde: Lean Management, TQM, Business Process Reengineering, Core Process u. a. Ihnen gemeinsam ist der Prozessgedanke, die Distanz zu rigiden Mustern und Systemen. Ihnen gemeinsam ist aber auch die viel zu geringe Würdigung des einzelnen Menschen, ohne den der verschärfte Wettbewerb nicht zu gewinnen ist. Die in Zukunft anstehenden Herausforderungen sind solche, die vorrangig durch eine bessere Einbindung und Nutzung des menschlichen Leistungswillens zu bewältigen sind. Dabei denke ich aber nicht an den ungeeigneten Begriff *Humankapital*, der in gleicher Weise einen Angriff auf die Würde des Menschen darstellt wie die Eingruppierung des Menschen als Produktionsfaktor.

Der Mensch tritt in seiner Firma, Behörde oder Institution als *Mitarbeiter* (ein in unseren Köpfen verankerter Begriff, der eigentlich *Gestalter, Verantwortlicher, Wirkender* meint) auf. Anderenorts nimmt derselbe Mensch die Rolle des *Kunden* ein. Oft sind es dieselben Menschen, die in der Rolle des Mitarbeiters allzu leicht vergessen, welche Erwartungen und Ansprüche sie aus ihrer Rolle als Kunde ableiten. Mitarbeiter, die nicht unmittelbar im Marketing oder Verkauf tätig sind, verlieren den Kontakt zum Wesentlichen: dazu, wie sehr jede Organisation auf ihre Kunden angewiesen ist, um lebensfähig zu bleiben. Nahezu alle Firmen investieren viel Geld in Werbung, Marketing, Vertrieb, einige auch in PR. Das sind vorwiegend nach außen gerichtete Investitionen mit dem Ziel der Kundengewinnung. Was investieren Firmen in die Steigerung des Kundenbewusstseins aller Rollenverantwortlichen, nicht nur derjenigen, die zu Marketing oder Vertrieb gehören? In der Regel wenig bis nichts. Selbst Einkäufer, die ein stark ausgeprägtes Kundenbewusstsein haben sollten, weil sie in ihren Verhandlungen täglich Kunde sind, richten ihre ganze Energie auf die Auseinandersetzung mit Lieferanten. Einkäufer wollen Preise drücken und Lieferzeiten reduzieren. Würden Einkäufer in dem Augenblick, in dem sie den Lieferanten in die Knie zwingen, an ihre Kunden, die ihrer Firma, denken, müsste ihnen am besten und nicht am billigsten Lieferanten gelegen sein.

Ähnliches gilt für Entwickler. Würden sie von Anbeginn der Entwicklung die Interessen der Kunden im Auge haben, sähen manche Entwicklungsergebnisse anders aus. Bei den Kostenrechnern ist es nicht viel anders. Die Produktion wird so lange verschlankt, bis am Ende eine Minderqualität herauskommt, die ohne anzuecken durch den groben Rost der Endkontrolle fällt. Die zahlreichen Mängel und Rückruf-Aktionen in der Automobilindustrie sind nur eines von vielen Beispielen, in denen Einkäufern, Entwicklern und Kostenrechnern das Gespür für das Wesentliche abgeht: den Kunden auf der ganzen Linie zufriedenzustellen.

Die Einbeziehung des Kundendenkens in Prozessverläufe wird wichtiger denn je. Dies lässt sich folgendermaßen veranschaulichen: Der Gedanke „customer comes first" ist alles andere als neu. Aber Quantensprünge blieben auf dem Gebiet bisher aus. Manche Firmen wissen auch heute noch nicht zwischen *Markt* und *Kunde* zu unterscheiden. Dabei ist die Unterscheidung denkbar einfach. Der Kunde ist ein persönlich identifizierbarer Rollenträger, der Markt ist anonymes System, über das nicht mehr als ein paar Kennzahlen existieren. Beim Ausbleiben des Zahlungseinganges auf eine ausgesendete Rechnung wird schnell deutlich, dass Märkte keine Rechnungen bezahlen. Kunden tun so etwas. Ein Markt ist nichts weiter als das summative Bild von Einzelvorgängen, die durch Menschen in Gang gesetzt werden. Von daher kann es keine *Marktbeziehungen* geben. Wohl aber Kundenbeziehungen. Ein Markt kann auch nichts „übel nehmen". Kunden können das sehr wohl.

Von der Werbung bis zur Produkt- oder Dienstleistungsqualität, der Kunde kann oft den Eindruck gewinnen, dass die Firmen im Umgang mit Kundenbedürfnissen zunächst einmal ihre eigenen Vorteile sehen. Solche Denkweisen bleiben den Kunden nicht verborgen. Wenn die Mitarbeiter mit engem Kundenkontakt den Fokus auf andere Schwerpunkte legen, als dem Kunden zu *dienen*, wie mag man sich in derselben Firma das Denken derer vorstellen, die vom direkten Kontakt mit einem Kunden weit entfernt sind? Für wen oder was mögen diese von der Wirklichkeit losgelösten Menschen arbeiten, wenn nicht für Kunden? Hier treibt nicht der böse Wille sein Unwesen. Hier bleibt schlicht das Bewusstsein außer Acht, das jedem in der Organisation handelnden Menschen deutlich werden lässt, auf was es vorrangig ankommt. Nämlich auf die Konzentration von *Rollen* auf der einen Seite und *Rollenerwartungen* auf der anderen Seite.

Obwohl es etwa in der Dienstleistungsmentalität von Behörden zugunsten ihrer Kunden in den letzten Jahren Fortschritte gegeben hat, gehen diese Fortschritte bei Weitem nicht weit genug. Dabei ist der Kunde einer Behörde, gleich welcher, zugleich auch noch Gesellschafter des Betriebes. Denn als Steuern zahlender Bürger ist er Miteigentümer einer Fabrik, die sich teilweise so verhält, als würde sie beim Dienen die Vorzeichen verwechseln. Wer hat hier wem zu dienen? Der für die Einzelleistung (zum Beispiel Personalausweis, Führerschein, Kraftfahrzeugschein) bezahlende Kunde der Behörde? Oder doch umgekehrt? In solchen Systemen wird die berechtigte Rollenerwartung vom Fuß auf den Kopf gestellt. Eine nicht gerade amüsante Paradoxie. Wieso glaubt eigentlich ein Betriebsprüfer oder Lohnsteuer-außenprüfer des Finanzamtes, dass der zu prüfende Betrieb nicht Kunde sei? Das steht der erforderlichen Gründlichkeit einer solchen Prüfung nicht im Weg. Im Gegenteil. Schließlich hat der Prüfer eine Verpflichtung allen Kunden gegenüber zu erfüllen, deshalb darf er die schwarzen Schafe von den weißen trennen. Es ist allein eine Frage des Rollenverständnisses, aus dem ein Bewusstsein für situationsangemessenes Verhalten entsteht.

Dass der Kunde bei genauem Hinsehen oberster Chef einer Firma ist, dürfte sich längst herumgesprochen haben. Seinen Interessen hat sich die gesamte Organisation unterzuordnen. In den Aufsichts-, Bei- und Verwaltungsräten müssten mehr Kunden sitzen. Das würde eine Form von kundengerichtetem Dienstleistungsdenken erzwingen, die man sich sonst auf andere Art und Weise beschaffen muss. Diese ebenso einfache wie in größeren Organisationen einfach nicht realisierbare Form von Zuständigkeiten macht deutlich, dass unter Beibehaltung der Beteiligung mehrerer an einem Vorgang ein neues Verantwortungs- sowie Schnittstellendenken Not tut. Chefs können, auf welcher Ebene des Unternehmens sie auch immer agieren mögen, nicht die Verantwortung für das Handeln ihrer Mitarbeiter tragen. Sie haben genug damit zu tun, wenn sie Verantwortung für ihr eigenes Handeln übernehmen. Die Art ihrer Führung gehört dazu.

Wirkliche Leistungskulturen – solche ohne Kompromisse – können sich nur entwickeln, wenn es gelingt, alle Handelnden in die Verantwortung für ihr jeweiliges Handeln mit einzubeziehen. Das setzt erstens einen gründlichen Klärungsprozess voraus. Das verlangt zweitens nach einer Aufrechterhaltung, einer ständigen Vitalisierung des Geklärten – der *Rollenklarheit*, die dem jeweiligen Individuum unmissverständlich vor Augen führt, was es zu leisten und für was es einzustehen hat. Man könnte in einer Fluiden Organisation für jeden Mitarbeiter neben der Hauptrolle mindestens eine Nebenrolle anlegen. Mit dieser Nebenrolle wird ein *Bewusstsein um den Kunden* über das ganze Unternehmen verteilt, so dass jeder Rollenverantwortliche bei allem, was er tut, stets daran denkt, welche Auswirkungen sein Handeln auf den Kunden hat.

Durch bloße Veränderung der Organisationsstrukturen allein kann kein Verhaltenswandel bei Mitarbeitern vollzogen werden. Das Aufbrechen funktionaler Enge wird in traditionellen Organisationsformen bei Weitem nicht mit der Konsequenz vorangetrieben, die nötig wäre, um bei Menschen ein ausreichendes *Rollenbewusstsein* (die Übernahme einer bestimmten Zuständigkeit, wobei die Zuständigkeiten wechseln können) mit *Verantwortungsbewusstsein* (das persönliche Einstehen für das geschaffene Werk, gesagte Wort oder die unterlassene Aktivität) zu verknüpfen. Wir haben es in den meisten Organisationen mit einer flächendeckenden *Integrationsproblematik* zu tun. Wie soll sich ein Mensch zuständig fühlen, wenn er keine Chance hat, zuständig zu sein? Wie soll er verantwortlich handeln, wenn er nicht weiß, welcher Teil der Verantwortung auf ihn und welche Teile auf andere fallen? Wie soll er sich entfalten, wenn er seine Rolle(n) nicht kennt?

Wir brauchen eine konsequente Fortführung des im 20. Jahrhundert begonnenen Prozesses der Arbeitsteilung bei gleichzeitigem Vorantreiben der Integration durch Transparenz. Die von Ford zu Beginn des letzten Jahrhunderts vollzogene Weiterentwicklung der Arbeitsteilung nach Frederick Winslow Taylor reicht nicht mehr, um dem modernen, gegenüber früher deutlich klüger und selbstbewusster gewordenen Menschen zu entsprechen. Wurde damals die moderne Massenproduktion ermöglicht, müssen wir uns durch verschärfte Herausforderungen der Weltmärkte die Nachteile der Arbeitsteilung vor Augen führen, ohne damit ihre Vorteile zu eliminieren. Wir müssen zum funktionsübergreifenden Denken und Handeln übergehen. Firmen verfügen heute über ganz neue Möglichkeiten innerbetrieblicher Abläufe. Allein die verbesserten Bedingungen der Ressourcennutzung in Form von Informationsflüssen durch Kommunikationstechnologie sowie die deutlich gestiegenen Qualifikationen von Mitarbeitern schaffen andere Voraussetzungen der Unternehmensführung. Auch auf dem Gebiet der Diagnostik und vor allem Prognostik von Potenzialen im Unterschied zu Fertigkeiten, von Denkbeweglichkeit im Unterschied zur Denkfestigung, von Motiven und Werten, die schlussendlich die Eignung für Rollen offenlegen, sind Fortschritte erzielt worden.

3.4.5 Das Effizienzkonzept der Organisation

Organisationen verlangen nach einem solchen Ordnungssystem, das eine auf Dauer angelegte und sich über das Unternehmen ausbreitende Effizienz sicherstellt. Im Sinne betriebswirtschaftlichen Denkens müssen die

- Markt-
- Prozess-
- Ressourcen-
- Delegations-

effizienz koordiniert werden. Zur Markteffizienz zählt die Vorgehensweise auf Beschaffungs- und Absatzmärkten. Als Prozesseffizienz ist die Gestaltung der zeitlich-logisch-sinnvollen Abfolge von Aktivitäten innerhalb des Kunden-Lieferanten-Verhältnisses zu sehen. So sind Termin- und Aufgabenüberschneidungen zu vermeiden. Bis hierhin herrscht Einklang zwischen betriebswirtschaftlicher und psychologischer Sicht auf das Unternehmen. Doch ab diesem Punkt scheiden sich die Geister.

Während sich die Psychologie ausschließlich auf das Menschliche konzentriert, greift die Betriebswirtschaftslehre eher in den sachdienlichen Bereich.

So versteht die Betriebswirtschaft unter Ressourceneffizienz die bestmögliche Nutzung von *Potenzialfaktoren* wie Produktions-, Verbrauchs- und Kostenfaktoren. Aus dem Blickwinkel der Psychologie wird unter Potenzialfaktoren allerdings nicht dasselbe verstanden. *Potenzialfaktoren* sind im psychologischen Sinne die Bereitschaft und Fähigkeit des Individuums zur Leistungserbringung auf der Basis von Wissen, Können, Denkbeweglichkeit, Motivation und Veränderungsbereitschaft. Aus Sicht der Betriebswirtschaft wird die Ressourceneffizienz in erster Linie beeinträchtigt, wenn die Entscheidungskompetenz über homogene Ressourcen auf unterschiedliche Organisationseinheiten verteilt ist. Dass Leerkapazitäten oder eine problematische Allokation knapper Ressourcen die Folge sind, erklärt sich von selbst. Die betriebswirtschaftliche Sicht liefert keine Aufhellung des wirklichen Problems. Es geht nämlich nicht so sehr um die Verteilung der Entscheidungskompetenz auf unterschiedliche Organisationseinheiten als vielmehr um das der Verteilung von Verantwortung auf unterschiedliche Schultern. Wer hat die Verantwortung für was zu tragen? Nur derjenige kann auch entscheiden! Dabei darf nicht übersehen werden, dass Verantwortung eine Primzahl ist, die sich nicht ohne Brüche teilen lässt. Eine durchgreifend schlanke und wirkungsvolle Ressourceneffizienz kann ohne gleichziehende *Verantwortungseffizienz* nicht gelingen.

Zur Delegationseffizienz ist seitens der Betriebswirtschaft zu hören, dass sie die effiziente Nutzung des Problemlösungspotenzials von unterschiedlichen Hierarchieebenen innerhalb der Firma verdeutlicht. Danach liegt eine effiziente Delegation von Entscheidungen dann vor, wenn wie nach dem Subsidiaritätsprinzip bei Staaten nur die Entscheidungen nicht delegiert werden, die nicht kompetent auf den unteren Ebenen entschieden werden können. Ich halte den Begriff der *Delegation* für überholt. Delegation wird den Beigeschmack nicht los, dass man es dem anderen doch nicht zutraut. Würde man davon ausgehen, dass der andere weiß, was Sache ist, müsste man nichts *delegieren*. Das sogenannte Delegierte ist überflüssig, weil es bereits in der Zuständigkeit einzelner Rollenverantwortlicher enthalten ist. Der Begriff *Delegation* ist außerdem machtzentriert: Ich bin der Boss! Ich gebe in Großmut ein Stück vom gewaltigen Kuchen meiner Macht ab. Ich erwarte, dass meine Großzügigkeit nicht missbraucht wird. Ich behalte mir jederzeit das Recht vor einzuschreiten. Ende der Botschaftenkette. Ich bezweifele, dass Delegation heute noch ein geeignetes Mittel ist, um Menschen in Organisationen so zu identifizieren, dass sie aus ihrem tiefsten Inneren heraus ihr Allerbestes geben.

Das wirkliche Effizienzkonzept einer Organisation liegt jenseits des Delegierens. Menschen sind für eine Sache motiviert oder sie sind es nicht. Angenommen, sie sind es, so ist das eine gute Voraussetzung für die Übernahme bestimmter Rollen. Diese Voraussetzung allein genügt aber nicht. Menschen brauchen zur Übernahme von Aufgaben die erforderlichen Potenziale. Sind sie vorhanden, lernt der Mensch leicht, schnell, gründlich und variantenreich. Potenziale sind der in der Entwicklungsphase des Individuums, des Heranwachsens entstandene Quell, der sich im

späteren Leben als Reichtum der Begabung auswirkt. Wo sie fehlen, tut sich das Individuum ausgesprochen schwer. Die Schwergängigkeit äußert sich beim Erfassen
von Sachverhalten, beim Kombinieren von Zusammenhängen, beim *Begreifen* im
wahrsten Sinne des Wortes. Das zu Erfassende wird nicht griffig, es gleitet wie ein
Aal zwischen den Fingern weg. Jenseits von Potenzialen Erlerntes ist oberflächlich
Verstandenes.

3.4.6   Die personale Kompetenz des Rollenverantwortlichen

Zwei Mitarbeitern wurde zum selben Zeitpunkt eine ihnen bisher nicht vertraute
Aufgabe übertragen. Beide erhielten eine Schulung, bevor sie das Gelernte in die
Tat umsetzen sollten. Das Ergebnis nach kurzer Zeit: Der eine Mitarbeiter meisterte
die Herausforderung mit Bravour. Der andere scheiterte kläglich an derselben Aufgabe unter denselben Bedingungen. Dabei wirkten beide ausgesprochen motiviert,
diese Aufgabe anzunehmen. In diesem Fall ist davon auszugehen, dass der besser
abschneidende Mitarbeiter deutlich mehr Potenzial für die anstehende Herausforderung mitbrachte als sein Kollege.

Auf der Basis von Potenzialen können sich Fertigkeiten mühelos entwickeln,
bis hin zum Niveau des sicheren Beherrschens. Gleichwohl können – mit viel Aufwand, in relativ langer Zeit und mit mühsamer Anstrengung – auch jenseits von
Potenzialen Fertigkeiten erworben werden. Aus Fertigkeiten, ergänzt um Erfahrung, entsteht die Handlungskompetenz. Kommt jetzt noch die Selbststeuerungsfähigkeit hinzu, so sind das die wesentlichen Anforderungen an bestimmte Rollen:

Potenziale

+

Fertigkeiten

+

Selbststeuerungsfähigkeit

=

Rollenkompetenz

+

Rollenverantwortung

+

Motivation

+

Werte

=

Passender Rollenverantwortlicher

Der geeignete Rollenverantwortliche hat seine Rolle im Griff. Mehr noch: Er ist seine Rolle, weil er in ihr aufgeht. Das gilt für normale Situationen ebenso wie für schwierige. Dazu zwei Beispiele:

Die Rolle *Kundenmanager* beherrscht, wer in jeder Situation zwischen Kundenbedürfnissen und Interessen der eigenen Firma in einer solch geschickten Form abzuwägen imstande ist, dass der Kunde sich jederzeit bestens aufgehoben fühlt und die Firma, die der Kundenmanager zu vertreten hat, mehr als „auf ihre Kosten" kommt. Das ist ebenso wenig mit Einknicken vor dem Kunden zu erreichen wie mit dominantem Durchsetzen eigener Ziele. Der geeignete Rollenverantwortliche schafft eine für beide Seiten positive Situation. Er ist Diplomat in Sachen Konfliktklärung. Er ist Botschafter in Sachen nachvollziehbarer Argumentation auf der Kundenseite. Er ist Berichterstatter der Anliegen des Kunden, damit sie in seinem Unternehmen gehört, verstanden und umgesetzt werden.

Die Rolle *Eskalationsmanager* beherrscht, wer jede Eskalation in ihre Einzelbestandteile des Zustandekommens aufzusplitten vermag, ohne sich persönlich mit dem einen oder anderen Detail oder einer der beteiligten Personen zu verwickeln. Zum Eskalationsmanager bedarf es ähnlicher Qualitäten wie für das Richteramt. Die Rolle verlangt Neutralität, Fairness, Gerechtigkeitssinn, Analysefähigkeiten und Mut zur Entscheidung nach Abwägen aller Tatbestände respektive Aufarbeitung aller sachdienlichen Informationen. Der Eskalationsmanager muss auch nicht unbedingt Experte in der Sache sein, die es zu deeskalieren gilt. Er kann sich durch Dritte sachkundig machen. Seine Kernaufgabe besteht darin, hochgekochte Themen neutral aufzunehmen und in einer Weise umzugestalten, dass unabhängig von Befindlichkeiten oder Verwicklungen klare Entscheidungen möglich werden, die aus der in der Eskalationsphase gespurten Einbahnstraße führen (Abb. 3.1).

3.4.7   Die Fluide Organisation ist ein radikal anderer Ansatz

Schon die Rollenorganisation ist für sich betrachtet ein deutlich anderer Ansatz gegenüber den in den Betrieben heute vorherrschenden Organisationsstrukturen. Die Fluide Organisation bedeutet neues Denken innerhalb einer auf einen Weg oder mehrere ausgerichteten Organisationslandschaft. Eine der wesentlichsten Voraussetzungen ist die sorgfältige Auswahl der einzelnen Rollenverantwortlichen. Angenommen, Sie wollen in einer Fluiden Organisation die Rolle eines Kundenmanagers besetzen. Die Rolle verlangt Organisationsgeschick, analytisches und strategisches Vorgehen, Überzeugungsfähigkeit, Einfühlungsvermögen, Fachkenntnisse und einige weitere unternehmens- und rollenadäquate Kriterien.

GRUNDVERSTÄNDNIS DER ROLLE „GESCHÄFTSFÜHRUNG"
Zuständigkeiten, Verpflichtungen und Befugnisse der Geschäftsführung sind im Handelsrecht geregelt. Die Geschäftsführer vertreten die Gesellschaft in allen grundlegenden Geschäftsangelegenheiten nach innen und außen. Sie kümmern sich federführend um das strategische Management und entscheiden über die Rahmenvorgaben für das Geschäft, deren Einhaltung sie überwachen. Sie sind die höchste Eskalationsinstanz. Die Geschäftsführer sind zu allen wesentlichen Fragen des Geschäfts den Gesellschaftern gegenüber rechenschaftspflichtig.

VERANTWORTUNG

- Gesellschaft in allen grundlegenden Fragen nach außen vertreten
- Ressortleiter führen
- Wirtschaftsplanung und Jahresabschlüsse steuern und überwachen
- Budgets entscheiden und überwachen
- Personalpolitik, Führungs-/ Servicestil/Leistungskultur der Gesellschaft prägen
- Rahmenvorgaben für das Geschäft setzen und deren Einhaltung überwachen
- Eskalationen aus dem operativen Management entscheiden
- Rechenschaft gegenüber den Gesellschaftern ablegen

ERFORDERLICHE KERNKOMPETENZEN

- Management- und Leadershipgespür
- Analytisches und strategisches Denken
- Entscheidungsstärke- und Durchsetzungsvermögen
- Konsequenter Umsetzungstrieb
- Sicherer Umgang mit Spannungsfeldern (Gesellschafter-/Kunden-/Zulieferer-/ Führungskräfte- und Mitarbeiterinteressen)
- Kundenorientierung
- Konfliktlösungsfähigkeit

Abb. 3.1 Auszug aus einer Rollendefinition

Zu unterscheiden ist nach Primär- und Sekundärkriterien. Die Sekundärkriterien erspare ich mir an dieser Stelle, sie sind eine Kür, kein absolutes Muss. Wer *Potenziale* hat, lernt leicht, schnell und gründlich. *Fertigkeiten* zeigen sich darin, was der zukünftige Rollenverantwortliche schon beherrscht, unabhängig davon, wie lange und mühsam er bis zum Beherrschungsgrad lernen musste. Wer alle Primärkriterien beherrscht, ist auch für den Fall geeignet, dass seine Potenziale in den geforderten Kriterien schwach ausgeprägt sind. Bei den nicht beherrschten Kriterien kommen die Potenziale in besonderer Weise zur Geltung. Sind sie beim zukünftigen Rollenverantwortlichen auszumachen, kann man sich darauf einstellen, dass er sich schnell und sicher einarbeiten wird. Als Nächstes ist die *Selbststeuerungsfähigkeit* zu prüfen. Agiert der zukünftige Rollenverantwortliche eigenständig oder ist er auf Fremdbestimmtheit angewiesen? Je höher die Fähigkeiten zur *rationalen* und *emotionalen* Selbststeuerung, ergänzt um Fertigkeiten und – wo solche fehlen – Potenziale, umso höher die zu erwartende *Rollenkompetenz. Rollenverantwortung* kann nur übernehmen, wer über ausreichende Rollenkompetenz verfügt. Bleiben noch die Motivation und die Werte zu klären. Was nützt eine hohe Rollenkompetenz, wenn der Rollenverantwortliche nicht motiviert für die Rolle ist oder seine Werte nicht mit der Rolle in Einklang zu bringen sind? Der bestgeeignete Rollenverantwortliche ist also der, bei dem von den Potenzialen/Fertigkeiten bis zu den Werten alles stimmt.

Halbherzigkeit in der Auswahl der Rollenverantwortlichen muss zwangsläufig zu Minderleistungen führen. In einer konsequent gedachten Fluiden Organisation geht es um zwei Dimensionen, die eng aufeinander abzustimmen sind: zum einen die Dimension der erforderlichen Rolleneignung und zum anderen die Dimension der Prozessaktivitäten. Aus der Synchronisation dieser beiden Dimensionen ergeben sich die eigentlichen Vorteile einer Rollenorganisation:

- Größtmögliche Flexibilität in den Abläufen
- Enge Verschmelzung von Aufgaben/Zuständigkeit und Verantwortung
- Hoher Effizienzgrad, keine Dopplung oder Überschneidung von Aufgaben/Zuständigkeiten
- Hohe integrative Kräfte
- Geringe Fehlerquote
- Höchste Prozessdynamik
- Rollenübertragung nach Potenzialen, Fähigkeiten und Motiven der Rollenverantwortlichen
- Hoch motivierte und bestens qualifizierte Rollenverantwortliche
- Kundenorientierung als Anfang und Ende des Denkprozesses um die daran auszurichtende Organisation

Um das zu erreichen, verlangt eine Fluide Organisation nach Vollblütigkeit in der Umsetzung. Mischformen, ein bisschen Rollenkonzept, ein bisschen Linie, eine Prise Matrix, angereichert um einige Projekte ... – das kann nicht funktionieren. Denn diesen Zustand haben wir bereits in vielen Unternehmen. Ihn durch ein Quäntchen Modifikation aufwerten zu wollen, halte ich für vertane Zeit. Man bedenke, dass Begriffe wie *Rollenanforderung, Rollenübernahme, Rollenverantwortung* etc. keineswegs unbekannt sind. Merkwürdig mutet es allerdings an, wenn solche Begrifflichkeiten in Organisationen kursieren, die auf Matrix- oder Liniengesetzmäßigkeiten aufbauen.

Die Fluide Organisation verlangt nach einem radikalen Umdenken. Im Mittelpunkt allen Strebens steht der Kunde. Alles rankt sich darum, ihn auf Dauer mehr als zufriedenzustellen, das heißt zu begeistern. Am Kopf der Fluiden Organisation steht die Organschaft, Vorstand oder Geschäftsführung, je nach Rechtsform der Firma. Alle weiteren Aufgaben und Zuständigkeiten werden an prozessualen Notwendigkeiten und personalen Ressourcen ausgerichtet, wobei das Wirtschaftlichkeitsdenken dem Denken um Kunden-Bedürfnisorientierung unterzuordnen ist. Andernfalls sägt sich das Unternehmen den Ast ab, auf dem es sitzt. Einmal verärgerte oder enttäuschte Kunden lassen sich nur mit sehr viel Geld wieder zurückgewinnen. Der Aufbau eines guten Rufes dauert Jahre, manchmal Jahrzehnte. Seine Vernichtung schafft ein Unternehmen locker in einem Bruchteil der Zeit.

Einrichtung der Fluiden Organisation

Zu Beginn der Umstellung einer Organisationsstruktur auf ein Organisationssystem stellen sich folgende Fragen:
Welche Kernbereiche sind abzudecken? Zum Beispiel Forschung und Entwicklung, Produktion, Verkauf, Verwaltung.
Welche Qualifikationen sind in den einzelnen Kernbereichen abzudecken? Zum Beispiel auf der 1., 2. und 3. Verantwortungsebene.
Wie sind die Arbeitsbereiche zu definieren? Zum Beispiel durch klare Anforderungen an Rollenverantwortliche.
Wie sehen die erforderlichen Prozessschritte aus? Zum Beispiel innerhalb der Kernbereiche auf den einzelnen Ebenen.
Wie ist die Qualität auf einem hohen Level zu halten? Zum Beispiel durch sorgfältige Auswahl der Rollenverantwortlichen nach Potenzialen, Motivation, Selbststeuerungsfähigkeit, Denkbeweglichkeit, Fertigkeiten.
Wie lässt sich Stress als Fehlerquelle vermeiden? Zum Beispiel durch die Auswahl der bestgeeigneten Rollenverantwortlichen, definierte Prozessschritte, eindeutige Zuständigkeiten, die Einrichtung eines Notfallmanagements (was wird wann auf welche Eskalationsstufe gestellt und wer trifft die Entscheidungen?).
Welche Grade von Eigenverantwortung sind erforderlich? Zum Beispiel auf den definierten Verantwortungsebenen.
Welche Dimensionen von Selbstorganisation sind wo möglich? Zum Beispiel durch Festlegung der Berichtswege.
Wie wird das Leitungskonzept gestaltet? Zum Beispiel durch Unterscheidung von Rollenverantwortung, Entscheidungskompetenz, fließenden (bedarfsgerechte Aufgabenübernahme) und statischen Rollen (Vorstand, Geschäftsführung).
Wie kann die Prozesssicherheit auf hohem Niveau sichergestellt werden? Zum Beispiel durch das enge Zusammenspiel von fließenden (zum Beispiel: *Kundenmanager*) und statischen Rollen (zum Beispiel: *Vorstand, Forschung und Entwicklung*).

Welche Flexibilitätsgrade sind erforderlich? Zum Beispiel durch die Festlegung statischer Vorgänge wie Ziele, Strategien, ergänzend zum gewährten Freiraum für die fließenden Rollen (alles Nicht-Statische ist fließend).
Welche Kultur soll das Unternehmen prägen, welche Werte sind tragend? Zum Beispiel Werte wie Vertrauen, Verantwortung, Authentizität; das enge Verknüpfen von Leistung als Selbstverständnis und Kultur als Leistungsverstärker.

Nach Klärung der Anfangsüberlegungen kann ein auf die Kundenerwartungen zugeschnittenes Ablaufmodell entworfen werden. Die Organisation muss danach so beschaffen sein, dass sie dem Kunden in direkter Weise hilft, dessen Bedürfnisse im Angebot und im Umgang mit ihm wiederzufinden.

Wir alle wissen, wie heterogen die Bedürfniswelt eines Kunden sein kann. Aber die Kunst der Unternehmensführung aus Marketingsicht besteht genau darin, dieser Heterogenität in allen Lagen Herr (oder Frau) zu werden. Eine Steuerung von Kunden nach reinen Rechengrößen kann dabei äußerst gefährlich werden. Das Prinzip „großer Kunde gleich guter Kunde" kann schnell in einer Irrfahrt falscher Unternehmenspolitik und -ausrichtung enden.

3.4.8   Kundensegmentierung kann man nur an Kundenbedürfnissen ausrichten

Banken etwa sind auf Irrwege geraten, als sie ihre Kundensegmentierung an quantitativen Größen auszurichten begannen. Betriebswirtschaftliches Denken erschlug menschliches Gespür. Plötzlich wurde der hochvermögenden Dame im Alter von achtundsiebzig Jahren in der Filiale nicht mehr die Aufmerksamkeit in Form eines Plauderstündchens mit Kaffee zuteil. Stattdessen flatterten ihr Fondsangebote, Aktienoptionen, sogar Lebensversicherungswerbung und sonstiges aus Sicht der Kundin als „unsinniger Kram" interpretiertes Material ins Haus. Diese Kundin denkt folgerichtig: „Für Papierkram haben die Geld, für eine Tasse Kaffee nicht mehr." Die Dame erzählt natürlich ihren zukünftigen Erben, dass sich der Zustand bei ihrer Hausbank gravierend verschlechtert habe und sie, wenn sie nicht schon so alt wäre, umgehend die Bank wechseln würde. Das tun dann die Erben, sobald sie am Zug sind. Die alte Dame hatte nicht gesagt, über was sie sich ständig ärgert, sondern nur, dass ihre Bank nichts mehr taugt. Dieselbe Bank schickt dem strebsamen Aufsteiger mit jugendlichen achtundzwanzig Jahren nichts dergleichen ins Haus.

Sein Vermögen beträgt ganze 3.428,- €, sein Einkommen wirft netto monatlich 1.941,- € ab. Für die Bank uninteressant, weil er nicht zu den Vermögenskunden zählt. Die Kategorisierung nach kapitalen Größen basiert auf zahlenbasierter Engstirnigkeit, die heftig am gesunden Menschenverstand nagt. Wenn Theoretiker ihr Denken in Planung umwandeln, so kommt bei der Umsetzung eben nicht mehr heraus als das Denken der Theoretiker. Und das zielt gehörig am Bedarf vorbei. Der Versuch, aus der Perspektive des Kunden zu denken, wäre weitaus hilfreicher. Für beide Seiten – die Kunden und die Bank.

Nach meinem Verständnis gibt es keine kleinen und großen Kunden, sondern nur Kunden. Wenn der sogenannte *kleine Kunde* über die richtigen Netzwerke verfügt, über die er per Blog oder Twitter seinen Unmut auf andere überträgt, baut sich ein negatives Image eines bestimmten Anbieters in der heutigen Zeit um ein X-Faches schneller auf, als das noch vor wenigen Jahren der Fall war. Wir steuern mit der medial schnell tickenden Welt in eine Zukunft, die den Firmen zeigen wird, wer am längeren Hebel sitzt. Da kann man gar nicht vorsichtig genug sein in der Wahl seiner Feinde, wie es einst Oscar Wilde ausdrückte.

Welche Vorteile liegen in der dezentralen Gestaltung der Fluiden Organisation? Sie bedeutet, pro Markt in den einzelnen Ländern Werke zu unterhalten, die Partner des Kunden sind und einen Full-Service vom Erstkontakt über Entwicklung, Fertigung, Auslieferung, Installation, Inbetriebnahme, Fakturierung bis hin zu technischem Service bieten. Das ist das Prinzip des Kundenverantwortlichen bzw. Kundenmanagers. Das Unternehmen muss präzise zwischen den Vor- und Nachteilen für den Kunden abwägen. Es wäre falsch, die vordergründigen Vor- und Nachteile des liefernden Unternehmens in den Fokus zu stellen. Bei alledem darf man nie aus den Augen verlieren, dass mit der rasanten Zunahme medialer Möglichkeiten der Kunde dominiert. Einst waren die Firmen marktbeherrschend. Schon bald werden es die Kunden sein.

Welche Vorteile bringt eine zentrale Gestaltung der Fluiden Organisation? Das liegt am Beispiel eines Herstellers auf der Hand, nämlich die Fertigung dort auf der Welt hinzulegen, wo es am wirtschaftlichsten, effizientesten, sichersten ist. Die Betreuung des Kunden erfolgt durch weltweit agierende Spezialisten. Die Entwicklung findet dort statt, wo sich die besten Entwickler bündeln lassen und auch sonst die besten Voraussetzungen für Forschung und Entwicklung gegeben sind. Auch die administrative Betreuung kann von irgendeiner Stelle aus geregelt werden. Der Verkauf muss vor Ort angesiedelt sein, mit Menschen, die nicht nur die Sprache, sondern auch die Kultur des Landes verstehen. Das ist das Prinzip *beste Effizienz und bestmögliche Qualität*. Was unter Effizienz zu verstehen ist, weiß niemand besser als das Unternehmen selbst. Was unter Qualität zu verstehen ist, weiß der Kunde besser als das anbietende Unternehmen. Im Einzelfall gilt es auch hier, die Vor-

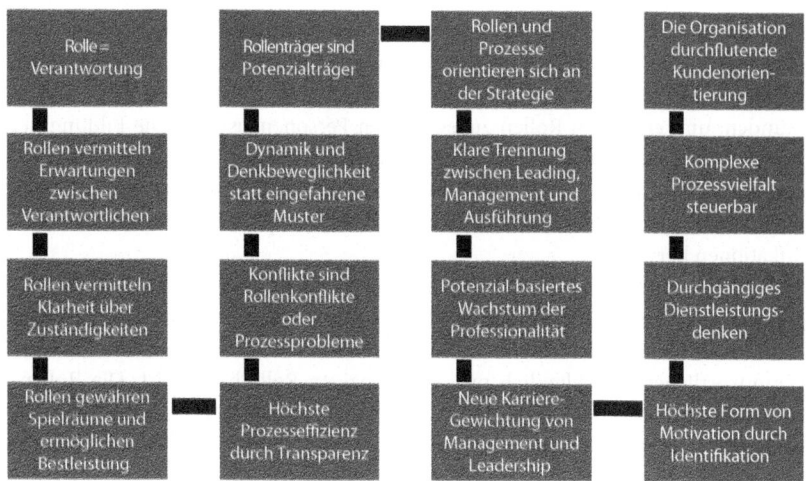

Abb. 3.2 Vorteile der Rollenorganisation

und Nachteile für den Kunden abzuwägen und erst im zweiten Schritt an das eigene Unternehmen zu denken. Merke: Wer sich mit Leidenschaft an den Bedürfnissen seiner Kunden orientiert und es versteht, dies kommunikativ und durch Taten zu vermitteln, hat mehr von Marketing verstanden als alle Marketingwissenschaftler zusammen.

Nun kann es sein, dass beide Extreme mehr Nachteile als Vorteile mit sich bringen. Im diesem Fall ist die Fluide Organisation flexibel genug, adäquate Gestaltungsformen zu finden. Das Besondere der konsequent angewandten Fluiden Organisation besteht in ihrer Geschmeidigkeit, die sich an Notwendigkeiten ausrichtet. Das Herausragende findet sich in der engen Verzahnung zwischen Potenzialträgern und den zu ihnen passenden Verantwortungsgraden (Abb. 3.2).

3.4.9 Das Zusammenführen von Prozess, Aktivität, Rolle und Rollenverantwortlichem

Im Gesamtprozess einer Fluiden Organisation leiten sich aus dem *Prozess* die *Aktivitäten*, aus den Aktivitäten die *Rollen* und aus den Rollen die *Rollenverantwortlichen* ab.

Die Aktivitäten der einzelnen Prozesse werden zu Rollen zusammengefasst. Eine Rolle kann aus nur einer Aktivität bestehen oder aus mehreren. Jede Aktivität eines Gesamtprozesses ist einer Rolle zugeordnet. Die gebildeten Rollen sagen zunächst noch nichts über die Menschen aus, die als Rollenverantwortliche die Rollen ausfüllen. Grundsätzlich erfolgt eine Entkoppelung von Aktivitäten, die in Rollen münden, und einer den Rollen zugewiesenen Personenauswahl. Die Bildung der Rollen erfolgt nach situationsspezifischen Gesetzen. Rollen müssen also sinnvoll zu den prozessorientierten und ganzheitlichen Aktivitätsstrukturen passen. Damit ist noch kein Bezug zu den einzelnen Berufsbildern bzw. personenspezifischen Qualifikationen hergestellt.

Die Zuordnung von Rollen zu den bestimmten organisatorischen Einheiten ergibt sich aus dem Konzept der Rollenverantwortlichen. Ein Rollenverantwortlicher kann mehrere Rollen übernehmen. Denkbar ist ebenso, dass ein einzelner Rollenverantwortlicher ausschließlich mit einer einzigen Rolle betraut ist. Die Rollenaufteilung wird durch die Systematik der Rollenverantwortlichen unabhängig von der organisatorischen Struktur einer Einheit gestaltet. Damit werden dynamische Schnittstellen innerhalb eines Prozesses ermöglicht. Es wird so die Bildung eines integrativen ganzheitlichen Prozessdenkens geschaffen. Die Rollenkonzeption ermöglicht eine fließende Anpassung an die Größe eines Unternehmens. Durch diese Konzeption ist ein Höchstmaß an stets im Fluss befindlicher Dynamik gewährleistet.

Grundsätzlich lassen sich drei verschiedene Arten von Rollen gestalten. Die Rollenarten beziehen sich unmittelbar auf die Rollenverantwortlichen, von denen die Rolle ausgefüllt wird. So lassen sich *leitende*, *fachliche* und *externe* Rollen ausfüllen.

- Leitende (Entscheider-)Rollen: Vorstand oder Geschäftsführung als Organschaft, Führende außerhalb der Organschaft mit unterschiedlich ausgeprägtem Entscheidungsrahmen
- Fachliche (Ausführer-)Rollen: Entwickler, Produzenten, Ausführende, Qualitätsmanager, Kontrolleure, Assistenten
- Sonstige interne (Dienstleister-)Rollen: Berater, Coach, Trainer

Von einer Rollenzuweisung bezogen auf Externe, wie Kunden, Lieferanten und ähnliche nicht zur Organisation gehörende Beziehungspartner, ist Abstand zu nehmen. Dieser Ansatz wird in der klassischen Rollenorganisation beschrieben. Nach meiner Erfahrung wird damit das Verständnis einer überschaubaren Organisation eher behindert als gefördert. Rollenverantwortliche sind direkt (Angestellte) oder indirekt (Interimskräfte, Freiberufler) zur Organisation gehörende. Der Kunde kann schon deswegen kein Rollenträger, Rolleninhaber (wie andere Autoren es nennen) oder Rollenverantwortlicher (wie ich es nenne) sein, weil er sich nicht durch Auftrag, Weisung oder zugewiesenen Verantwortungsgrad beeinflussen lässt.

Dass Rollenverantwortliche eine oder mehrere Rollen in einem Prozess oder eine oder mehrere Rollen in mehreren Prozessen übernehmen können, schafft eine *Rollendynamik*, die von statischen Zuordnungen in allen anderen bekannten Organisationsmodellen niemals zu erwarten ist. Die Zahl der Kombinationsmöglichkeiten ist nahezu unbegrenzt. Wie viele Rollen ein Rollenverantwortlicher in wie vielen Prozessen ausfüllt, sollte mehr an der Fähigkeit der Person als an der Notwendigkeit der Rollenverteilung festgemacht werden. Je größer die Versuchung, sich an der Notwendigkeit von zu verteilenden Rollen auszurichten, umso größer die Gefahr der Leistungs- und Qualitätsgefährdung. So kann ein Rollenverantwortlicher als Spezialist mit einer fachlichen Rolle repräsentiert sein und zusätzlich als Leiter einer größeren Einheit fungieren.

Ich halte nichts davon, feste Rollen zu definieren und sie dann unter den vorhandenen Personen im Unternehmen aufzuteilen. Ich empfehle die Orientierung an den Personen, den Rollenverantwortlichen: die Prozesse in Einzelaktivitäten bzw. Aufgaben aufsplitten, nach bestgeeigneten Rollenverantwortlichen suchen (durch einen qualifizierten Auswahlprozess selbstverständlich), die Rollen nach dem Know-how der identifizierten Rollenverantwortlichen ausgestalten, die dann möglicherweise entstehende Differenz auf externe Rollen übertragen und mit geeigneten Rollenverantwortlichen ausfüllen. Jedes Abweichen von diesem Vorgehen ist der Eintritt zur Halbherzigkeit in Anwendung einer Fluiden Organisation (Abb. 3.3, 3.4, 3.5, 3.6 und 3.7).

3.4.10 Die Vorteile der Fluiden Organisation im Rahmen einer durchgängigen Leistungskultur

Die Fluide Organisation bietet die größten Vorteile zur Ausgestaltung einer Leistungskultur. Sie ist den konventionellen Formen der Organisationsstruktur gegenüber, wie wir sie bei der Linie und der Matrix vorfinden, im Vorteil. Die wesentlichen Merkmale sind:

- Die Übernahme von Rollen ist an Erfahrungen, Potenziale, Fertigkeiten und Motivation geknüpft
- Rollen können eng auf den Rollenverantwortlichen abgestimmt werden
- Rolle und Verantwortung sind untrennbar
- Aus der Notwendigkeit bestimmter Aktivitäten, die sich je nach Organisation schnell ändern können, entstehen anforderungsrelevante und zeitdimensionierte Rollen

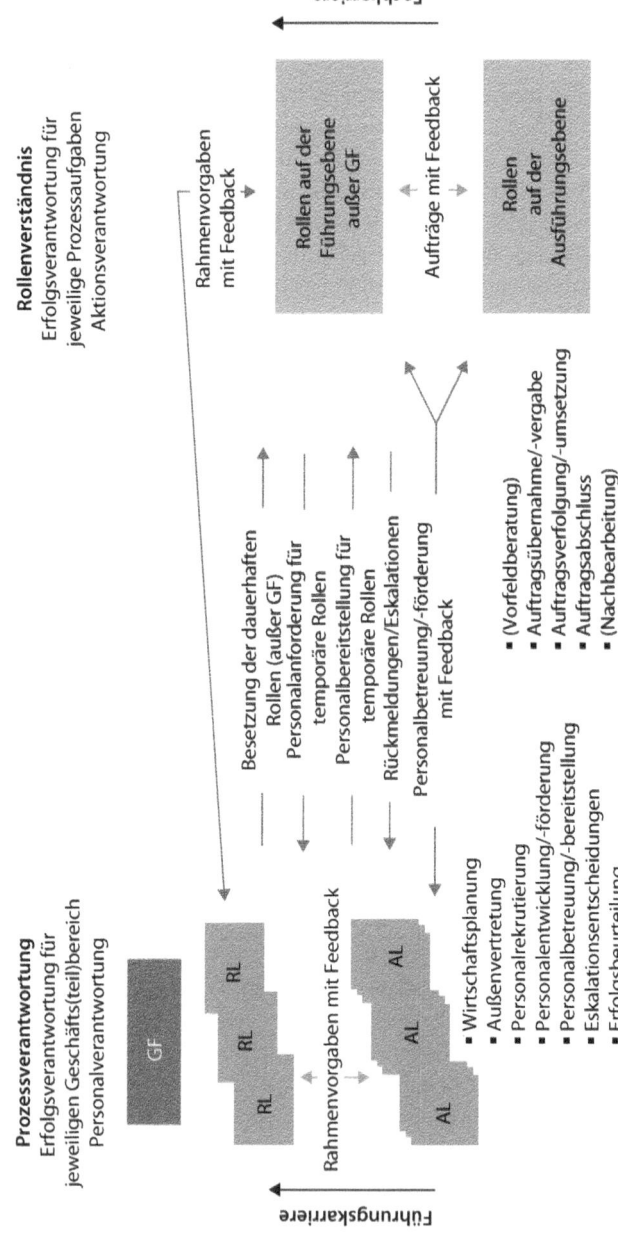

Abb. 3.3 Prozess- und Rollenverantwortung

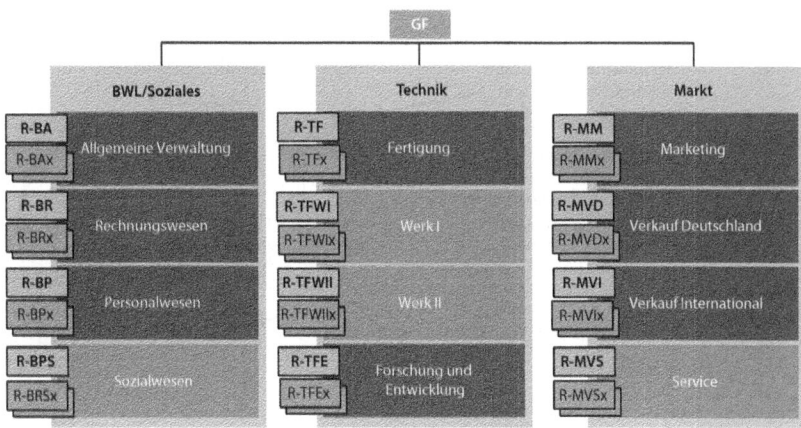

Abb. 3.4 Rollenzuordnung

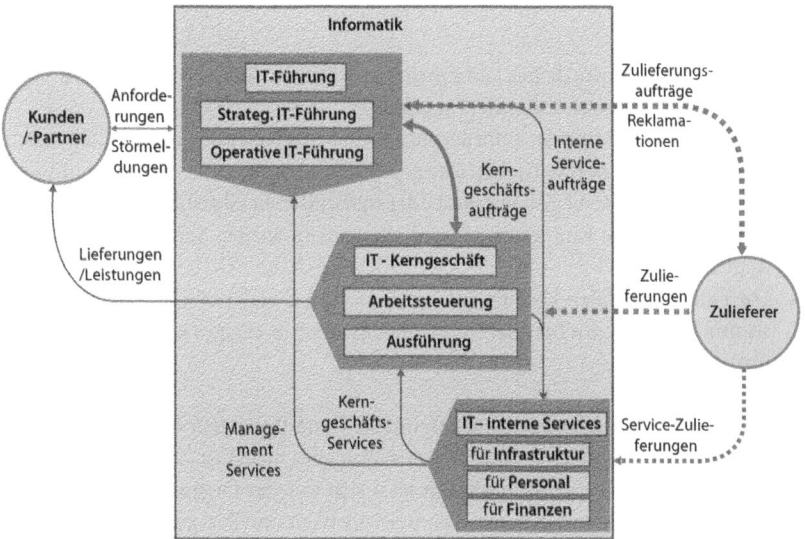

Abb. 3.5 Architektur der Prozesse

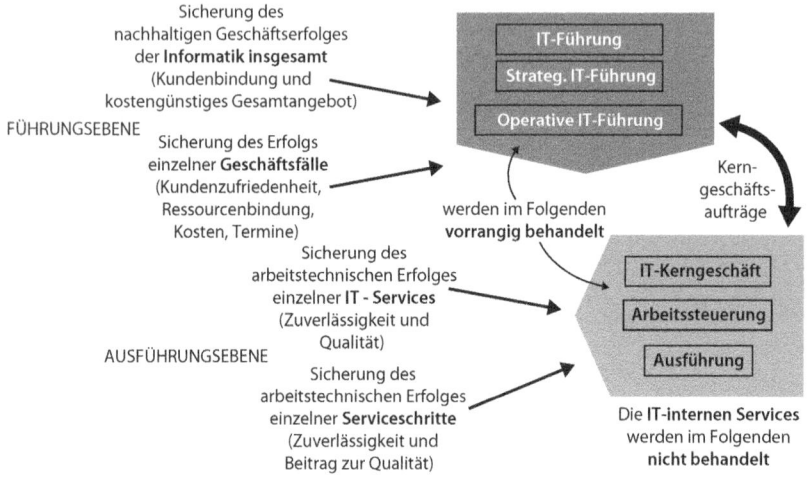

Abb. 3.6 Rollenteilung Führungs- und Ausführungsebene

- Ein Rollenverantwortlicher kann mehrere Rollen ausfüllen, je nach Talent
- Rollen werden prozessorientiert angelegt
- Rollen können temporär, anforderungs- und bedarfsgerecht ausgestaltet werden
- Rollen können einen statischen (festgeschriebene Funktionen wie Vorstand/Geschäftsführung/Bereichsleiter etc.) oder dynamischen (situationsabhängige Zuständigkeiten wie Kundenmanager, Kampagnenmanager, Servicemanager etc.) Aspekt haben
- Die einzelnen Rollen können auf den Sinn und Zweck der Organisation abgestimmt werden, zum Beispiel Kundenbedürfnisse in zügiges konkretes Handeln umzusetzen

Die Organisation ist eine nicht unwesentliche Grundlage einer in sich stimmigen Leistungskultur. Wenn auch ohne Organisation alles nichts ist, so ist Organisation bei Weitem nicht alles. Leistungskultur lässt sich in jeder Organisationsform denken, wenn auch nicht mit dem Grad an Beweglichkeit und Passgenauigkeit, wie ihn die Fluide Organisation zu bieten hat.

Während die Organisation makrosystemisch zumeist über das gesamte Unternehmen greift, ist Führung eine mikrosystemische Angelegenheit. Alle Führenden müssen sich derselben Organisationsform unterordnen. Aber jeder Führende ist seinen Mitarbeitern und sich selbst verpflichtet, was die Qualität und Wirksamkeit

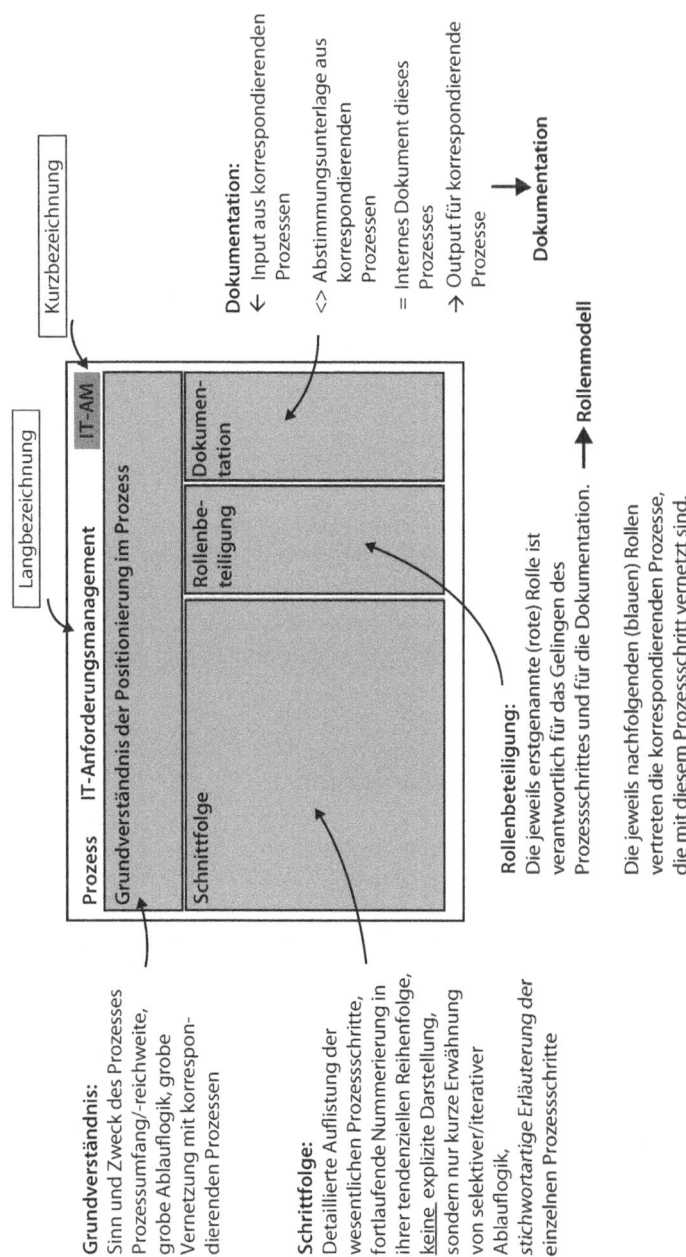

Abb. 3.7 Beschreibung einzelner Prozesse

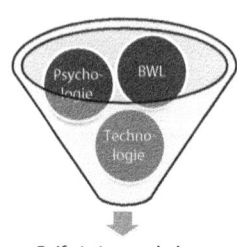

Reife Leistungskultur

- Technologie, Betriebswirtschaft und Psychologie greifen eng ineinander
- Leistung wird nicht interpretiert, sondern fließend gelebt
- Werte sind wichtiger als Normen
- Verantwortung ist wichtiger als Ziele
- Rollenverantwortliche ersetzen Funktionsträger
- Potenziale entscheiden über Rollenbesetzung
- Leadership ist wichtiger als Management
- Mitarbeiter sind wichtiger als Kunden, weil wertgeschätzte Mitarbeiter Kunden leichter gewinnen
- Jeder ist zur Professionalität verpflichtet
- Best- und Spitzenleistung wird durch Vermeidung von Leistungsstörungen im Arbeitsumfeld ermöglicht
- Beziehungen werden geklärt und gepflegt

Abb. 3.8 Fluide Organisation und Leistungskultur

seiner Art des Führens betrifft. Zwar ist der einzelne Führende an die gemeinsame Organisationsstruktur oder das implementierte Organisationssystem gebunden, nicht aber an die Art und Weise, wie seine Kollegen oder sein Chef führen. Von daher kommt der Führung eine noch wichtigere Bedeutung für das Gelingen einer Leistungskultur zu als der gewählten Organisationsform. Darum geht es im nächsten Kapitel (Abb. 3.8).

3.5 Fallbeispiel Fluide Organisation

Der Marktführer in einem vor fünfundzwanzig Jahren neu entstandenen Markt stieß in den letzten Jahren an seine Grenzen. Nahezu zwanzig Jahre hatten Mitbewerber kaum eine Chance, das stetige Wachstums dieses Pioniers zu bremsen. Das Dienstleistungsunternehmen wurde über viele Jahre kontinuierlich geführt und erfreute sich jährlich besserer Zahlen, die dann plötzlich einzubrechen begannen. Es gab Wechsel in der Geschäftsführung, immer neue Mitstreiter drängten auf einen Markt, der sich durch fortschreitende Technik und veränderte Kundenwünsche dramatisch zu verändern begann, was in besagtem Unternehmen spät erkannt wurde.

Die neu bestellte Geschäftsführung stand vor der Herausforderung, das Unternehmen von Grund auf zu verändern, um zu alten Pionierleistungen zurückzukehren. Zuerst wurde ein Leistungskulturbild erstellt, d. h. unter Einbezug aller Führungskräfte, Mitarbeiter und einem Teil der Kunden wurden die Gründe identifiziert, die zum Absinken der Marktpräsenz geführt hatten. Zu den markanten Schwachstellen zählten: mangelnde Klarheit in den Abläufen, unzureichende Führung im mittleren Führungskreis, Festhalten an nicht mehr zeitgemäßem Denken und Handeln infolge mangelnder Umstellungsbereitschaft einiger „Altgedienter", die gedanklich mehr beim Schwelgen in vergangenen Erfolgen verharrten, als sich auf die drastisch veränderten Herausforderungen einzustellen.

Nach Vorliegen der Daten der extern begleiteten Analyse informierte die Geschäftsführung in einer Mitarbeiterveranstaltung über drei wesentliche Schritte der kurzfristig anstehenden Veränderung: 1. Aufarbeitung zwischenmenschlicher Missverständnisse, Meinungsverschiedenheiten und Konflikte. Dazu setzte sofort ein Konfliktklärungsprozess ein. 2. Einführung der Fluiden Organisation. Damit wurde mit einem Zeitversatz von vier Wochen begonnen, nachdem der Konfliktklärungsprozess erste Erfolge zeigte. 3. Fortlaufende Lerndialoge für Führungskräfte und Mitarbeiter. Dieser Schritt blieb bis zur Einführung der Fluiden Organisation in der Warteschleife.

Eine Fluide Organisation ist durch Regeln, Zuständigkeiten, Netzwerkanbindungen und Verantwortungsgrade für den einzelnen Rollenverantwortlichen gekennzeichnet, die sich an klar definierten Prozessen ausrichten. Diese Prozesse wurden im ersten Schritt erfasst und im zweiten, auf gegenwärtige und zukünftige Anforderungen abgestellt, neu beschrieben. Die Prozesslandschaft erstreckte sich über drei Ebenen: Unternehmensverantwortung, Ressortverantwortung, Abteilungsverantwortung. Es zählt zu den ganz großen Herausforderung der Einrichtung einer Fluiden Organisation, diese Prozesse sauber, das heißt anforderungsgerecht, übersichtlich und praxisrelevant zu beschreiben. Schon zu Beginn der Erhebung bisheriger Abläufe zeigte sich, dass drei Ressortleiter ein deutlich abweichendes Verständnis von ein und demselben Sachverhalt haben können und daher damit überfordert waren, ohne Mitwirkung eines neutralen Dritten die Prozesse in ihrem Zuständigkeitsbereich zu beschreiben. Soweit man von „Teufel" sprechen konnte, steckte er im Detail. Dahinter standen unterschiedliche Wahrnehmungen und Vorstellungen der Handelnden, die über eine gemeinsame Prozessbeschreibung auf einen Nenner gebracht wurden. Dabei galt es Antworten auf folgende Antworten zu finden: Wie viel Prozess muss mit welcher Detailtiefe beschrieben werden? Wer ist innerhalb der Organisation Kunde, wer Lieferant? Wer entscheidet, wenn die eigentlichen Entscheider keine gemeinsame Entscheidung erreichen können? Wie stellt man die dauerhafte Geschmeidigkeit der Prozesse sicher? Wer muss was über die Prozesse wissen, um wie handlungsfähig zu sein? Wer trägt für was Verantwortung?

Kern der Fluiden Organisation ist es, dass jeder Rollenverantwortliche die Rolle(n) ausfüllt, die ihm von seinen Potenzialen (mit Blick auf seine weitere Entwicklung), seiner Aus- und Weiterbildung, seinen Erfahrungen und seiner Motivation am besten liegt (liegen). Dabei haben funktionale Notwendigkeiten der Organisation (reibungslose Prozesse) Vorrang vor personalen Neigungen.

Da Führungskräfte wie Mitarbeiter als Rollenverantwortliche im Organisationskontext die eigene(n) Rolle(n) einzelverantwortlich ausführen, waren, nachdem die Prozesse funktionsfähig abgebildet waren, die Rollenzuschreibungen zu klären. Dabei ist Verantwortung als Primzahl zu sehen, die nicht ohne Brüche teilbar ist. Mit Bezug auf die Rollen anderer entwickeln sich Rollenerwartungen. Auch das galt es zu berücksichtigen. Wenn sich im Netzwerk aufeinander Bezug nehmende Rollenkooperationen entwickeln sollen (sie müssen es!), ist auch dies zu klären.

Mit der Entwicklung von Rollen war unmittelbar die Klärung von Erwartungen der Organisationsmitglieder untereinander sowie deren Verantwortlichkeiten verbunden. Die Verantwortung für die Rolle ist untrennbar mit der Rolle verknüpft. Es galt, die Geschäftsführung zu entlasten und gleichzeitig die Prozesse schneller und sicherer zu machen. Man muss wissen, dass in der Fluiden Organisation die Prozesse der Statik des Rollengefüges dienen – nicht mehr und nicht weniger. Das Erfolgstreiben geht von den Rollen, nicht von den Prozessen aus. Ein Pkw oder Lkw wird nicht von seiner Technik, sondern von seinem Fahrer beherrscht und durch das Dickicht des Verkehrs bewegt.

Eine weitere nicht leicht zu lösende Aufgabe bestand darin, die Rollen möglichst mit Potenzialträgern zu besetzen. An dieser Stelle wurde wie an keiner anderen deutlich, dass Wunsch und Realität, Ideal und Wirklichkeit nicht immer synchronisierbar sind, so sehr man sich dies auch wünschen mag. Da im Zuge der Unternehmensanalyse (Leistungskulturbild) allen Führungskräften und Mitarbeitern zugesagt wurde, dass die Analyse nicht zur Freisetzung Einzelner führen wird, waren Kompromisse nicht zu vermeiden. So blieb es nicht aus, Rollen mit Menschen zu besetzen, die zunächst einmal nicht als sehr geeignet für diese Rolle gesehen wurden, die aber ihre Bewährungszeit haben sollten. Ein Jahr später stand die Bilanz und wo erforderlich Neubesetzung der Rollen an. Diesmal galt das Primat des besten Potenzials pro Rolle. Wer mit seinen Rollen (durchaus mehr als eine pro Person) überfordert war, musste mit Veränderungen bis hin zur Auflösung der Arbeitsvertrages rechnen.

Nach konsequenter Einführung des Prozess- und Rollenmodelles ist in einer Organisation nichts mehr so, wie es war. Jeder sieht sich transparenten Aufgaben mit klar abgegrenzten Zuständigkeiten in einer fluiden Prozesslandschaft mit auf Denkbeweglichkeit angewiesenen Rollenverantwortlichen gegenüber. Verantwortung ist das, was zählt. Es sind nicht die Ziele. Diese gehen in der Übernahme von Verantwortung auf. Für das beschriebene Unternehmen wurde mit Einführung der Fluiden Organisation auf unübersehbare Art demonstriert: Wir sind so aufgestellt, dass andere sich uns nicht in den Weg stellen können, wir lassen uns nicht von der Benchmark anderer leiten, wir sind die Benchmark!

Literatur

Goleman D (2001) Emotionale Intelligenz, 14. Aufl. dtv, München
http://www.juv.at/material/1793.pdf. Zugegriffen: 2. Jan. 2012
Nonnenmacher D (2007) Organisation von Dienstleistungsprozessen. Eul, Lohmar

Weiterführende Literatur

Becker J, Kugeler M, Rosemann M (2003) Prozessmanagement. Ein Leitfaden zur prozessorientierten Organisationsgestaltung. Springer, Berlin
Bertalanffy L von (1968) Organismic, psychology an systems theory. Clark University Press
with Barre Publishers, Barre
Braverman H (1985) Die Arbeit im modernen Produktionsprozess, 2. Aufl. Campus, Frank-
furt a. M.
Dahrendorf R (2006) Homo Sociologicus. Ein Versuch zur Geschichte, Bedeutung und Kritik
der Kategorie der sozialen Rolle, 16. Aufl. VS Verlag für Sozialwissenschaften, Wiesbaden
Hamel G (2001) Das revolutionäre Unternehmen. Springer, Berlin
Leutz G (1974) Das klassische Psychodrama nach J. L. Moreno. Springer, Heidelberg
Mead GH (1993) Geist, Identität und Gesellschaft, 9. Aufl. Suhrkamp, Frankfurt a. M. (Mor-
ris CW (Hrsg))
Moreno JL (1974) Die Grundlagen der Soziometrie, 3. Aufl. Budrich, Opladen
Picot A, Franck E (1995) Prozeßorganisation – Eine Bewertung der neuen Ansätze aus Sicht
der Organisationslehre. In: Nippa M, Picot A (Hrsg) Prozeßmanagement und Reenginee-
ring. Die Praxis im deutschsprachigen Raum. Campus, Frankfurt a. M.
Picot A, Reichwald R, Wigand RT (2001) Die grenzenlose Unternehmung. Information, Or-
ganisation und Management. Springer, Wiesbaden
Peters T (1994) Kreatives Chaos. Hoffmann & Campe, Hamburg
Petzold H (1979) Psychodrama-Therapie. Theorie, Methoden, Anwendung in der Arbeit mit
alten Menschen. Junfermann, Paderborn
Petzold H, Mathias U (1982) Rollenentwicklung und Identität. Springer, Paderborn
Saaman W (1991) Auf dem Weg zur Organisation von morgen, 2. Aufl. Wissenschaftliche
Verlagsgesellschaft, Stuttgart
Sprenger RK (1996) Das Prinzip der Selbstverantwortung. Campus, Frankfurt a. M.

Das andere Verständnis von Führung

4

Zusammenfassung

Dieses Kapitel greift Führung nicht in der gewohnten Weise auf. Darüber ist andernorts schon viel geschrieben worden. Es geht um Führung innerhalb einer Leistungskultur, in der die Vollmündigkeit des Rollenverantwortlichen ein hoher Wert ist – der höchste. Steuerungsverantwortung heißt, die Selbststeuerungskräfte des Einzelnen zu erhalten oder zu fördern, Individuen zu koordinieren und Leistungsblockaden aufzuspüren, um sie zu eliminieren.

Die Hauptverantwortung des Führenden liegt darin, ein Gespür für Potenziale zu entwickeln, Verantwortung zu gewähren oder Verantwortlichkeit zu verlangen, Klarheiten zu schaffen, Missverständnisse aufzuarbeiten, Konflikte zu klären. Führende werden lernen müssen, zwischen Best- und Spitzenleistern zu unterscheiden, um beiden gerecht zu werden. Der eine braucht viel Orientierung, der andere viel Reflexion. Dazu ist jeglicher Versuch des Rückzugs auf Führungstechniken ein Bremsklotz für Leistungskultur.

Führende müssen Anstifter von Denkbeweglichkeit werden. Die Ereignisse dieser Welt sind dadurch nicht aufzuhalten, dass es schwerfällt, uns mit ihnen anzufreunden. Mehr noch, Führungsverantwortliche müssen lernen, mit allem Unvorstellbaren zu rechnen, bereit sein, sich von Planungen noch schneller zu verabschieden als von Zielen. Die Pflege von Gewohnheiten ist eine der größten Gefahren im Umgang mit neuen Herausforderungen. Mit der Übernahme von Führungsverantwortung besteht zum Ersten die Verpflichtung, das zu leisten, was Handlungsverantwortliche nicht leisten wollen oder können. Es besteht zum Zweiten die Verpflichtung, Mitarbeitern ihre Handlungsverantwortung nicht streitig zu machen. Die hinreichend bekannten und teilweise überstrapazierten Hilfstechniken von Führung wie Zielvereinbarung, Beurteilungsgespräch, Delegation, Kontrolle sind denkbar ungeeignet, dafür zu sorgen, dass andere erfolgreich werden bzw. bleiben. Aber genau das ist die Essenz von Führung.

W. Saaman, *Leistung aus Kultur,*
DOI 10.1007/978-3-8349-3838-1_4, © Gabler Verlag | Springer Fachmedien
Wiesbaden 2012

4.1 Die Führungsrolle

Führung ist die Kunst des Verstehens der menschlichen Psyche. Führung lässt sich nicht aus betriebswirtschaftlichem Denken ableiten. Die von der Betriebswirtschaft ausgehenden Denkmodelle sind Managementmodelle. Die wirksame Führung eines Menschen basiert auf einer gesunden Führungsbeziehung zwischen dem Führenden und dem Geführten. So gesehen ist Führung keine Frage der Hierarchieebene. Führung ist vielmehr eine Frage des Rollenbewusstseins. Mit dem Rollenbewusstsein ist unmittelbar das Verantwortungsbewusstsein zu nennen. Das mit der Führungsrolle korrespondierende Verantwortungsbewusstsein lässt sich nicht ohne die *dosierte* Verteilung der Macht denken: Ohne Macht keine Führung. Beim Missbrauch der Macht versagt die Führung ebenfalls, es kommt auf die Dosierung an. Die beste Art der Führung ist die, von der verliehenen Macht nur im äußersten Notfall Gebrauch zu machen. Die Führungsrolle wird oft mit der hierarchischen Positionierung gleichgesetzt. Diese enge Verbindung vermag ich nicht zu erkennen. Schließlich gibt es Führung jenseits jeglicher Leitungsmacht. Das beweisen besonders erfolgreiche Projektmanager, die man präziser ausgedrückt eigentlich *Projektführende* nennen sollte. Führen von Menschen setzt mindestens Einfühlungsvermögen, Aufmerksamkeit, Respekt vor der Leistung des anderen sowie die stete Bereitschaft, Entscheidungen zu treffen und dafür persönlich einzustehen, voraus.

Führende haben nach mindestens zwei Seiten hin die an sie gestellte Rollenerwartung zu erfüllen. Der Rolle des Führenden steht die Rollenerwartung der Geführten ebenso wie die der Auftraggeber gegenüber. Aus Sicht der Auftraggeber – Unternehmensleitung und direkter Chef – müssen Führende *Treiber* sein für Themen und Prozesse, in die Mitarbeiter eingebunden sind. Aus Sicht der Mitarbeiter müssen Führende *Denker* sein, indem sie vordenken, Visionen äußern, Strategien aufzeigen und erklären, was für deren Umsetzung wichtig ist. Sie müssen aber ebenso als *Impulsgeber* beraten und den einen oder anderen Tipp geben. Ob sie auch *coachen* müssen, das ist eine Frage der Auslegung des Begriffes. Das, was ich heutzutage über das Coachen der Mitarbeiter lese, das von Führenden ausgehen soll, möchte ich weiterhin *Führung* nennen. Alles andere läuft für mich auf eine Sinnentstellung des Begriffes Führung hinaus. Coaching ist immer auf einem begrenzten Zeitstrahl zu sehen, der an einem bestimmten Punkt beginnt und an einem anderen Punkt sein Ende hat. Führung ist ein Dauerauftrag, der erst durch die Kündigung der einen oder anderen Partei beendet wird.

Führende müssen aber auch *Entscheider* sein. Das leitet sich aus der Rollenerwartung von oben und von unten ab und hat mit entschiedener Entschlossenheit zu tun. Entweder lautet die Entscheidung, die Wahl des Weges oder der Mittel anderen zu überlassen oder eindeutig zu entscheiden, welcher Weg zu gehen oder welche Mittel einzusetzen sind. Zögern und Zaudern vertragen weder der einzelne Mitarbeiter noch das System. Führende müssen für ihre Mitarbeiter ebenso als *Reflektor* funktionieren, um Realitäten aufzuzeigen, solche, die nicht veränderbar sind, sowie Chancen auszuleuchten, die der einzelne Mitarbeiter nicht oder unzureichend sieht. Schließlich müssen sie die Entwicklung des Mitarbeiters spiegeln. Damit aber noch nicht genug. Hinzu kommen Rollen wie *Schäfer* und *Transformator*. Schäfer muss ein Führender nicht sein, weil die Mitarbeiter Schafe oder Schäfchen sind, sondern weil die Gruppendynamik des Teams auf gelegentliche Interventionen und Hinweise zur Zielrichtung angewiesen ist. Schon Goethe wusste: „Freilich ist es auch kein Vorteil für die Herde, wenn der Schäfer ein Schaf ist" (Goethe 1999). *Selbststeuernde Gruppen* gibt es nicht. Ich kenne den Begriff, aber keine solchen Gruppen. Es sei denn, man übersieht die sich schnell bildende soziometrische Dynamik der Bestimmung informeller Führer. *Transformator* zu sein das heißt, Konflikte entschärfen, Tiefe in Oberflächlichkeiten bringen Bewusstsein schärfen, Unbegreifliches begreifbar machen.

Dagegen gehört es nicht zu den Leistung sichernden Führungsrollen, Mitarbeiter zu motivieren. Mehr darüber wird im nächsten Abschnitt ausgeführt.

4.1.1 Führung eignet sich nicht zur Motivation von Mitarbeitern

Führende können Mitarbeiter nicht motivieren. Das brauchen sie auch nicht. Motivation ist die Handlungsbereitschaft, ein Bedürfnis zu befriedigen oder ein angestrebtes Ziel zu erreichen. Diese Bereitschaft kann nur vom Geführten selbst ausgehen. Führungskräfte können ihre Mitarbeiter allerdings frustrieren. Frustration aus dem Lateinischen übersetzt bedeutet *Nichterfüllung, Täuschung*. Wenn Sie sich in Ihrer Führungsarbeit auf die Vermeidung von Frustration konzentrieren, besonders jene, die durch Ihr Verhalten entsteht, haben Sie in den Mitarbeitern genügend Raum für Motivation freigelegt. Den Rest erledigen die Mitarbeiter selbst. Menschen sind von Natur aus zur Arbeit motiviert. Das müssen Sie als Chef nicht fördern. Menschen sind gleichsam für Frustration empfänglich. Diese müssen Sie verhindern oder zumindest minimieren.

Während es in den vorausgehenden Kapiteln vorrangig um Zustände in Firmenlandschaften ging, geht es in diesem Kapitel um die Führungsbeziehung im engsten Sinne. Konnten Sie in den bisherigen Kapiteln noch sagen: „Das ist wohl wahr, aber daran kann ich nichts ändern, weil …", werde ich Ihnen in diesem Kapitel jede Möglichkeit der Flucht in die Die-anderen-sind-verantwortlich-Ecke verbauen. Ihre Führungsverantwortung kann Ihnen niemand nehmen. Diese kann auch niemand mit Ihnen teilen. Ob Rollen-, Aufbau-, Matrix- oder eine sonstige Organisation, ob mehr oder weniger Kultur im Unternehmen vorherrscht, ob das Leistungsverständnis deutlich oder schwach geklärt ist, das alles sind Realitäten, die Ihnen keine Ausrede bieten, nicht exzellent führen zu müssen. Was unter exzellentem Führen zu verstehen ist, können Ihnen Ihre Mitarbeiter besser sagen als ich. Vorausgesetzt, Sie pflegen mit ihnen eine offene Kommunikationskultur. Die Erwartungen der Mitarbeiter an Führungsqualität können sehr unterschiedlich sein. Der Mensch ist ein Individuum, in seiner Persönlichkeit so einzigartig wie sein Fingerabdruck. Das sei an dieser Stelle noch einmal gesagt. Deshalb kann ich Ihnen keine Führungsstile auflisten, die mehr oder weniger Erfolg versprechend seien. Es gibt nur einen Führungsstil: den, den der jeweilige Mitarbeiter erwartet, um bereit zu sein, nicht nur für sich selbst, sondern auch für seinen Chef zu arbeiten.

Der Begriff Führung bietet sich geradezu an, um eine Menge Missverständnisse auszulösen. Diese beginnen mit der gängigen Verwendung des Begriffes *Führungstechnik*. Nehmen Sie für einen Moment die Rolle des Mitarbeiters ein. Die Rolle müsste Ihnen vertraut sein, auch wenn Sie ganz oben an der Spitze einer Organisation stehen. Denn wir alle haben zu irgendeinem Zeitpunkt irgendwo in einer Organisation die Mitarbeiterrolle kennengelernt. Menschen wollen nicht per Führungstechnik geführt werden. Der Begriff Technik passt zur Führung eines Autos, Bootes, Flugzeuges oder Gabelstaplers. Obwohl, auch dabei kommt man nicht ganz ohne Feingespür aus. Mitarbeiter erwarten, dass sie ihr Chef im Blick hat. Führung beginnt mit sensitiver Wahrnehmung. Damit sind wir bei einem weiteren weit verbreiteten Missverständnis. Viele Führungskräfte meinen, man könne Menschen mit Führungsmethoden begegnen. Führung hat mit *Kommunikation* zu tun. Das verwechseln nicht wenige der Führenden mit Information. Kommunikation ist wechselseitiger Austausch, nicht nur mit Worten. Information dagegen ist einseitiges Mitteilen. Mit Worten, Sätzen, Absätzen …, bis hin zu scheinbar nimmer endenden Monologen.

Vielleicht kommt Ihnen folgende unternehmensinterne Szene bekannt vor: Konferenzraum. Vorne der Ranghöchste, um den Tisch geschart die Zuhörverpflichteten. Des Beamers Lüftergeräusche sind mehr oder minder wahrnehmbar, der bunte Lichtkegel, der auf die Leinwand trifft, unübersehbar. Grafiken, Zahlen. Dazu die erläuternden Worte des Chefs. Nächste Folie. Zahlen ohne Grafiken. Dazu die erläuternden Worte des Chefs und der rote Punkt des Pointers, der von Zeile zu Zeile, von Spalte zu Spalte wandert. Nächste Folie. Grafiken ohne Zahlen. Und nun? Eine rhetorische Frage des Chefs: „Was sehen Sie?" Schweigen! Die Frage meint er ja auch nicht wirklich ernst. Aber immerhin weiß er, dass man lange Vorträge zwischendurch mit Fragen auflockern soll. Erwartungsgemäße Nichtantworten weiß der Chef mit blumigen Erklärungen zu übertünchen. Schließlich hat er ein straffes Programm für den Vormittag und eine absolvierte Ausbildung in geschliffener Rhetorik.

Als Beobachter solcher Szenen wird mir klar: Das übliche Programm, die gewohnte Langeweile in den Gesichtern, deren Besitzer ihre ganze Energie in das Unterdrücken des Gähnens geben. Als Neutraler bewegen mich Fragen, die vermutlich der Chef überhaupt nicht und kaum einer seiner Mitarbeiter auf den Lippen hat: Welchem Zweck dient die Veranstaltung? Wer von den Teilnehmern hat eine solche Sehschwäche, dass man detailgenau erklären muss, was zu sehen ist? Folie für Folie. Wer von den Anwesenden ist des Lesens nicht mächtig, dass ihm Zeile für Zeile vorgelesen werden muss? Zum Schluss ist eine Folie zu sehen, die auf das nächste Jahr gemünzt verheißt: Im Grunde weiter so, aber mit besseren Zahlen.

Die Veranstaltung hat einen Namen: Führungsmeeting. Mmh. Wieso? Der Name zeigt die Tragik auf: Man „meetet", trifft sich nicht. Mit Führung hat das alles gar nichts zu tun. Nicht das Geringste.

Szenenwechsel. Dieselbe Firma, anderer Chef. Parallelen zur vorausgegangenen Veranstaltung? Großer Konferenztisch, Chef vorne. Und das Etikett Führungsmeeting. Aber – kein Beamer. Folglich keine PowerPoint-Marter. Der Chef hält ein einführendes Referat, dessen Kürze Guinness-Buch-rekordverdächtig ist. „Die Fakten sind allen bekannt." Ende des Referates! Ab jetzt kommen nur noch Fragen. Und zwar ernst gemeint und zudem wichtig. Diese Szene lässt eine bewusst angelegte Führungskultur vermuten. Der Chef ist kein Sagender, sondern ein Fragender. Mit seinen Fragen *holt* er auch niemanden *ab*. Auf den Einsatz der heute in aller Munde verankerten Methode des „Abholens und Mitnehmens" kann dieser Chef getrost verzichten. Seine Mitarbeiter können auf eigenen Beinen stehen, und das mitten im Geschehen. Um da hinzukommen, muss man einen Blick für seine Mitarbeiter haben, wissen, was diese bereits können und was sie lernen wollen. Das schafft man nicht mit irgendwelchen abstrusen Techniken, sondern mit dialogischer Begegnung von einem Individuum zum anderen auf der Grundlage unterschiedlicher Zuständigkeiten, Rollen und Verantwortungsgrade.

4.1.2   Führung ist die Kunst, sich den Stärken seiner Mitarbeiter anzuvertrauen

Kennen Sie die Potenziale Ihrer Mitarbeiter? Wissen Sie, welche nicht genutzten Reserven in den Menschen stecken, die Ihnen zugeordnet sind? Bevor Sie „ja, aber natürlich" oder „was ist das für eine Frage?" sagen, möchte ich Sie mit meiner Erfahrung aus vielen Einzelgutachten zur Management-Diagnostik vertraut machen. Nicht einmal 25 % der durch diese Verfahren durchgelaufenen Top- und mittleren Führungskräfte können auf die Frage qualifiziert antworten. Meine Prozentangabe bezieht sich auf ca. 500 Kandidaten aus jüngster Zeit. Nur jeder Vierte, der Menschen führt, kennt dessen Potenziale. Alle reden von Potenzialen. Nur wenige wissen, was es damit tatsächlich auf sich hat. Dass nämlich Potenziale die Triebkraft für schnelles, leichtes und sicheres Lernen sind. Die übrigen 75 % konnten entweder gar keine Angaben dazu machen oder sie beschrieben Fertigkeiten, die man sehen und erleben kann. Potenziale kann man weder sehen noch erleben, es sei denn, dass sie sich zu Fertigkeiten entwickelt haben.

Nun müssen Sie als Führender kein Psychologe sein. Nebenbei bemerkt, auch unter diesen kann längst nicht jeder beschreiben, was Potenziale sind und wie sie sich auswirken. Mein Beispiel steht für etwas anderes, dafür, dass Führende wenig – zu wenig – über ihre Mitarbeiter wissen. Damit schafft man keine Leistung. Diese Art zu führen ist keine gute Kultur der Zusammenarbeit. Eine der wichtigsten Aufgaben eines Führenden besteht darin, sich für die anvertrauten Mitarbeiter zu interessieren.

Ich kenne Unternehmer, deren Menschenbild sich im Verhalten ihrer Mitarbeiter widerspiegeln. Solche Unternehmer sprechen nicht einmal über Leistungskultur. Sie leben sie. Ich kenne Führende auf Ebenen unterhalb der Unternehmensleitung, die ungeachtet dessen, was von oben kommt, alles für eine gute Führungskultur geben, damit die Kultur der Zusammenarbeit unter ihren Mitarbeitern pflegen, die das Thema Leistung als Selbstverständlichkeit betrachten und durch ihre besondere Art der Führung in starkem Maße Einfluss ausüben, ohne laut zu werden oder Anweisungen zu geben. Wenn diese Führenden ihre Mitarbeiter bis an deren Grenzen fordern, dann erlebt man Engagement und sieht in zufriedene Gesichter. Solche Chefs vertrauen sich den Stärken ihrer Mitarbeiter an. Die Mitarbeiter spüren das und loten ihre Stärken bis zum letzten Quäntchen zum Wohle des Unternehmens aus. Hervorragende Führung wird durch das Wirken der Mitarbeiter sichtbar. Der Satz ist alt und nicht von mir, aber ich möchte ihn an dieser Stelle nennen oder in Erinnerung rufen: Erstklassige Führungskräfte haben erstklassige Mitarbeiter, zweitklassige haben drittklassige.

Fragen statt sagen

Fragen für den inneren Dialog des Führenden
Erreichen meine Mitarbeiter ihre Grenzen, nutzen sie ihre Potenziale (welche)?
Nutzen sie ihre Fertigkeiten in vollem Umfang?

Lernen sie unaufhörlich?
Kennen sie die Bedürfnisse ihrer Kunden und dienen sie ihnen?
Erzielen sie gute Resultate?
Arbeiten sie für die Zukunft?
Passen sie sich den Herausforderungen der Gegenwart an?
Können sie mit Konflikten umgehen?
Sind sie mit der Firma/ihrer Rolle/ihrer Verantwortung im Einklang?
Was würde ihnen helfen, um besser zu werden?

Fragen für den Dialog mit Mitarbeitern
Welche Aufgaben packen Sie bevorzugt an, weil sie Ihnen in besonderer
Weise liegen?
Was fällt Ihnen besonders leicht oder bei was fühlen Sie sich besonders sicher?
Was können Sie heute besser als vor einem Jahr?
Was bewegt Ihre wichtigsten Kunden und was davon können wir nicht erfüllen?
Wie stellen Sie sich Ihre Aufgabe/Ihre Rolle in drei Jahren vor?
Was tun Sie heute schon dafür?
Welchen Konflikt haben Sie in jüngster Zeit mit welchem Ergebnis gelöst?
Wie sind Sie dabei vorgegangen?
Was würden Sie in der Firma ändern, wenn Sie das alleinige Sagen hätten?
Wie bewerten Sie Ihren Verantwortungsgrad?

Wenn Sie Leistungskultur ernst meinen, gehen Sie mit der Übernahme Ihrer Führungsrolle eine Reihe von Verpflichtungen ein. Sie

- schulden Ihrer Firma eine vitale finanzielle Gesundheit, d. h., Sie müssen Ihre
  Firma mit entsprechenden Dienstleistungen, Produkten, Instrumenten und
  Ausrüstungen versorgen, die Mitarbeiter brauchen, um verantwortlich handeln
  zu können.
- schulden Ihren Mitarbeitern Aufmerksamkeit, Fragen, den Blick für deren
  Potenziale, klare Aussagen über die Wertvorstellungen der Firma.
- verantworten Professionalität, indem Sie bei Ihren Mitarbeitern dafür das Bewusstsein schaffen.
- verantworten den Maßstab dafür, was engagierte, zielbewusste und verantwor-
  tungsvolle Menschen im Rahmen ihrer Aufgabe leisten können.
- verantworten Rationalität, um Ordnung, Leistung, Engagement und Kompetenz
  sinnvoll miteinander zu verknüpfen.

- verantworten Effizienz und Effektivität (die Dinge richtig zu tun, die richtigen Dinge zu tun).
- gestalten einen Raum, in dem sich Ihre Mitarbeiter frei bewegen und entfalten können.
- gewähren Vertrauen in die Handlungen und das Verantwortungsbewusstsein Ihrer Mitarbeiter.
- sind Schrittmacher der Entwicklungsdynamik mit Blick auf die Zukunft.
- vermitteln Visionen, erklären Zusammenhänge und Strategien, die zum gemeinsamen Erfolg führen.
- binden Ihre Mitarbeiter mit besonderer Beachtung ihrer Potenziale, Fertigkeiten, Leistungsbereitschaft und Handlungskompetenzen an das Unternehmen.
- halten berechtigte Kritik nicht zurück, die aber immer aus der Perspektive der Wertschätzung kommuniziert wird.

Diese Verpflichtungen sind unabhängig davon zu sehen, was andere im Unternehmen tun, die weiter oben, weiter unten oder nebenan stehen. Führungsverantwortung ist mit niemandem teilbar. Das gilt sogar für die Führungsverantwortung im Umgang mit einem Gabelstapler oder Rasenmäher. Deshalb halte ich den Aspekt des *Führens durch Verantwortung* für weitaus bedeutsamer als das *Führen per Zielvereinbarung*. Nichts gegen Ziele. Die braucht ein Unternehmen ebenso wie der Einzelne. Ziele als Führungsinhalt bergen allerdings den Nachteil der Öffnung für Ausreden in sich, wenn man sie verfehlt hat. Es waren die äußeren Umstände, es war der Markt, es waren die anderen. Verantwortung lässt keine Ausflüchte zu. Hier haben wir es mit einer Primzahl zu tun, die nicht weiter teilbar ist, will man Brüche vermeiden.

Die Bereitschaft zur Übernahme von Führungsverantwortung ist losgelöst von der vorherrschenden Organisationsform zu sehen. Ob Linie, Matrix oder Rollensystem, die einzelnen Begrifflichkeiten mögen sich ändern. Die Verantwortung ist und bleibt eine Primzahl. Auch in einer Matrix, die dazu verführt zu glauben, dass man Verantwortung doch teilen könnte und daraus ein Mehr entstünde. Geteilte Verantwortung ist weniger, nicht mehr Verantwortung. Einfach deshalb, weil der eine Teilverantwortliche sich auf den anderen Teilverantwortlichen verlässt, dass dieser es schon richten möge. Das geht natürlich nicht, wenn zwei Alphatiere am Werk sind. In dem Fall fließt die Energie in Richtung Konflikt, Kontroverse, Krise ab. Führungsverantwortung ist auch unabhängig von Land, Branche, Firma, Stellung und anderen beeinflussenden Faktoren zu sehen. Führungsverantwortung wird durch nichts anderes beeinflusst als durch den Führenden selbst.

Wer Führungsverantwortung ernst nimmt und tragen will, muss Einsamkeit aushalten können. Zwar muss er keine einsamen Entscheidungen treffen, aber er muss die von ihm getroffenen verantwortlich vertreten. Führungsverantwortung bedeutet zugleich *Entscheidungsverantwortung*. Entscheidung hat mit Scheidung, mit Trennung zu tun. Diese Trennung hat viele Facetten, zum Beispiel diese: Als Führungskraft trenne ich mich in der Minute der Entscheidung vom vorher eingeholten Rat meiner Mitarbeiter, eines Kollegen, des Chefs, eines Beraters. Das Einholen von Meinungen und Empfehlungen ist nichts weiter als das Vorspiel zur Entscheidung. Die Entscheidung obliegt allein mir, wenn ich die Verantwortung dafür tragen soll. Oder diese Facette der Trennung: Ich trenne mich von der Fantasie, dass andere mir meine Verantwortung abnehmen, wenn's schiefgeht. Oder diese: Ich trenne mich von der Vorstellung, dass Handeln ohne Verantwortung möglich ist.

Führung bedeutet Verantwortung übernehmen. Nicht für das Handeln anderer, sondern für das eigene Handeln, das so ausgerichtet ist, dass Mitarbeiter ebenfalls mit Verantwortung handeln. Das tun sie zwar in jedem Fall. Die Frage ist nur, ob es ihnen ausreichend bewusst ist. Führung bedeutet auch, Leistung abverlangen. Und Freiraum geben. Und Wertschätzung zeigen. Und Vertrauen haben. Alles, was Verantwortung, Freiraum, Wertschätzung und Vertrauen ausblendet, ist Entmündigung, Klüngel, Beschäftigungstherapie oder theoretischer Unsinn. Führungsverantwortliche dürfen in der Sache fordernd und eindeutig sein, im Umgang mit dem Mitarbeiter müssen sie einfühlend sein. Das heißt, wer die Erwartungen seiner Mitarbeiter nicht kennt, kennt seine Mitarbeiter nicht. Hier mag man Menschen hierarchisch über- oder untergeordnet haben. Das ist aber ebenso wenig Führung, wie umgekehrt Führung nicht unbedingt die Hierarchie braucht.

Führung in einer Rollenorganisation ist eine Frage der Abstimmung zwischen *Rollenerwartung* und *Rollenleistung*. Und wenn Sie sich nicht in einem solchen Organisationssystem bewegen, so sind letztlich dieselben Fragen relevant. Ob Sie sich nun auf die Rolle oder die Stellung, das Amt, die Position oder Ihre Zuständigkeit beziehen: Fragen Sie Ihren Mitarbeiter, welche Form der Führung er braucht und wie viel davon. Hören Sie genau zu. Halten Sie sich an die Erwartung. Formulieren Sie im Gegenzug Ihre Erwartungen an den Mitarbeiter. Schließen Sie mit jedem Mitarbeiter ein Commitment, das einerseits dessen Erwartungen an Sie als Führungsverantwortlichen, andererseits Ihre Erwartung an ihn als Ausführungsverantwortlichen abdeckt. Packen Sie in die Vereinbarung den Umgang mit Abweichungen hinein. Dem Modell Vorgesetzter/Untergebener in der klassischen Aufbauorganisation schlage ich einen Ehrenplatz im Museum des Industriezeitalters vor. Führen in einer Leistungskultur ist eine Frage der Teilung von Verantwortung. Führen in diesem Umfeld ist keine Frage von Anweisen, Vorschreiben, Ziele oder Aufgaben vorgeben. Dem teils zu beobachtenden Führungs- und Zuständigkeitswirrwarr einer Matrixorganisation kann ich ebenfalls nicht sonderlich viel abgewinnen. Das ist weder Fisch noch Fleisch. Es ist der Versuch, viele für zuständig

zu erklären und so durch den Zwang zum Kompromiss die Genialität zum Durchschnitt herunterzuwirtschaften.

4.1.3 Von der klassischen Führung zur Steuerungsverantwortung

Leistung aus Kultur sollte durch eine einerseits klare, andererseits aufmerksame
Führung gesteuert werden. Wenn eine Leistungskultur angestrebt wird, wird Führung zu einer besonders wichtigen Dimension. Ich sage nicht *Methode*. Viele Autoren und Führungstrainer erwecken den Eindruck, dass Führung mit ein paar
Handgriffen zu erlernen sei. Diesem Irrtum kann nur aufgesessen sein, wer Führung als Technik versteht. Erstens ist Führung keine Technik, sondern eine Frage der inneren Einstellung, die auf Werten und einem bestimmten Menschenbild
basiert. Zweitens kann man Führung nicht mal eben in einem Drei-Tage-Seminar
lernen und noch viel weniger durch das Lesen einiger Bücher. Die beste Literatur
über Führung, die ich kenne, steht in den Augen der Mitarbeiter geschrieben. Der
sicherste Weg zur bewussten Übernahme der verantwortungsvollen Führungsrolle
führt über den Dialog. Mit sich selbst: „Was richte ich aus? Was richte ich an?" Mit
dem Mitarbeiter: „Wie brauchen Sie mich, um zur Bestleistung zu kommen?"

Ich habe schon in meinem ersten Buch zum Thema Führung die Unterscheidung zwischen Leadership und Management aufgegriffen. Das war 1984 in „Alternatives Führen". Inzwischen gehört die strikte Trennung von Leadership und Management zum Allgemeingut des Führungswissens. Es gibt allerdings immer noch
Autoren oder Meinungsführer im Führungskontext, die den Betroffenen weisma-
chen wollen: Management gleich Leadership. Oder noch schlimmer: Leadership
gehört sich nicht. Führung ist Management. Wenn ich tiefer in die Begründung
einsteige und lese, dass diese Ansicht mit Demagogen und (krankhaften) Dikta-
toren der Geschichte zusammengebracht wird, fühle ich mich aufgerufen, dagegen
zu halten. *Leadership* heißt Menschen anleiten, gewinnen und überzeugen. Nicht
sie manipulieren. Leadership ist eine Dienstleistung, die auf Basis einer gesunden
Beziehung Menschen begleitet, zum Beispiel durch Orientierung und Reflexion.

Führende, die über den Tellerrand ihrer Egozentriertheit nicht hinaus kommen,
sind für die anspruchsvolle Rolle ebenso wenig geeignet wie diejenigen, die glauben, dass Führung bedeute, sich bei anderen einzuschmeicheln. Um das Thema
abzurunden: *Management* ist Arbeit an und mit der Organisation, *Leadership* ist
Arbeit an und mit Menschen. Zum Management braucht man Sachverstand und
Methodenwissen. Leadership verlangt nach einem gewissen inneren Reifegrad, der
meiner Ansicht nach nichts mit dem biologischen Alter zu tun hat. Wer mit sich

selbst nicht klarkommt, kann für andere kein Leader sein. Auch mit fortgeschrittenem Alter nicht. Wer sich selbst wichtiger nimmt als andere, ebenfalls nicht. Ich verbinde die Übernahme einer Führungsrolle in einer Leistungskultur unmittelbar mit ethischem Handeln. Wirklich gute Führer sind wie Regisseure. Sie wissen, dass ohne Darsteller gar nichts geht. Sie akzeptieren, dass ihre Darsteller im Rampenlicht stehen. Sie sind sich ihrer Verantwortung bewusst, die darin besteht, dafür zu sorgen, dass andere ihr Bestes geben wollen und können. Sie wissen, dass sie für die Auswahl der richtigen Mitspieler, deren Inspiration und gebührenden Applaus zuständig sind. Sie sind aber auch entschlossen, die Schauspieler von der Bühne zu nehmen, die ihre Rolle nicht gelernt haben oder falsch spielen.

4.1.4 Es gibt Manager, es gibt Leader – die Kombination aus beidem ist eher selten

Durch über 6.000 ausgewertete Ergebnisse von durchgeführten Potenzialanalysen ist mir und meinen Kollegen im Laufe der Zeit bewusst geworden, wo der gravierende Unterschied zwischen einem Manager und einem Leader liegt. Ausbalancierte Fähigkeiten für Management *und* Leadership fanden wir dabei nur bei knapp einem Zehntel der untersuchten Kandidaten. Nur wenige dieser Rollenträger beherrschen somit gleichermaßen die zum Managementteil gehörenden Herausforderungen wie *strategisches Denken, analytisches Sezieren* und *Kombinieren, planerische Weitsicht* wie die wesentlichen Leadership-Anforderungen *soziale Wahrnehmung, Interesse am anderen, Einfühlungsvermögen, situativ abhängige Integration und Dominanz, Bereitschaft, sich für andere einzusetzen.* Sie bedienten damit die Sachebene genauso gut wie die emotionale Ebene.

Weit mehr als die Hälfte der untersuchten Potenzialträger spielte auf der Klaviatur des Managements deutlich souveräner, als Leadership-Kompetenz nachweisen zu können. Auffällig ist, dass weiter oben in der Hierarchie der Anteil der Managementperfektionisten zulasten der Leadership-Qualität zunimmt. Gibt es auf der zweiten Ebene unterhalb der Unternehmensleitung noch einen beträchtlichen Anteil solcher Rollenträger, die man als Leader bezeichnen kann, so dünnt sich die nachgewiesene Leadership-Kompetenz nach oben immer weiter aus. Auf der Vorstands- bzw. Geschäftsführungsebene findet man dagegen vorwiegend Manager, eher wenige Leader bzw. Rollenverantwortliche, die auf beiden Gebieten engagiert bzw. souverän sind. Das zuvor Erläuterte gilt jedoch vorwiegend für Männer. Bei Frauen ist es geradezu umgekehrt. Der qualitative Anteil von *Leadership* fällt höher aus als der von *Management.* Deshalb ist es für Männer und Frauen nicht einfach, sich auf dem Gebiet Führung zu begegnen. Aber es ist wichtig. Wenn wir eine

Idealmannschaft auf jeder Ebene der Organisation zusammensetzen könnten, sie
würde bei den Führenden zur Hälfte aus Frauen und zur Hälfte aus Männern bestehen. Nicht um irgendeiner Quote zu entsprechen, sondern um die größtmögliche
Leadership- und Management-Effizienz zu erreichen.

Fragt man die Menschen an der Basis und im untersten Führungsbereich nach
ihren Eindrücken und Erwartungen, so sind Leader gefragt, die in den Manage-
mentfragen nicht schwächeln. Das kann nicht wirklich verwundern. Menschen
streben nach Idealen, ohne zu sehen, dass Ideale wie Sterne sind: Man kann sich
nach ihnen orientieren, aber man kann sie nicht erreichen. Die Menschen wollen
den methodensicheren Manager, der zugleich feinfühlender und richtungsweisender Leader ist. Dabei kommt es ihnen nicht darauf an, ob die Führung von oben
mehr oder weniger dominant ist. Der Unternehmenslenker alten Schlages wird oft
herbeizitiert: Hart aber herzlich, klare Standpunkte, die unerschütterlich vorangetrieben werden, den Mitarbeitern nahe sein und doch das nahezu Unerreichbare
verlangen, das Gefühl von Sicherheit und Geborgenheit vermittelnd. Nur hart ist
ebenso out wie nur weich.

Potenziale des Mitarbeiters kennenlernen

Potenzial, Fertigkeit, Handlungskompetenz – der kleine Unterschied mit großer Wirkung

Der Begriff *Potenzial* (lateinisch) bedeutet Vermögen, Kraft, im erweiterten
Sinne beim Menschen der Quell, durch den leichtes, schnelles und sicheres
Lernen ermöglicht wird. Das steht im Gegensatz zur *Fertigkeit*, die durch
Übung und Formung erworbenes Können bzw. eine bestimmte Fähigkeit
schafft. Die Quellen eines Menschen (Potenziale), aus denen er lebens-
lang reichlich schöpfen kann, werden in den ersten Jahren unseres Lebens
angelegt. Aus diesen Quellen können im Laufe des Lebens Flüsse werden,
wenn das Volumen der Quellen genutzt und durch Zuflüsse ergänzt wird.
Wenn Fähigkeiten auf der Grundlage von Potenzialen erworben werden, so
geschieht dies ausgesprochen effizient. Natürlich können Fertigkeiten auch
jenseits von hinterlegtem Potenzial antrainiert werden, aber mit deutlich
größerem Aufwand und in der Regel weniger gründlich. Wer das Potenzial
für Sprachen hat, ist in der Lage, eine fremde Sprache schnell zu erfassen und
sicher anzuwenden. Wem das Potenzial dafür fehlt, der muss mühsam pau-
ken. Potenziale sagen beim Einzelnen etwas darüber aus, was er leichthändig
lernen und beherrschen kann.

Wie lassen sich Potenziale identifizieren?

In der Personaldiagnostik wenden Psychologen bestimmte Testverfahren an, um die Potenziale des Kandidaten zu ergründen. Dieses Mittel steht dem auf dem Gebiet nicht geschulten Führenden nicht zur Verfügung. Gleichwohl muss er daran interessiert sein, die Potenziale seiner Mitarbeiter zu entdecken, damit er einerseits das Investment in Lernen überschaubar hält und andererseits beim einzelnen Mitarbeiter den Aufgaben- und Verantwortungsrahmen möglichst an dessen Potenzialen ausrichtet.

Lassen Sie sich von Ihrem Mitarbeiter beschreiben, was ihm besonders leicht von der Hand geht. Beobachten Sie, was der Mitarbeiter besonders schnell und fehlerfrei erledigt. Differenzieren Sie, was der Mitarbeiter schnell und sicher erfasst und was ihm schwerfällt bzw. wofür er eine lange Lernzeit benötigt.

Auch das ist zu beachten

Potenziale und Motivation stehen nicht unbedingt im Einklang zueinander. So kann jemand motiviert sein, eine Führungsaufgabe zu übernehmen, obwohl er wenig Potenzial zeigt, sich auf andere einzulassen, ein Gespür zu entwickeln, welchen Freiraum oder Rahmen der andere braucht, um zu Bestleistungen zu kommen. Zur Führung von Menschen gehören unbedingt Aufmerksamkeit, Sensitivität, die Bereitschaft, den anderen in den Mittelpunkt zu stellen, richtungsweisend einzugreifen, wo erforderlich.

In als Potenzialanalyse angebotenen Verfahren werden häufig nur die Fähigkeiten, nicht die Potenziale beschrieben. In klassischen Assessment-Centern kommen zum Beispiel die beobachteten Fertigkeiten zutage, nicht die den Fertigkeiten hinterlegten Potenziale. Potenziale zeigen die themenzentrierten Kraftfelder, die jemand in sich hat, um eine bestimmte Aufgabe schnell zu erfassen und mit einer Herausforderung leicht umzugehen. Eine Potenzialmessung stellt also auf das Ergründen dieser Kraftfelder ab, aus denen sich die der jeweiligen Persönlichkeit ureigenen Begabungen ableiten lassen.

Mitarbeiter wünschen sich nicht nur von ganz oben Führende, die Orientierung geben, klare Auffassungen vertreten, Werte und Wertschätzung glaubhaft vermitteln. Mitarbeiter erwarten Gleiches auf jeder Führungsebene. Sie scheuen nicht schwere Bedingungen und anstrengende Arbeit, wenn die Beziehung zu ihrer unmittelbaren Führungskraft stimmt. Zu glauben, dass Mitarbeiter in erster Linie für die Firma arbeiten, ist eine humanistische Utopie. Sie arbeiten in erster Linie für sich (was habe ich davon, wozu ist das gut). Sie arbeiten in zweiter Linie für ihren direkten Chef (wenn er oder sie viel für mich tut, mache ich alles für ihn oder sie). Sie arbeiten erst in dritter Linie für das Unternehmen. So ist es nicht verwunderlich, wenn Mitarbeiter ein schlechtes Arbeitsklima oder schlechte Nachrichten in der Firma relativ gut ertragen, wenn die persönliche Beziehung zu ihrer direkten Führungskraft stimmt. Umgekehrt wird das gute Arbeitsklima in der Firma erheblich getrübt, wenn sich Mitarbeiter von ihrer Führungskraft nicht verstanden oder gut geführt fühlen. Wobei wir unter *guter Führung* nicht verstehen, eng an die Hand nehmen, sondern für ein gutes Gesamtgefühl sorgen, auf Basis eines auf den Einzelnen abgestimmten Commitments.

4.1.5 Ich bewundere Führende, die ihre Rolle ausfüllen

Ich behaupte nicht, dass Führung eine leichte Aufgabe ist. Wer das sagt, weiß nicht, wovon er spricht. Viele theoretische Konstrukte über Führung zerbersten an der Wirklichkeit. Ich bewundere jeden Menschen, der sich der Führungsverantwortung stellt, der aushält, dass die weit auseinanderdriftenden Bedürfnisse der Mitarbeiter kaum unter einen Hut zu bekommen sind. Ich habe größten Respekt vor Führenden, die ihre Rolle ohne Wenn und Aber einnehmen und ausfüllen, die dabei ertragen können, sich nicht nur Freunde zu machen. Ich verneige mich vor denen, die ihr Ich zurückstellen und in erster Linie einmal dafür sorgen, dass die Stimmung im Unternehmen stimmt. Die bereit sind, unpopuläre Entscheidungen zu treffen und zu verantworten, die ungeachtet ihrer Vollauslastung die Zeit finden, den von ihnen Geführten zuzuhören und sich für sie zu interessieren, die ihren Mitarbeitern in die Augen schauen können.

Eines dürfen Führungskräfte aber nicht erwarten: Feedback mit Inhalten, die ihnen bestätigen, was sie für tolle Leader seien. Wenn Sie Lob brauchen, gehen Sie zu Ihrem Chef und lassen Sie Ihre Mitarbeiter damit in Ruhe. Wenn Mitarbeiter auf Sie reagieren, sich für Sie in die Kurve legen, mehr machen, als sie eigentlich müssten, so ist das Lob genug.

Ich empfehle den Verantwortlichen in den Organisationen, bezogen auf sich selbst und ihre Kollegen kritisch zu prüfen, ob ihnen eher die Rolle des Leaders oder eher die des Managers liegt. Das Unternehmen braucht beides. Managen kann man vom Schreibtisch aus. Management ist Orientierung an Zahlen. Führen verlangt nach Kontakt. Direktem Kontakt. Leadership ist Orientierung am Menschen. Man findet sie auf den Fluren und zwischen den Arbeitsplätzen, wenn man sich auf die Menschen zubewegt. Nicht nur geistig, auch körperlich. Mitarbeiter sind feinfühlig in der Wahrnehmung, ob ihre Chefs *Manager* oder *Leader* sind. Dazu bedarf es nicht des Wissens um die theoretischen Unterschiede. Diese spüren Mitarbeiter unabhängig von ihrer Ausbildung und Rolle in der Firma. In Konzernen machen sie es bei Vorständen daran fest, ob diese sich – gelegentlich – unters Volk mischen oder ihre Separees bevorzugen, ob sie im selben Aufzug fahren oder abgeschirmt ihre Etage erreichen, ob sie die Mitarbeiter ausschließlich zu sich zitieren oder auch mal auf die Mitarbeiter zugehen.

Leistungskultur basiert auf systemischem Denken. Das System wird einerseits durch *harte*, andererseits durch *weiche* Faktoren bestimmt. Man kann ebenso gut von *wirtschaftlichen* und von *menschlichen* Einflussgrößen sprechen. Die harte Seite kommt durch eine Aussage von Jürgen Hambrecht (CEO BASF) gut zum Ausdruck: „Wer in meiner Position Angst hat, ist fehl am Platz" (Nolte und Heidtmann 2009), die weiche durch Matthias Mitscherlich (CEO MAN Ferrostaal und Sohn der bekannten Psychoanalytiker Alexander und Margarete Mitscherlich): „Ich wende heute wahrscheinlich mehr Psychologie an als mancher Therapeut in seiner psychologischen Praxis" (Nolte und Heidtmann 2009). Führende müssten in ihrem Büro zwei von der Decke herunterhängende Kordeln haben, über die sie nicht hinwegsehen können. Mit einer der beiden Kordeln lässt sich das wirtschaftliche Denken und Handeln aktivieren, mit der zweiten das menschliche. Führung im systemischen Sinne bedeutet, gleichzeitig an beiden Kordeln zu ziehen, um das System in der Balance zu halten. Zwei Zugschalter sind erforderlich, damit man situativ den einen oder den anderen stärker bemühen kann. Ich kann mir vorstellen, dass die Rollen Manager und Leader geteilt werden. Dort, wo einem hochkarätigen Potenzialträger und Experten das Führen von Menschen nicht liegt, ist es vorteilhafter, dass dieser Manager sich der Analytik, Strategie und Planung zuwendet und einen kleinen Stab von autonomen Experten ohne große Führungserwartung an seiner Seite hat. Ich kann mir nicht vorstellen, dass ein klassischer Manager Chef größerer Einheiten ist. Das schadet der Kultur. Und was der Kultur schadet, schadet der Leistung. Ich kann mir sehr wohl vorstellen, dass Leader und Manager mit klarer Rollenteilung auf einer Ebene stehen und Hand in Hand arbeiten. Jeder so, wie es seinen Potenzialen und Fertigkeiten entspricht.

4.1.6 Mitarbeiter oder Arbeitnehmer – wen brauchen Sie?

Im systemischen Denken kommen die Führenden nicht ohne die Mitarbeiter aus. Und ich meine *Mitarbeiter*, nicht *Arbeitnehmer*. Wer Mitarbeiter zu Arbeitnehmern entmündigt, darf sich nicht wundern, wenn diese ihre vom Arbeitgeber übertragene Arbeit machen und mehr nicht. Warum sollten sie auch? Der Begriff *Arbeit-nehmer* gibt nicht mehr her. Warum mitdenken? Aus welchem Grund mitverantworten? Mitarbeiter sind Menschen, die eigenverantwortlich mitwirken. Und das ist oftmals nicht so leicht zu haben, wie es sich in Büchern über Führung liest. Denn die begabten, selbstbewussten, gut ausgebildeten Mitarbeiter haben ihren eigenen Kopf. Einige von ihnen wollen ihn um jeden Preis durchsetzen. Ich glaube, an keiner Stelle in diesem Buch behauptet zu haben, dass Menschen einfach sind. Folglich sind sie auch nicht einfach zu führen.

Führung, das heißt auch, eigene Meinungen zu Standpunkten zu formen und diese Standpunkte zu vertreten. Vertreten bedeutet, die eigenen Standpunkte anderen so zu vermitteln, dass sie überzeugend wirken. Wo die Überzeugung scheitert, muss der Führende eine klare Entscheidung treffen: sich geirrt zu haben oder sich seiner sicher zu sein. Wenn der Führende sich seiner sicher ist, muss er sich behaupten. Wenn er sich geirrt hat, sollte er um ein gutes Klima im Unternehmen zu fördern, seine Fehler einräumen. Ich sehe auf der einen Seite ein Gleichsein unter den Menschen, zum Beispiel darin, dass Führende wie Geführte Fehler machen dürfen. Ich sehe auf der anderen Seite Rollenunterschiede und damit differierte Zuständigkeiten. Dort, wo der Unternehmer mit seinem persönlichen und finanziellen Risiko den Kopf hinhält, darf er entscheiden, was er für richtig befindet. Ich bin für sozial-humanes Denken. Ich bin gegen Sozialismus oder gar Kommunismus.

4.1.7 Warum Spitzenleister anders geführt werden müssen

Wer Menschen in Arbeitsprozessen beobachtet, kann sehen, dass es Spitzenleister, Bestleister, Leister und diejenigen gibt, die sich mit Leistung eher schwertun. Die letztgenannten sind Menschen, die aus jeweils ganz individuellen Gründen eine *Leistungsstörung* haben (Krankheit, Enttäuschung, psychische Probleme, schlechte Anleitung, falsches Verständnis etc.). Leister sind Menschen, die in der Regel tun, was von ihnen verlangt wird, die auf Ziele oder Aufgaben warten, um loszumarschieren. Sie haben nicht die Vorstellung, sich in ihrem Leben über Karriere oder sonstiges Ansehen zu definieren. Sie wollen vielmehr mitschwimmen, dazugehören, in der Mitte sein, nicht sonderlich auffallen, keine großen Ansprüche stellen. Sie geben sich nicht nur bei ihrer Leistungserbringung, sondern auch sonst mit dem Normalen, mit dem Durchschnitt zufrieden. Die Form von Zurückhaltung haben sie durch (falsche) Erziehung oder (falsche) Botschaften aus ihrem Umfeld während ihrer Kindheit und danach aufgenommen. Sie haben – bewusst oder unbewusst – die Rolle des Mitläufers im System angenommen und sind diesbezüglich mit sich im Einklang. Sie sind (ewig) Geführte, die keinen Anspruch auf Führung erheben. Mit Aufmerksamkeit, Wertschätzung und permanenten Rückmeldungen können Führungskräfte aus diesen Menschen Bestleister machen. Das ist eine Frage der Umgestaltung bescheidenen Denkens. In Selbstdialogen solcher Menschen tauchen ständig Sätze auf wie „ich kann das nicht", „ich darf das nicht", „unsereins steht das nicht zu".

Führungskräfte werden durchschnittlich Leistenden, die noch keine Bestleister sind, wie auch denen mit Leistungsstörungen gerecht, wenn sie sich ein Bild von deren Stärken machen, um sie sodann – idealerweise – nach ihren Stärken einzusetzen. Das schafft ein positives Gefühl und verbessert die Arbeitsleistung dieser Menschen. Bei vorhandenen Leistungsstörungen ist sogar besondere Sensibilität gefragt, weil diese Menschen sehr schnell auf der Suche danach sind, ihr negatives Skript „ich schaffe es nicht" bestätigt zu bekommen, als negativ konditionierte selbsterfüllende Prophezeiung.

Führungskräfte handeln völlig falsch, wenn sie dieses Prinzip der Führung auf Spitzenleister und Bestleister übertragen. Beide geben ihr Bestes mit dem Unterschied, dass die Spitzenleister die Benchmark anführen. Diese Mitarbeiter sind emotional wie rational anders aufgestellt. Der Spitzenleister braucht den ständigen Kick, das ständige Heranführen an seine Grenzen, das permanente Über-alle-Maßen-gefordert-sein. Warum? Es entspricht seiner Motivlage. Der Spitzenleister will sich im Leben über den beruflichen Erfolg in Szene setzen. Er ist Spitzenleister, weil ihm Dinge besonders leichtfallen, an denen andere schwer zu kauen haben. Es gibt ein weiteres Motiv, das man jedoch eher bei Frauen als bei Männern findet: sich zur Spitzenleistung aus moralischen Gründen verpflichtet fühlen, ohne damit die eigene Karriere oder sonstige Vorteile zu verbinden.

Eine besonders schwierige Führungssituation entsteht, wenn sich der Führende nicht in den Kräftehaushalt des Spitzenleisters hineinversetzen kann, weil er möglicherweise selbst nicht über ein inneres Kraftwerk in genau dieser Dimension verfügt. Führung heißt in dem Fall, dafür zu sorgen, dass der Spitzenleister nicht ausgebremst wird. Er ist ein selbststeuernder Unternehmer seiner eigenen Psychologie. Er will an der „Börse der Selbstzufriedenheit" stets maximale Gewinne einfahren. Das ist sein Antrieb, sein Nährstoff für das Mehr. In weniger extremer Ausprägung gilt das auch für den Bestleister.

Wer Spitzenleistern mit dem üblichen Lob kommt, läuft Gefahr, sie eher negativ zu stimulieren als positiv zu inspirieren. Interessant wird man für andere nicht, indem man wiederholt, was den anderen von allen Seiten zugetragen wird. Interessant wird man erst, wenn man Neues, Anstrengenderes, Größeres, anderes (als das Gewöhnliche) zu bieten hat.

Wer einen Spitzenleister wirkungsvoll führen will, hat zwei Möglichkeiten: a) entweder noch besser zu sein als er oder b) ihn ohne Wettbewerb und Vergleich mit ihm zur Grenzüberschreitung herauszufordern. Wer Grenzen spürt, an die er durch andere herangeführt wurde, nimmt den ernst, der ihn herangeführt hat. Dafür gibt es einen einfachen Grund: Der andere bietet mehr, als derjenige sich selbst bietet. Und das macht den anderen attraktiv.

4.1.8　Wertschätzung ist keine Führungsmethode

Wertschätzung ist eine Grundtugend. Vertrauen, Ethik und Verantwortung sind ebenfalls Tugenden, die im Baukastensystem von Führungstechnik oder -methodik nichts zu suchen haben. Wenn ein Berater oder Hochschullehrer in einem Fachzeitschriftenbeitrag die Ansicht vertritt, dass „Leitbild und Unternehmenskultur zu den modernen Managementtools zählen", kann ich nur sagen: Die Gefahren babylonischer Sprachverwirrung haben wir noch nicht überwunden.

Unternehmenskultur ist vielmehr eine Aula, in der von unterschiedlichen Menschen getragene Werte und Glaubenssätze aufeinandertreffen, um miteinander ausgetauscht zu werden. Führungskultur ist ein Raum, in dem Geführte Weite und Grenzen spüren. Die Weite, in der sie sich entfalten können. Die Grenzen, an denen sie sich orientieren können. Von Führungskultur kann gesprochen werden, wenn Führende deutlich machen, dass sie ihren Mitarbeitern viel zutrauen, gleichzeitig aber auch viel von ihnen erwarten, wenn ein menschlich gleichwertiges Beziehungsverhältnis mit unterschiedlich gestalteten Rollen definiert ist. Die große Kunst der Führung ist die der Abstimmung, des Commitments und der kommunikativen Vermittlung auf allen Ebenen der Organisation. Menschen hinter eine gemeinsame Idee, Haltung, Ausrichtung zu stellen, ist eine äußerst mühsame Aufgabe. Dabei wird die gewaltige Heterogenität der Bedürfnisse und Verständnisse leicht unterschätzt.

Wer mit seinem Verantwortungsbereich in der Liga *Leistung und Kultur* oder mehr noch *Leistung durch Kultur* spielen will, kommt an bestimmten Grundfragen nicht vorbei:

- Wachstum um jeden Preis? Oder über Liebe zum geschaffenen Werk und intensives Bemühen um den Kunden?
- Blankes Fordern von Profitmaximierung? Oder Fokussierung auf das Streben nach dem Vortrefflichen, um es sodann selbst zu überbieten?
- Steuerung über Zahlen? Oder Leitung durch persönliches Engagement?

- Nüchterne Konzentration auf Strategien? Oder dafür sorgen, dass mit Stolz getränkte Mitarbeiter unterschiedlichster Qualifikation die Arbeitsplätze mit Geist und Leben füllen?
- Beschleunigung der Entscheidungsprozesse um jeden Preis? Oder die Freiheit, über wichtige Entscheidungen länger und gründlicher nachzudenken, um sie sodann mit kompromissloser Konsequenz umzusetzen?
- Eine Kurzfriststrategie nach der anderen durch die Abteilungen jagen? Oder mit Besonnenheit den Blick auf Weitsichtstrategien richten, um aus einer guten Vision leicht die passende Strategie ableiten zu können?
- Jeden Trend mitmachen? Oder sich auf das Beste konzentrieren, das zu haben ist, und wenn es nicht zu haben ist, weil irgendetwas noch nicht so funktioniert, wie man es sich vorstellt, warten, bis es funktioniert, um damit Qualität und Renommee als Fokus zu setzen?
- Arbeitsplätze mit *Arbeiter-Nehmern* nach den Gesetzen der nüchternen Ratio schaffen? Oder *Mit-Arbeiter* in eine Erlebnis- und Gestaltungswelt einbinden, in der sich der einzelne Rollenverantwortliche von seiner besten Seite zeigen kann?
- Auftrumpfen bzw. triumphieren, wenn man oben ist? Oder sich mit Bescheidenheit und Demut darauf besinnen, dass es schwerer ist, oben zu bleiben, als nach oben zu kommen?
- Führen nach dem altvertrauten Prinzip der Zielvereinbarung? Oder Führen nach dem zukunftsweisenden Prinzip der Verantwortung?

Ob Sie sich persönlich für die jeweils erste oder zweite Frage entscheiden, hängt davon ab, an was Sie selbst gebunden sind und was Sie bei Ihren Mitarbeitern ausrichten wollen.

4.1.9   Führungsstile und -techniken sind Bremsklötze der Leistungskultur

Leistungskultur kann man unterschiedlich auffassen. An manchen Stellen im Internet und auf Firmen-Webseiten lese ich, dass ein „erstklassiger Führungsstil", „Leistungsmanagement", „Talentmanagement" und „Ergebnisse" auf Leistungskultur basieren bzw. eine solche entstehen lassen. Das ist im Grunde genommen nicht ganz falsch, trifft aber meines Erachtens bei Weitem nicht das Herzstück von Leistungskultur. Hier wird Altbackenes mit Neuem zu kreuzen versucht. Was dabei herauskommt, ist weder Fisch noch Fleisch.

Allein Begriffe wie „Führungsstil" und „... management" zeigen, dass die Verfasser solcher Texte ein anderes Verständnis von Leistungskultur haben. Dort, wo Leistungskultur wirklich in der Balance ist, als Philosophie und nicht Methode verstanden wird, redet man nicht über „Führungsstile". Denn darum geht es nicht. Führung ist keine Frage des „Führungsstils", sondern eine Frage der inneren Einstellung, die ein Rollenverantwortlicher (Führender) einnimmt oder nicht. „Stil" erinnert mich im Zusammenhang mit Führung an Kurt Lewin. Dieser hat vor mehr als einem halben Jahrhundert gewirkt und die drei klassischen Leitungsstile definiert: Autoritäre Führung, Demokratische Führung, oder Laissez-faire-Führung (aus dem Französischen: „gewähren lassen"). Lewin war auf ein bestimmtes Menschenbild, das der damaligen Zeit, festgelegt. Heute sind wir weiter. Deutlich weiter.

Leistungskultur ist eine Frage des Gebens und Nehmens, des Commitments, des gegenseitigen Einladens, um mindestens zwei Aspekte miteinander zu klären. Die Leistung: Zu was verpflichtet man sich gegenseitig oder miteinander? Denn alle Beteiligten sind Rollenverantwortliche. Sie leben ihre Rolle und übernehmen dafür die Verantwortung. Die Kultur: Unter welchen von Führenden geschaffenen Bedingungen gibt jeder sein Bestes? Wie man „Talente managen" kann, hat sich mir bisher nicht erschlossen. Wir können sie entdecken, herausarbeiten, fördern, begleiten. Talent braucht Luft zum Atmen, Freiraum, um sich zu entwickeln, Reflexion, um selbststeuernd zu wirken. *Talentmanagement* ist der Versuch, nach Mündigen zu suchen, um sie alsbald zu entmündigen.

Ich halte nichts davon, wenn Führungskräfte in Seminaren mit Techniken und Methoden überschüttet werden. Ich habe noch keinen Menschen erlebt, der durch die Vermittlung von Techniken ein besserer Leader oder in seiner Persönlichkeit gestärkt worden wäre. Die Palette der feilgebotenen Methoden erstreckt sich über Management by crisis, … exception, … decision rules, … delegation, … objectives, … projects, … results, … systems. Ich halte den Management-by- … -Ansatz für Trainer- oder Beratermarketing, um sich bei der Kundschaft interessant zu machen. Da scheuen die Trainer und Coaches auch nicht davor zurück, *Zuhören* und *Einfühlung* als Führungstechnik zu verkaufen. Interessant ist zu beobachten, dass diese Trainer und Coaches des Zuhörens und der Einfühlung oft selbst nicht mächtig sind. Vielleicht sind die Botschaften an Teilnehmer und Coachees in Wirklichkeit durch den Gegenwind der Realität umgelenkte Selbstbotschaften: „Ich, Trainer, müsste besser zuhören und mich vor allem besser in meine Teilnehmer einfühlen." Zuhören, hinsehen, sich einfühlen, das sind Qualitäten, die von innen heraus kommen müssen. Leader, so wie ich Leadership verstehe, haben ein tiefes Interesse an anderen Menschen. Dieses Interesse lässt sich nur befriedigen, wenn man auf den anderen eingeht und versucht, so viel wie möglich von ihm mitzubekommen. Das ist eine Frage der Bewusstseinstiefe, keine der Methodenlehre. Wer Zuhören lernen muss, hört an der Oberfläche zu. Das hat mit Führung wenig zu tun. Wer Einfühlung als Methode anzuwenden versucht, ist von einem empathischen Perspektivenwechsel, um sich in den anderen hineinzuversetzen, weit entfernt.

4.2 Führung individualisieren, nicht idealisieren

Führung individualisieren – unbedingt. Führung idealisieren – besser nicht. Manager neigen dazu, Führung zu idealisieren, fragt man sie nach ihrem persönlichen Führungsverständnis. Da sind Sätze zu hören, wie: „Hochleistungsunternehmen heißt nicht, die Zitrone bis aufs Letzte auszuquetschen … Aber es gilt auch, dass unser Unternehmen keine Hängematte ist, in der man sich ausruhen könnte." (Alfred T. Ritter) (Richter 2009), „Kunde, Mitarbeiter und Kapitalgeber – das steht auf einem Niveau und verlangt Gleichbehandlung.", „Ich zähle nur auf den Wirkungsgrad meiner Mitarbeiter." (Ferdinand Piëch) (Weck 2010), „Ich versuche, Vorbild zu sein, und spreche mit meinen Mitarbeitern. Zum Beispiel: Wir sind Weltmarktführer und Marktführer in Deutschland in unserem Angebotsbereich." (Reinhold Würth) (Kleinau-Metzler 2010), „Für mich hat der Dreiklang von Kommunikation, Werten und Glaubwürdigkeit eine sehr hohe Bedeutung" (Franz Fehrenbach) (Ritter und Wolters 2009). Solche Aussagen stehen im Raum und sind nicht beleihungsfähig. Nicht etwa, weil die Aussagen für sich genommen falsch seien. Nein, weil sich der einzelne Mensch im Unternehmen im Zweifelsfall nicht darauf berufen kann. Und so ist es nicht weiter verwunderlich, dass wohlklingende Führungskonzepte landauf, landab idealisiert werden, obwohl sich in denselben Firmen die Mitarbeiter alles andere als persönlich wahrgenommen fühlen.

Menschen interessieren sich heute nicht mehr dafür, was ihre Chefs in Festreden oder Interviews verkünden. Das war einmal. Die Menschen bewegt heute einzig und allein, wie sie Führung spüren. Und zwar eine Form von Führung, die passgenau auf sie abgestellt ist. Dazu passen schon eher folgende Aussagen: „Im Grunde haben wir 41.000 Unternehmenskulturen, weil jeder Mensch völlig anders ist" (Reinhold Würth) (Kleinau-Metzler 2010). Das ist – zumindest von den Worten her – griffig. Bliebe noch die Ernsthaftigkeit zu prüfen, die sich daran messen lässt, ob die Individualität tatsächlich im Handeln der Führungskräfte dieses Unternehmens das höchste Gut ist. „Ich gebe den Mitarbeitern Freiheiten und ermutige sie, eigene Ideen einzubringen" (Alfred T. Ritter) (Richter 2009). Auch das ist einklagbar, wenn auch nicht ganz so konkret wie die Erlaubnis an den einzelnen Menschen, dass er im Unternehmen ein Individuum sein darf. „Mein Audi-Chef hat große Freiheit, solange er schöne schwarze Zahlen schreibt" (Ferdinand Piëch) (Weck 2010). Das hat was! Klar, kantig, authentisch, kalkulierbar. Das letzte Bespiel schreckt mich keinesfalls, obwohl ich der Humanität im Unternehmen durchgängig das Wort rede. Es ist um ein Vielfaches besser, wenn bei einem Konzernlenker Worte und Taten eins sind, als wenn er Schöngeistiges verkündet und blanke Macht lebt. Echtheit ist eine Eigenschaft, die Menschen heute bei vielen Politikern und Führungsverantwortlichen schmerzlich vermissen. Die Menschen wollen nicht unbedingt nur von weichen, einfühlsamen Chefs geführt werden. Viele von ihnen akzeptieren durchaus scharfe Kanten ihrer Chefs, wenn erlebbar wird, dass der Chef damit das Unternehmen in eine gute Zukunft treibt oder seine Abteilung voranbringt. Dagegen können Mitarbeiter nur schwer damit umgehen, wenn das gesprochene Wort kein entsprechend konsequentes Handeln nach sich zieht.

4.2.1   Ergebnisorientiert steuern: Nicht die Selbststeuerungskräfte des Menschen aushebeln

Das Sein bestimmt das Bewusstsein – und die Erwartungshaltung die Wirkung. Diese eher aus der Medizin stammende Weisheit sehe ich auch beim Thema Führung. Hochqualifizierte Menschen muss man nicht führen. Und doch: Sie brauchen Impulse und Reflexion von einem Dialogpartner auf Augenhöhe. Sie benötigen einen ihnen gebührenden Verantwortungsrahmen. Sie erwarten die Angabe der Richtung. Mehr nicht. Das ist zwar auch Führung, aber eine andere Art als das, was man in den meisten Lehrbüchern findet. Top-Performer erwarten nicht, an die Hand genommen zu werden. Im Gegenteil, das irritiert. Sie wollen einen ihrer Qualifikation angemessenen Freiraum, innerhalb dessen sie beweisen können, zu was sie zu leisten im Stande sind. Sie wollen Verantwortung und erwarten Vertrauen, das man in sie setzt. Insbesondere persönlichkeitsstarken Rollenträgern genügt es, wenn sie mit dem, was sie leisten, Aufmerksamkeit erzielen und Rückmeldungen erhalten. Koordination ja. Enge Führung nein. Weniger gut ausgebildete Mitarbeiter sind dagegen auf engere Führung angewiesen, weil sie sonst verunsichert und orientierungslos das Falsche tun. Die unzähligen unterschiedlichen Führungserwartungen (Rollenerwartungen) in Ihrem Umfeld, die speziellen Führungserwartungen Ihrer Mitarbeiter können Sie in keinem Buch lesen. Auch nicht in diesem. Sie können aber Ihre Mitarbeiter fragen: „Wie stellen Sie sich Zusammenarbeit mit mir vor?"

Wenn ich mich auf die Seite der Führenden stelle, um der Führungserwartung der Mitarbeiter zu begegnen, so haben wir es mit der *Führungsleistung* (Rollenleistung) zu tun. Die Zweckbestimmung einer Organisation spielt eine nicht unbedeutende Rolle für die Führungsleistung. Ein wissenschaftlicher Mitarbeiter an einem Forschungs- oder Lehrinstitut kann noch so qualifiziert sein. Der Leiter verantwortet die wissenschaftliche Ausrichtung des Institutes. Da führt nun mal kein Weg dran vorbei. Er ist der Denker, von dem die Richtung der Forschung ausgeht. Es wäre geradezu utopisch anzunehmen, dass der leitende Wissenschaftler einer solchen Organisation nicht den Takt angäbe. Seine Mitarbeiter nehmen eine Art Assistentenstatus auf unterschiedlichem Niveau ein, selbst wenn sie hochgradige Experten mit Promotion oder Habilitation sind. Das kollegiale Prinzip der kollektiven Gleichschaltung eignet sich nicht durchgängig. Die Genialität findet sich in Reinkultur an Lehrstühlen. Der Ordinarius ist prägend für die Denkrichtung, die vom jeweiligen Lehrstuhl ausgeht. Professur und Lehrstuhl sind nicht unbedingt miteinander verbunden. Jeder Lehrstuhlinhaber ist Professor, aber umgekehrt gilt dies nicht.

Unter Juristen sieht die Sache vollkommen anders aus. Der Gründer oder Senior einer Anwaltskanzlei wird seinen Kollegen nicht vorschreiben wollen (und können), wie sie einen Schriftsatz zu verfassen haben oder einen Prozess zu führen gedenken. Große Kanzleien werden präsidial geleitet. Anders als in einem wissenschaftlichen Institut oder an einem Lehrstuhl ist der einzelne Jurist in seinem Tun vollkommen autonom. In größeren Kanzleien kommen meist unterschiedliche Fachdisziplinen in der Partnerschaft zusammen.

Die fachanwaltlichen Disziplinen erstrecken sich über das ganze Alphabet, vom Agrarrecht bis zum Verwaltungsrecht. Diese Divergenz gleicht den Zuständen in industrialisierten Firmen. Dort treffen wir auf eine heterogene Landschaft von Disziplinen. Der Vorstand in Konzernen setzt sich heute aus Vertretern unterschiedlichster Fakultäten zusammen. Nicht immer ist dabei der Ingenieur für das Ressort Technik oder der Betriebswirt für die kaufmännische Verwaltung zuständig. Je nach Aufstellung einer Firma spielt die Ausbildung der Geschäftsführer oder Vorstände eine untergeordnete Rolle. Dieses Prinzip setzt sich auch weiter nach unten fort. In Beratungsgesellschaften fällt auf, dass einige dieser Firmen an der Spitze von einem absoluten Fachmann (oder Fachfrau) geleitet werden. Das ist sachlich mit dem Wissenschaftsinstitut vergleichbar. Andere Beratungsgesellschaften ähneln in der Personenbesetzung ganz oben einem Industriebetrieb. Nicht der beste Berater, sondern der beste Verkäufer, Repräsentant oder Ökonom steht ganz oben.

4.2.2 Führen hieß gestern: Planen und Ziele setzen – Führen heißt heute: Denkbeweglichkeit fordern und treiben

Der Adler kann nicht tauchen, der Hai nicht fliegen. Die Meise wird keine Mäuse fangen wie der Bussard. Der Karpfen wird nicht zum Raubfisch wie der Hecht. Das sind in der Natur Tatsachen, die wir im übertragenen Sinne beim Thema Führung zu leugnen versuchen. Heerscharen von Führungskräften wurden in den vergangenen zwei Jahrzehnten darauf getrimmt, ihre Mitarbeiter zum Erfolg zu führen. Und zwar nach einem möglichst einheitlichen Prinzip. Dieses Prinzip beinhaltet *Ziele* (vorgegeben oder vereinbart), *Strategien* (mehr oder minder nachvollziehbar erklärt) und *Planung* (mehr oder minder konsequent verfolgt). Nichts dergleichen hilft, um die Zukunft in Organisationen zu bewältigen. Führungskräfte müssen umdenken – schnellstens und von Grund auf.

Früher waren Märkte in Ordnung. Sie waren berechenbar, ihre Gesetzmäßigkeiten analysierbar, ihre Strukturen überschaubar. Sie haben sich mit Konstanz entwickelt, der von ihnen ausgehende Bedarf war folglich planbar. Die Budgets, die Produktion, der Absatz, der Personalbedarf, alles war auf Jahre hinaus zu berechnen. Die trägen Märkte boten ebenso wenige Überraschungen wie die trägen Anbieter. Man gewann durch Erfahrung eine Vorstellung von sicherer Steuerbarkeit. Diese inzwischen zur Utopie mutierte Sicherheit hat das Planen legitimiert und in den Köpfen der Handelnden Kristalle ansetzen lassen. Anders ist nicht erklärbar, warum wir die Hilfsmittel von gestern für das Handeln von morgen verwenden wollen. Viele Organisationen haben sich durch das Management einer schier unüberschaubaren Fülle von Tools von ihren Kunden abgewendet. Das verwundert nicht. Je mehr Tools, umso größer der Zeitaufwand zur Beherrschung der Komplexität.

Die Welt ist inzwischen eine vollkommen andere und so wenig planbar wie nie zuvor. Kein Mensch kann die Zukunft vorhersagen. Gestern nicht und heute nicht. Das scheinen wir in den zurückliegenden Jahrzehnten mit unserer Zielfixierung aus den Augen verloren zu haben, bis uns diese Realität in jüngerer Zeit drastisch vor Augen geführt wurde. Die Nichtplanbarkeit wird mit einer schwindelerregenden Rasanz zunehmen. Globalisierungseffekte, Terrorbedrohungen, Umweltkatastrophen ungeahnten Ausmaßes wie das ausströmende Öl in 1.500 m Meerestiefe an den Küsten der USA, von einem launischen Vulkan über Europa verbreitete Aschewolken … – was wollen wir mehr an nicht-planbaren Überraschungen? Aber wir machen weiter wie bisher. Wir planen Unwichtiges: ein paar Unternehmens-, Bereichs-, Abteilungsziele. Wir überlassen das Wichtige dem Zufall: sich einzustellen lernen auf jede nur erdenkliche Unwägbarkeit, um denkbeweglich und mit größter Anpassungsgeschwindigkeit reagieren zu können. Dazu gehört auch, sich von Althergebrachtem wie Führen über Zielvereinbarungen zu verabschieden. Nicht die Ziele sind dabei das Problem, sondern die Vereinbarungen. Wer statt über Ziele per Verantwortung führt, hat den richtigen Schritt in die Zukunft getan. Denn Verantwortung muss man nicht ständig anpassen. Ziele sehr wohl.

Einen Verantwortungsdialog führen

Was bedeutet Verantwortung?
Verantwortung ist die auf einer Mischung aus Gefühlen und Einstellungen beruhende Haltung, an der der Verantwortliche sein Verhalten so orientiert, dass er ihm anvertraute Personen oder Dinge nach seinen Möglichkeiten

schützt und fördert oder alles daran setzt, erforderliche Ergebnisse zu errei-chen. Eigenverantwortung beschreibt den Teil von Verantwortung, bei dem es allein um den Verantwortlichen geht, also Dritte nicht beteiligt sind. Ver-antwortung besteht nur dort, wo auch tatsächlich Macht über das Verant-wortete und Entscheidungsfreiräume gegeben sind, so zum Beispiel, wie der Verantwortliche vorgeht und welche Ziele er sich setzt. Verantwortung kann man nicht delegieren. Verantwortung kann man nur übernehmen.

Wie einen Verantwortungsdialog vorbereiten?
Führender: Welche Verantwortung traue ich dem Mitarbeiter zu?
Mitarbeiter: Welche Verantwortung traue ich mir zu?

Wie den Dialog gestalten?
Führender fragt zunächst nach dem Verantwortungsrahmen, den sich der Mitarbeiter zutraut. Bei Deckungsgleichheit zwischen Führendem und Mit-arbeiter vereinbaren beide diesen Verantwortungsrahmen, der konkret defi-niert schriftlich festgehalten wird.

Bei Abweichungen wird dialogisch ein Rahmen vereinbart, dem beide Seiten aus Überzeugung zustimmen können. Die Bereitschaft zur Verant-wortungsübernahme muss vom Mitarbeiter ausgehen. Es darf zwischen Mitarbeiter und Führendem kein Zweifel offenbleiben, wer für was welche Verantwortung trägt.

Wichtig!
Der Mitarbeiter muss sich mit dem vereinbarten Verantwortungsrahmen uneingeschränkt identifizieren können. Der vereinbarte Rahmen bleibt unangetastet bis zur Änderung der Rolle/Aufgabe des Mitarbeiters oder bis zu einem Zeitpunkt, zu dem die Entwicklung des Mitarbeiters mehr Ver-antwortung erlaubt.

Wer plant, handelt rigide und zudem hoch riskant. Planung kostet Zeit und gibt keine Sicherheit. Wer in Zukunft auf den Wogen des Erfolges surfen will, muss höchst denkbeweglich unterwegs sein, um auf jede sich darbietende Veränderung mehr als eine Antwort zu haben. Wir brauchen Führungsverantwortliche, die ihre Mitarbeiter nicht mit Zielen verwirren, die nicht konsequent nachverfolgt werden oder rigide fixiert bleiben, obwohl sich die Umstände längst gedreht haben. Neh-men wir die Politik als Beispiel. Da wird seit Jahren der Schuldenabbau geplant, während die Realität ein Schuldenwachstum produziert. Da wird der Euro als stabile Weltwährung gelobt, während einige EU-Staaten kräftig an seinem Niedergang arbeiten. Der Frust wird zum Dauerthema, an dem einzig und allein die Medien ihre Freude haben, weil sich schlechte Nachrichten besonders gut verkaufen lassen.

Jedes Unternehmen wird mehr oder minder von Themen tangiert, auf die seine Entscheider keinen Einfluss haben. Wechselkursänderungen, Rohstoffpreisschwünge, unvorhersehbare Gesetzesänderungen … Gleichwohl, es wird geplant, was das Zeug hält. Zielvereinbarungen, das Denken in Zielen, Vision und Strategien, solche Begriffe haben mehr Konjunktur als die dringend gebotene Denkbeweglichkeit. Wir müssen lernen, uns alles vorzustellen, damit wir allen Problemen entgegengehen lernen, anstatt uns von ihnen überwältigen zu lassen.

4.2.3 Die Zukunft nimmt keine Rücksicht auf Planzahlen

Wer meint, den morgigen Tag mit Planzahlen absichern zu können, lebt in einer Welt, die weit hinter uns liegt. Die Realität diktiert uns täglich mehr als einen Ansporn, den wir in *Augenblicksleistung* umsetzen müssen. Wer auf dem Reißbrett Scheinwelten malt, darf sich nicht wundern, wenn bereits ein vom Wind geöffnetes Fenster in einem einzigen Moment das ganze Kunstwerk zunichtemacht. Und nun? Die Denkgefestigten gehen hin und malen sich eine neue Scheinwelt. Auf einem notdürftig instand gesetzten Reißbrett. Die Denkbeweglichen reagieren mit Spontaneität, Mut und Freude an einer neuen Herausforderung, die alle bisherigen übertrifft.

Führungskräfte müssen aufhören, ihre Mitarbeiter in Korsette zwängen zu wollen, solche, die bewegungsunfähig machen. Führungskräfte müssen anfangen, einen tiefen Blick in die Realitäten zu wagen, und ihre Mitarbeiter ermuntern, dasselbe zu tun. Vorhaben, Projekte, Aktivitäten sind heute entweder trivial oder sehr komplex. Im ersten Fall ist Planung überflüssig, im zweiten ist sie unmöglich. Manager steuern nicht die Unternehmensumwelt. Wer das glaubt, ignoriert die Gegenwart. Manager werden von Ereignissen im Umfeld gesteuert, die schneller auf den Einzelnen zukommen, als er sie sortieren kann. Panische Sofortreaktionen sind das falsche Mittel, wenn sich die Ereignisse überstürzen. Abwartende Sitzblockaden gegen die Grausamkeit der immer schneller auf einen zufliegenden Überraschungen ebenso.

Pläne und Abweichungskontrollen kosten Zeit. Viel Zeit. Zeit, die einfach nicht mehr da ist. Weil sie gebraucht wird für das Wesentliche, nicht um sich am Üblichen festzubeißen. Wer mit Zielen und Planzahlen die Mitarbeiter unter Kontrolle oder auf Kurs halten will, ist dem Irrglauben verfallen, dass Mitarbeiter keine Leistungsträger sein wollen und man ihnen folglich nichts zutrauen kann. Die Vorstellung von kontrollbedürftigen Mitarbeitern passt so sehr auf die Gegenwart wie der Glaube, dass die gute alte Zeit eines Tages schon wieder zurückkommen werde. Man muss Mitarbeitern auch keine Anreize bieten. Man muss ihnen Rollen zuweisen, für die sie die Verantwortung übernehmen dürfen. So sieht moderne Führung aus!

Wer glaubt, dass Menschen ohne Ziele nicht wüssten, was sie tun sollen, hat sich im Spinnennetz bizarrster Vorurteile verfangen. Für ergebnisorientierte Arbeit auf Basis höchster Effizienz und bester Wirtschaftlichkeit braucht man nicht Ziele, sondern Ideen. Mit Muss-Größen (acht Prozent mehr Umsatz, fünf Prozent weniger Kosten) malträtiert man das System, anstatt es zu stimulieren. Manager tun so etwas. Leader nicht. Leader vermitteln Fantasien, Allrounddenken, Spirit und Speed, ganz nach dem Geleitwort: Mit jedem Abschied ist eine neue Begrüßung verbunden. Der Abschied von der Zielvereinbarung führt in die Begrüßung der Abstimmung von Verantwortungsgraden. Wer Ideen hat und Verantwortung trägt, macht sich selbst die dazu passenden Ziele. Wer keine Ideen hat und keine Verantwortung tragen will, kommt ausschließlich für einfachste Aufgaben infrage.

4.2.4   Der Feldzug der Denkbeweglichkeit – oder: Die Intelligenz wird missbraucht, wenn man das tut, was man schon immer getan hat

Wer Verantwortung übernehmen soll, braucht Freiheiten. Diese zu geben, ist die erste Aufgabe der Führung. Die Identität mit der Verantwortung zu prüfen, ist die zweite. *Mitarbeiter* – wenn man sie nicht mit Arbeitnehmern verwechselt – wollen Verantwortung tragen. Also sind Führende gut beraten, diese Mitarbeiter zur vollen Ausschöpfung ihrer Intelligenz zu animieren. Wenn sich eine Firma vornimmt, die Qualität bei Produkten und Service auf ein Spitzenniveau zu bringen, so heißt die Kernbotschaft: Qualitätsoptimierung forte! Manche Firmen nehmen sich vor, besser sein zu wollen als der Mitbewerber. Das mag man als *Ziel* verstehen. Es ist aber allenfalls ein qualitatives Ziel. Denn als quantitative Größe wird es nicht wirklich messbar werden. Ein Vorhaben wie „besser als ..." setzt voraus, dass das vergleichende Subjekt rigide bleibt. Dass also der Wettbewerb stehen bleibt, während sich der Herausforderer bewegt. Dies anzunehmen ist vermessen. Eine Botschaft ins Unternehmen zu senden, die da heißt „Qualitätsoptimierung", und alle Mitarbeiter darauf zu verpflichten, ist um ein Vielfaches wirkungsvoller, als sich mit dem Mitbewerber vergleichend anzulegen.

Führung heißt auch, die Dinge so zu vereinfachen, dass der Geführte zweifelsfrei versteht, was von ihm erwartet wird. Man kann ihm – abhängig von seinem Reifegrad – globaler oder konkreter darlegen, wie er in seinem Verantwortungsrahmen die Qualität optimieren soll. Das versteht jeder. Vor allem ist ein solches Streben unabhängig von Fremdeinflüssen, wie Naturereignissen, politischen Trendwendungen, Katastrophen. Qualitätsoptimierung muss man nicht mit Zahlen belegen. Der Marathonläufer plant ja auch nicht, die Strecke in 2:08:52 Stunden zurückzulegen. Er geht mit dem Vorhaben an den Start, das Beste zu erreichen, was möglich ist. Wenn er zur Weltklasse gehört, kann er sich bei 1.000 weiteren Mitläufern den Sieg vornehmen. Aber nur unter der Voraussetzung, einer der Weltbesten zu sein. Gehört er nicht zur Weltspitze, wird er sich mit dem wahnwitzigen Ziel, der Erste zu sein, garantiert frustrieren. Dagegen ist es durchaus attraktiv, sich vorzunehmen, besser zu laufen als bisher.

In einigen ausgesprochen erfolgreichen Unternehmen steht die Inspiration im Mittelpunkt des Geschehens. Das ist zum Beispiel bei dm und Google der Fall. Wenn Mitarbeiter zur Denkbeweglichkeit unter Ausschöpfung ihrer vollen Potenziale *inspiriert* werden, wird mehr erreicht, als wenn man ihnen Ziele überstülpt oder sie so lange durch Zielvereinbarungsprozesse schleift, bis sie schließlich ein erschöpftes, aber keineswegs auf Einverständnis beruhendes Ja von sich geben. Die auf *Verantwortung* ausgerichtete Führung ist die einzige Form, bei der die Potenziale der Mitarbeiter voll zur Geltung kommen können. Mitdenken müssen, den Erfolg verantworten dürfen (soweit sie ihn beeinflussen können), sich den jeweils tagesaktuellen Herausforderungen stellen lernen, alles tun zu müssen, um das Beste herauszuholen, was unter den gegebenen Umständen machbar ist, das sind die Inspiratoren, die eine Leistungskultur ausmachen.

4.2.5 Das Denken um scheinbar unauflösbare Widersprüche gleicht einem Amoklauf

Die Investoren wollen die höchste Rendite, die Kunden den besten Service, die Mitarbeiter weniger als 40 Stunden Arbeit pro Woche. Wer denkt, dass damit die Probleme des Managements erklärt seien, ist von einem Verständnis getragen, mit dem sich Zukunft nur schwer bewältigen lässt. Natürlich bilden Investoren, Kunden und Mitarbeiter divergente Interessengruppen. Diese unter einen Hut bekommen zu wollen, gleicht in etwa dem Versuch eines Zoodirektors, Elefanten, Panther und Schlangen mit demselben Futter abzuspeisen. Die Sicht auf Konflikte, die von der Heterogenität unterschiedlicher Interessengruppen ausgeht, ist eine toxische Sicht.

Die Gestalter des Unternehmens sind die Mitarbeiter. Die Führenden sind die Koordinatoren der Gestaltung. Hier spielt die Musik, der andere aufmerksam lauschen. Der Dirigent muss sich auf das Orchester, nicht auf die Zuhörer konzentrieren. Nur so wird er die Zuhörer zufriedenstellen können. Deshalb wendet er sich während des Konzertes vom Publikum ab, um am Ende – diesem zugewandt – den Applaus in Empfang zu nehmen. Wer Kundenbedürfnisse befriedigen will, muss die Menschen, die man dazu braucht, an die erste Stelle setzen. Leitbilder von Firmen, in denen der Kunde zuerst erwähnt wird, leisten einen Dauerbeitrag zum Frust der Mitarbeiter. Von den Leitbildern ganz zu schweigen, in denen die Investoren zuerst genannt werden. Die falsche Reihenfolge in Leitbildern schadet den Kunden und den Investoren, weil sich die zurückgesetzten Mitarbeiter nicht wirklich wertgeschätzt fühlen.

Wer es schafft, die Mitarbeiter mit Eindeutigkeit dafür zu gewinnen, Ergebnisse anzustreben, die realistisch in Augenschein genommen werden, wer es weiterhin vollbringt, die Mitarbeiter eindeutig in die richtigen Rollen zu bringen, damit sie darin aufblühen können, wer als Autor den Rollen den richtigen Gehalt und als Regisseur dem Spiel die richtige Gestalt gibt, zieht automatisch Investoren und Kunden an. Der Weg führt über die Mitarbeiter zum Kunden. Das ist eindeutig so! Nicht nur bei Dienstleistern, ebenso im produzierenden Gewerbe. Renditen lassen sich erzielen, wenn man die Mitarbeiter in positive Schwingungen versetzt, indem man Möglichkeiten schafft, sich große Sprünge zu erlauben. Die eigentlichen Erfolgsparameter leiten sich aus der Identität ab. Wenn Mitarbeiter mit der Ausrichtung des Unternehmens im Einklang sind, wenn ihnen zudem klar ist, dass unter einer bestimmten Vision alles, aber auch alles zu unternehmen ist, um aus dieser Vision Realität werden zu lassen, dann ist mehr Schubkraft im Unternehmen freigesetzt, als man mit ausgefeilten Tools (Planung und Ziele gehören dazu) jemals erreichen kann. Die Zukunft situativ in die Gegenwart zu ziehen, alle nur denkbaren Unwahrscheinlichkeiten sowie die Wahrscheinlichkeit mit ins Kalkül zu ziehen, schafft die Bewegung in allen Denkkanälen der Organisation, die nötig ist, um zu den besonders wachsamen und für die Zukunft gerüsteten Firmen zu gehören. Dabei muss man noch etwas Auge behalten, das die Besten der Besten beherrschen: Man kann nicht wirklich von anderen lernen. Allenfalls mit negativem Vorzeichen, um Fehler anderer zu vermeiden. Man kann sich an sich selbst orientieren und fragen, was hat besonders gut funktioniert, was ist danebengegangen?

Systemisch gedacht kommt es darauf an, eine Sinngemeinschaft zu schaffen, eine, in der alle ihre Rollen und ihre Verantwortung kennen und folglich wahrnehmen. Die Mitarbeiter steuern sich selbst, die Führenden sind der Knoten, der die Bänder zusammenhält, aber nicht das Band. Gut aufgestellte Firmen haben einige wenige Prinzipien. Diese sind eindeutig und werden ohne Wenn und Aber gelebt.

Damit wird Raum für Innovation, Motivation und Genialität geschaffen. Natürlich gibt es die Mitarbeiter, die sich mit der Firma nicht identifizieren *können*. Denen kann über Erklärungen und Einbindung geholfen werden bis zu dem Punkt, an dem man erkennt, dass es sich um Mitarbeiter handelt, die sich mit der Firma nicht identifizieren *wollen*. Denen muss unmissverständlich klargemacht werden, dass sie sich ein anderes Zuhause suchen müssen, weil die Organisation für solche Menschen nur einen limitierten Platz bietet.

4.2.6 Der Unterschied zwischen rigider Planung und denkbeweglicher Ausrichtung

Planung basiert auf Prämissen, die sich kurz nach Fertigstellung des Planes schon in Luft aufgelöst oder um einhundertachtzig Grad geändert haben können. Das Teufelswerk der Planung ist das Vertrauen in eine Zukunft, die kein Mensch kennt. Der größte Irrtum Frederick Taylors hängt uns heute noch nach: zu glauben, dass die strikte Arbeitsteilung in zwei Gruppen, die der Strategen und die der Operationalisten, der beste Weg sei, zu einer besseren Gesamtleistung im Unternehmen zu kommen. Die strategisch positionierten Manager und die aufs Operative reduzierten Worker. Das mag zu Lebzeiten Taylors Anfang des letzten Jahrhunderts einen Versuch wert gewesen sein. Heute liegen wir damit vollkommen daneben, weil durch Ausbildung, Weiterbildung, mediale Beeinflussung und den sich daraus ergebenden höheren Reifegrad zum selbstständigen Denken des Einzelnen eine vollkommen andere Ausgangsbasis für *Teilung* erwachsen ist. Wir müssen das Denken teilen, nicht die Arbeit! Die einen denken innovativ. Also müssen wir sie in Rollen bringen, durch die sie ihre innovativen Talente voll ausleben können. Die anderen denken analytisch. Ihnen muss man die dazu passenden Rollen übertragen. Wiederum andere haben einen gefestigten Denkrhythmus. Unter ihnen sind viele Manager. Nämlich genau jene, die ungeachtet allen Fortschritts, der Entwicklung des Menschen in den letzten einhundert Jahren, neuer, urgewaltig andersartiger Herausforderungen so tun, als könne man mit bewährten Methoden und Verfahren der Welt von morgen begegnen. Diese Manager müssen zunächst einmal einen Change-Prozess in ihrem Denken durchlaufen, bevor sie dem Change-Management in ihrer Organisation das Wort reden. Was Taylor damals teilen wollte, ist längst unter den Hammer der Automatisierung geraten. Das Denken teilen heißt Rollen mit Verantwortung festlegen. Das kann man unternehmensweit tun. Das ist das Beste. Das muss man als Führender in seinem Zuständigkeitsbereich tun. Dazu ist man den Mitarbeitern und dem Unternehmen verpflichtet.

4.2.7 Höchstleistungskulturen sind störungsresistente Organisationen auf dem Gipfel von Leistung und Kultur

Wir müssen Vorurteile über Bord werfen, beispielsweise dass mit einer großen Strategie die Welt zu bewegen sei. Reihenweise sind Fusionen misslungen. Serienweise haben die Banken kollabiert. Die dafür Verantwortlichen waren keineswegs dumm. Sie waren einfach denkgefestigt, im Korsett ihres verwurzelten Denkens gefangen. Die großen Strategien der Unternehmen kommen bei den Mitarbeitern als Verbot zum Mitdenken an. Wenn ich über Denkbeweglichkeit referiere, hören die meisten Manager aufmerksam zu. Sie nicken mit dem Kopf und sagen damit: „Was ist daran neu? Das machen wir. Sonst wären wir niemals in diese Position gekommen." Falsch! Denn dieselben nickenden Manager schreien empört aus der Kraft ihres Unverständnisses auf, wenn im selben Referat einige Minuten später von mir die Empfehlung zu hören ist, auf Zielvereinbarungen, Planungen, Strategiebildungen in der bisher gewohnten Weise zu verzichten. Denkbeweglichkeit scheint für diese Manager ein Tool zu sein, das man sich selbstverständlich aneignen könnte, das sich aber nicht wirklich in die Köpfe einnistet.

Denkbeweglichkeit ist aber kein Tool, keine Methode, kein Verfahren. Denkbeweglichkeit ist analog zur Leistungskultur die innere Bereitschaft und Haltung, sich jederzeit mit voller Aufmerksamkeit und Leidenschaft auf alles einstellen zu können. Und sei es noch so ungewohnt oder fremdartig. Denkbeweglichkeit ist der innere Aufbruch, der hilft, den äußeren Zusammenbruch zu verhindern. Wenn der Vorstand bzw. die Geschäftsführung für das ganze Unternehmen oder der Bereichsleiter für sein Verantwortungsareal Veränderungen „plant", dann sollte er auf die vielen Mitdenker und Querdenker in seinem Umfeld hören. *Hören* ist einladen und lauschen. Gehörtes verpflichtet nicht zur Umsetzung. Es genügt, wenn es verstanden und ernst genommen wird. So entsteht aus vielem, was gehört wurde, eine gute Grundlage zu einer sicheren Entscheidung. Denkblockierungen sind so ziemlich das Schlimmste, was sich ein Unternehmen heutzutage erlauben kann.

Wagen Sie das Experimentieren, das Ausprobieren, das Testen. Damit gehen Sie zwar immer in unbekanntes Land. Aber so ist die Welt erforscht worden. So arbeitet die Wissenschaft. Veränderung ist eine Tür, die nur von innen zu öffnen ist. Wenn Sie Veränderung wollen, verändern Sie sich! Mitarbeiter für Veränderungen zu gewinnen ist leichter, wenn man ihnen vorlebt, wie Veränderung vonstattengeht.

4.3 Fallbeispiel Führen durch Verantwortung

Von der Idee andersartigen Denkens inspiriert, schaffte der Nachfolger im Vorsitz der Unternehmensleitung eines kleineren Konzerns so ziemlich alles ab, was seine Vorgänger über Jahre an Management-Tools eingeführt und bewahrt hatten. Dabei hatte dieser Nachfolger internationale Businessprogramme absolviert und die dort gelehrten ausgeklügelten Managementmethoden in sich aufgenommen. Was er in seiner Ausbildung deutlich vermisste, war die Ausgewogenheit zwischen betriebswirtschaftlichen Instrumenten zur Unternehmenssteuerung und der auf gesundem Menschenverstand basierenden Führung. Ihn hatten die Ansätze des Gegen-den-Strom-Managers Götz Werner, Gründer der dm-Märkte, überzeugt. So war ihm nicht entgangen, dass die dm-Märkte die Wirtschaftskrise ab 2008 gut überstanden, während der Konkurrent Schlecker einbrach. Aus der Auseinandersetzung zwischen Unternehmenskultur und Ergebnisverbissenheit ging die Kultur als Gewinner hervor. Nicht nur bei den Rivalen dm und Schlecker.

Kurz nach Übernahme der Funktion als Konzernchef führte der Neue Gespräche mit dem oberen und danach mittleren Führungskreis. Dabei stellte er sehr bald fest, dass den vielfältigen ihm geläufigen Managementtechniken mehr Aufmerksamkeit zukam als dem einzelnen Menschen. Schlimmer noch: Es gab einen akribisch verfolgten und jährlich aufgefrischten Zielvereinbarungsprozess, aber mehr als die Hälfte der Führenden konnten ihre Ziele aus dem Stand heraus nicht benennen. Aufgrund dieser ersten Eindrücke rief der neue Konzernlenker alle Führungsverantwortlichen zusammen, um ihnen den Auftrag zur Erstellung einer Übersicht aus ihren jeweils zugeordneten Abteilungen zu erteilen, aus der hervorgeht, wer in der Abteilung für was verantwortlich ist. Er betonte, dass er nicht wissen wolle, wer was macht, sondern wer für was die Verantwortung trägt.

Dieses Verlangen konnten die meisten Führenden nur unzureichend erfüllen. Von vielen kamen magere Rückmeldungen, die unverkennbar aufdeckten, dass Mitarbeiter und sie selbst zwar mit reichlich Aufgaben zugedeckt waren, dass sauber ausgefüllte Zielvereinbarungsformulare vorgelegt werden konnten, ebenso das Ergebnis des letzten Beurteilungsgespräches protokolliert war, aber auf die Frage „Wer verantwortet was?" wenig bis gar nichts zu liefern wussten. Das überraschte nicht weiter, hatte der neue Chef bereits in Einzelgesprächen die Erfahrungen machen müssen, dass auf seine präzisen Fragen „Für was sind Sie verantwortlich?", „Wie sieht die Verantwortungsteilung zwischen Ihnen und Ihren Mitarbeitern aus?" unpräzise bis falsche Antworten kamen. Falsch deshalb, weil bloße Ziele und Aufgaben beschrieben wurden. Für den neuen Chef zeichnete sich das Bild, dass in der Zeit vor ihm, außer der Unternehmensleitung, niemand für irgendetwas verantwortlich zu sein schien.

Der Unternehmenslenker beauftragte aufgrund dieser Erkenntnis die Führenden mit einer unternehmensweiten Verantwortungsklärung. Die Krux war nämlich, dass im Leitbild der Firma Verantwortung ziemlich weit oben stand und die Wichtigkeit derselben betont war, jedoch die Umsetzung an der Praxis zerbarst. Sehr bald wurde durch zahlreiche Dialoge ein Bewusstsein dafür geschaffen, dass Verantwortung nicht einfach „delegierbar" ist, dass Verantwortung das eigene Handeln trägt oder sich ihr verweigert. Nach dem Verständnis des Mannes an der Spitze hatten die Führungskräfte in ihrer Führungsverantwortung nicht dafür einzustehen, was die Mitarbeiter tun, sondern dafür, dass sie als Führungskräfte alles tun, damit die Mitarbeiter in die Lage versetzt wurden, das Richtige zu tun und sich der Verantwortung für das eigene Handeln, die mit niemandem teilbar ist, bewusst zu werden. Bis das in den Köpfen der Betroffenen verankert war, bedurfte es eines intensiven Prozesses des Umdenkens.

Diesem Prozess fielen zahlreiche altgediente Tools zum Opfer, so die jährlichen Zielvereinbarungsrunden, das Delegieren (von Aufgaben und Zielen), rigide Formen des Berichtswesens, das verkrustete und praxisferne Beurteilungswesen. Sehr bald entwickelte sich ein neues Verständnis von Einzelverantwortung und aufeinander abgestimmtem Handeln. Nicht die Führenden gaben vor, was zu tun ist, sondern die Geführten entschieden, natürlich in enger Abstimmung mit ihrem Umfeld, welche Aufgaben wie und bis wann anzupacken sind, um der übernommenen Verantwortung gerecht zu werden. Die Devise des Unternehmenslenkers lautete: Das Unternehmen zahlt nicht für Abläufe oder Aufgabenerfüllung, es zahlt für die Übernahme der Verantwortung, die nötig ist, um nicht vom Weg in eine sichere Zukunft abzukommen. Im Unternehmen gab es eine Vision, eine zyklisch aktualisierte. Diese wurde nicht von oben gepredigt, sondern dialogisch zwischen Führenden und Geführten weiterentwickelt.

Die anfängliche Frage von Führenden, ob denn jeder Mitarbeiter Träger von Verantwortung sein könne, beantwortete der Vorsitzende so: „Jeder! Es sein denn, er ist als geschäftsunfähig bzw. unmündig eingestuft. Können kann jeder. Das Wollen ergibt sich aus unseren Arbeitsverträgen. Wer Verantwortung für sein Handeln nicht übernehmen will, kann kein Mitarbeiter unserer Firma sein." Geklärt wurde in strukturierten, alle Mitarbeiter erfassenden Verantwortungsdialogen aber auch, dass Verantwortung Professionalität (die Notwendigkeit, sich ständig fortzubilden), Sorgfalt (die Dinge nicht einfach tun, sondern mit Überlegung tun) und persönliches Einbringen (alles von sich geben, was man zu geben hat) voraussetzt. Die Verantwortungsgrößen waren bezogen auf die einzelnen Führenden und Geführten recht unterschiedlich dimensioniert. Zur Handlungsverantwortung, die für jeden galt, kam bei den Führenden die Führungsverantwortung hinzu, d. h. sicherzustellen, dass jeder Mitarbeiter seiner Handlungsverantwortung gerecht werden kann. „Das Leben unseres Unternehmens findet nicht in Tabellen, Formularen und Dokumenten statt, wenngleich wir auf ein Minimum des administrativen Übels nicht verzichten können", war der Chef überzeugt.

Literatur

Goethe JW von (1999) Brief des Pastors zu ***an den neuen Pastor zu***. In: Fischer-Lamberg H (Hrsg) Der junge Goethe, Bd. 1. de Gruyter, Berlin
Kleinau-Metzler D (2010) Das Unternehmen ist ein Marktplatz der Begegnung. Interview mit Reinhold Würth. In: a tempo, Ausgabe 2/2004.   http://www.iep.uni-karlsruhe.de/download/a_tempo_Februar_2004.pdf?PHPSESSID=cad940894bcc248b14e62769570d9135. Zugegriffen: 12. April 2010
Nolte B, Heidtmann J (2009) Die da oben. Suhrkamp, Frankfurt a. M.
Richter K (2009) Mitarbeitern noch nie betriebsbedingt gekündigt. Interview mit Alfred T. Ritter. In: Wirtschaft und Weiterbildung, Heft 6, 2009
Ritter J, Wolters H (2009) Wenn das Zugehörigkeitsgefühl fehlt, hat Geld als Incentive einen viel zu hohen Stellenwert. Interview mit Franz Fehrenbach. In: Focus, Heft 1, 2009
Weck R de (2010) Herr Volkswagen. Interview mit Ferdinand Piëch. In: Die Zeit, Ausgabe 39/2000. http://fwd4.me/aN3. Zugegriffen: 16. April 2010

Weiterführende Literatur

Bertalanffy L von (1970) Aber vom Menschen wissen wir nichts. Econ, Düsseldorf
Biedermann C (1989) Subjektive Führungstheorien. Haupt, Bern
De Pree M (1992) Die Kunst des Führens, 2. Aufl. Campus, Frankfurt a. M.
Förster A, Kreuz P (2007) Alles, außer gewöhnlich, 3. Aufl. Econ, Berlin
Goleman D (2001) Emotionale Intelligenz, 14. Aufl. dtv, München
Gordon T (1979) Managerkonferenz, Effektives Führungstraining. Hoffmann und Campe, Hamburg
Kirchner B (1996) Fühlen und Führen. Gabler, Wiesbaden
Michelli JA (2009) Kunden fürs Leben. Redline, München
Rohrhirsch F (2002) Führen durch Persönlichkeit. Gabler, Wiesbaden
Saaman W (1984) Alternatives Führen. Gabler, Wiesbaden
Saaman W (1990) Effizient führen. Gabler, Wiesbaden
Saaman W (1994) Senkrechtstart. Moderne Industrie, Landsberg/Lech
Saaman W (2002) Für den arbeite ich gerne! Signum, München
Saaman W (2005) Integration durch Identifikation. Signum-Wirtschaftsverlag, Wien
Sprenger RK (1996) Das Prinzip der Selbstverantwortung. Campus, Frankfurt a. M.
Watzlawick P, Beavin JH, Jackson DD (2007) Menschliche Kommunikation. Formen, Störungen, Paradoxien, 11. Aufl. Huber, Bern
Werner GW, Dellbrügger P (2010) Führung als Selbstführung. In: Das Goetheanum. Wochenschrift für Anthroposophie, Nr. 21/22

Leistung aus Kultur – der Wandel für den Wandel

Die sich immer erneut verändernden Gesetze der Wirtschaftswelt erfordern den Wandel im Wandel. Wirtschaftliche, strukturelle und kulturelle Anforderungen greifen auf alle Unternehmen durch. Behörden, Institute und Vereine sind davon nicht ausgeschlossen. Wo das Auge auch hinfällt: Die Halbwertzeiten haben sich verkürzt. Das gewaltige Tempo und die neuen Unwägbarkeiten der Märkte verlangen ein Höchstmaß an Denkbeweglichkeit und Wandlungsbereitschaft.

Das erfordert selbstbewusstes Entscheiden und schnelles Handeln, nachdem die Entscheidung getroffen ist. Dabei müssen wir uns von der allein auf Kennziffern fixierten Unternehmensführung verabschieden und Unternehmenskultur als Leistungsfaktor verstehen lernen.

Wir müssen zusammenführen, was zusammengehört. Positive Ergebnisse schaffen Organisationen nicht mit einem negativen Bild vom Menschen. Führende, die ihre Mitarbeiter als Humankapital sehen, reduzieren sie zu bloßen Kostenfaktoren und verkennen damit deren wirkliches Potenzial: dass sich der Leistungswillen durch inneren Antrieb ausdrückt.

Der Wille zur Leistung ist keine weiche Annahme, sondern harter Fakt. Der Erfolg von Unternehmen wird in Zukunft mehr denn je von der geschickten Einbindung des Leistungswillens der Mitarbeiter abhängen. Das bedeutet, die kulturellen Rahmenbedingungen des Unternehmens wichtiger zu nehmen als Zahlenwerke. Die vielerorts noch praktizierte Frontstellung, harte Zahlen statt weiche Faktoren, ist längst überholt. Aus der Verlinkung von Leistungsmanagement und Unternehmenskultur entsteht mehr Leistung, als mit Kennzahlenfixierung zu erreichen ist.

Wer ein Klavier sicher beherrschen will, muss Schwarz und Weiß unterscheiden können. Leistung aus Kultur ist zunächst einmal ein ungewohntes Denken. Es genügt nicht, wirtschaftlichen und psychologischen Sachverstand durch Einzelne im Unternehmen repräsentiert zu wissen. Jede Führungskraft braucht die Offenheit, beide Seiten zu verstehen.

W. Saaman, *Leistung aus Kultur,*
DOI 10.1007/978-3-8349-3838-1, © Gabler Verlag | Springer Fachmedien
Wiesbaden 2012

Das Verständnis für eine das Unternehmen durchflutende Leistungskultur findet sich nicht im Werkzeugkoffer vorgefertigter Management-Tools. Es verlangt nach umfassendem und ergebnisoffenem Denken. Der zukünftige Fokus der Unternehmensführung muss auf der Beseitigung von Hindernissen liegen, um Leistung zu mobilisieren.

Die heute und morgen benötigten Führungskräfte müssen sich als Persönlichkeiten erweisen, deren Selbstbewusstsein sich aus ihrer mehrdimensionalen Kompetenz speist. Sie sind zudem offene Charaktere, die sich permanent weiterentwickeln. Die neue Generation von Führung braucht neugierige Geister, die sich den zweidimensionalen Herausforderungen, in weichen und harten Dimensionen zu denken, mit Leidenschaft stellen. Gebraucht werden kreative Köpfe, die ihr Wissen nicht aus Schubladen beziehen, die gute Zuhörer sowie sensible Seismografen sind.

Management-Tools im Übermaß bremsen Leistung aus. Der Sinn des Leistens kann nicht darin bestehen, sich der Tortur von Tools beugen zu müssen, die wichtiger zu sein scheinen als die Ergebnisse selbst. Tools sind Werkzeuge für Leistung, die leicht verständlich und praktisch handhabbar sein müssen. Weniger ist hier mehr.

Leistungsdruck verfälscht das natürliche Leistungsstreben des Menschen. Druck produziert Nebenthemen, zum Beispiel das, den Druck auszuhalten oder sich ihm zu widersetzen. Unter Druck leistet kein Mensch mehr, als er per Motivation zu leisten imstande wäre.

Menschen als Gruppe zu sehen und zu bewerten gehört zu den größten Gefahren des Übersehens von Leistung. Nicht die Gruppe leistet, sondern das Individuum, von denen mehrere eine Gruppe bilden.

Führungsmethoden bzw. Führungstechniken gehen am Mitarbeiter vorbei. Der Mensch ist keine Maschine mit einem Bedienfeld. Der Mensch reagiert auf Beziehungen. Sind sie gut, dann reagiert er positiv. Sind sie gestört, reagiert er negativ.

Führung per Zielvereinbarung ist nicht mehr zukunftstauglich. Es sei denn, wir finden einen sicheren Weg, die Zukunft vorherzusagen. Zudem wird die Weltwirtschaft immer schnelllebiger. Das haben insbesondere die (Fehl-)Prognosen in den Jahren 2008 bis 2010 bewiesen. Zielvereinbarungen als Führungsinstrument sind ein Wechsel, der auf eine Zukunft gezogen wird, die niemand kennt. Am Ende des Zielzeitraums wird der Zufall gerechtfertigt. Ziele ja, als Perspektive. Zielvereinbarungen nein, soweit man nicht bereit ist, die vereinbarten Ziele mehrmals jährlich zu aktualisieren und auf Zielverfehlungen konsequente Antworten zu finden.

Führung per Verantwortung wird der schnelllebigen Zukunft am besten gerecht. Verantwortung ist eine Primzahl, die sich nicht ohne Weiteres teilen lässt. Wer Verantwortung trägt, übernimmt damit auch die Konsequenzen für sein Handeln. Die oft in Unternehmen praktizierte Kollektivverantwortung entfebt den

Einzelnen nicht seiner ganz persönlichen Verantwortung für eine gemeinsame Sache. Zur Verantwortung gehören Wissen, Professionalität, Streben und Sorgfaltspflicht. Wenn Menschen Verantwortung nicht übernehmen können oder wollen, ganz gleich aus welchem Grund, kann man sie ersatzweise nur per Einzelaufgaben führen. Das Prinzip der Führung durch Verantwortung – statt per Ziel – ist keineswegs neu. Es hat sich vom Flugkapitän bis zum Linienbusfahrer bestens bewährt.

In einer gesunden Leistungskultur werden die Menschen am wenigsten von dem abgelenkt, für das sie bezahlt werden.

Der Weg der Zukunft heißt: Leistung aus Kultur.

Anhang A

Menschenbildtheorie

Philosophen fragen seit jeher: Was ist der Mensch? Ein Wesen, das in seinen Wahrnehmungen gefangen ist und folglich nur eingeschränkt wahrnimmt? Was kann der Mensch werden? Er kann zum Beispiel lernen, die Wirklichkeit, das Denken, die Ideen zu erfassen, wie es die Ideenlehre Platons beschreibt. Was soll der Mensch tun? Sein Handeln an den Ideen ausrichten? Nach Aristoteles ist der Mensch ein rationales und soziales Wesen. Er kann – und soll – seinem Verstand folgen. Er kann – und muss – mit anderen in Interaktion treten, um nicht zu verkümmern. Er braucht die Aufmerksamkeit der anderen, um sich in seiner sozialen Rolle spiegeln zu können. Er braucht die soziale Rolle, um ein Bild von seiner Existenz zu formen.

Ein *Menschenbild* ist das übersummative Bild vom Menschen, ein über das Individuum hinausgehendes Erklärungsmodell für menschliches Handeln, das in Abgrenzung zum bloßen Tun bewusstes Tun ist. Es steckt einen Rahmen möglicher Interventionen ab und legt zentrale Werte und moralische Grundsätze fest. Um Menschenbilder im Zusammenhang mit Unternehmenskultur differenzierter zu verstehen, lohnt sich ein Blick auf die gängigen Annahmen, die unterschiedliche Bilder vom Menschen prägen.

Der Homo oeconomicus

Der *Homo oeconomicus* ist das Wunschbild vom streng nach ökonomischen Gesichtspunkten denkenden und handelnden Manager. Von einem, der alles Wesentliche im Griff hat. Der sich über Zahlen definiert. Der rational gesteuert ist. Der sein Streben nach größtmöglichem Nutzen in den Vordergrund stellt, dabei natürlich auch seinen persönlichen Nutzen sieht. Der über vollständige Kenntnis über wirtschaftliche Entscheidungsgrundlagen einschließlich deren Folgen verfügt. Der durch umfassende Information über alle Märkte die Weltwirtschaft auf seinem Radarschirm hat.

Der von feststehenden Präferenzen geprägt ist, dabei aber die Lösung spezifischer Probleme, insbesondere für soziale Dilemmastrukturen, im Griff hat. Der Probleme jeder Art auf strategische wie operationale Weise, logisch, analytisch, an kantenscharfen Maßstäben für seine Urteile orientiert löst. Der in der Anwendung methodischer Verfahrensweisen als sicher gilt und erstrebenswerte Ziele vor Augen hat, die er mit Vehemenz verfolgt.

Der die kognitive Klarheit ebenso beherrscht wie die emotionale Abstinenz. Für den Werte immer nachrechenbare Größen sind. Das ist der *Homo oeconomicus*.

Der Ausdruck *economic* geht zurück auf John Kells Ingrams „A History of Political Economy" (1888). Den lateinischen Term *Homo oeconomicus* benutzte vermeintlich zum ersten Mal Vilfredo Pareto in seinem „Manuale d'economia politica" (1906). Eduard Spranger beschrieb 1914 in seiner „Psychologie der Typenlehre" den Homo oeconomicus so: „Der ökonomische Mensch im allgemeinsten Sinne ist also derjenige, der in allen Lebensbeziehungen den Nützlichkeitswert voranstellt. Alles wird für ihn zu Mitteln der Lebenserhaltung, des naturhaften Kampfes ums Dasein und der angenehmen Lebensgestaltung." Nach Hayek hat John Stuart Mill den Homo oeconomicus in die Nationalökonomie eingeführt.

Der Homo oeconomicus stellt die Rationalität der Irrationalität gegenüber. Die Betriebswirtschaftslehre idealisiert diesen über alles rational denkenden Menschen. Kritiker wenden ein, dass das Modell des Homo oeconomicus ein rein theoretisches ist, welches als Menschenbild oder Ideal fehlinterpretiert wird, da die Modelleigenschaften der Rationalität und die des Eigeninteresses als Beschreibungen menschlicher Eigenschaften unabhängig vom Problem- bzw. Theoriekontext verstanden werden. Der Ökonom Fritz Machlup hat in diesem Sinne für „Schwachverständige" vorgeschlagen, ihn besser *Homunculus oeconomicus* zu nennen, „damit sie eher begreifen, dass er keinen aus einem Mutterleib geborenen Menschen darstellen sollte, sondern eine aus einer Gedankenretorte erzeugte abstrakte Marionette, mit bloß ein paar menschlichen Zügen ausgestattet, die für bestimmte Erklärungszwecke ausgewählt wurde".

Neutraler formulierte dies der Wirtschaftswissenschaftler Herbert Giersch: „Der Homo oeconomicus stellt ein Modell vom Menschen dar, das nur zu ganz spezifischen Forschungszwecken entwickelt worden ist und nur für diese eingeschränkten Forschungszwecke mehr oder weniger tauglich sein kann" (Giersch 1991). Und auch in der Wirtschaftsethik wird der Modellcharakter dieses Begriffes von Karl Homann betont: „Der Homo oeconomicus ist … ein theoretisches Konstrukt zur Abbildung des Verhaltens in Dilemmastrukturen. Deshalb ist der Homo oeconomicus nicht aus der Anthropologie oder der Verhaltenswissenschaft

- Orientiert sich ausschließlich an Zahlen, rein rational gesteuert
- Streben nach größtmöglichem Erfolg, ohne Selbstnutzen
- Vollständige Kenntnis der Fakten als wirtschaftliche Entscheidungsgrundlage
- Umfassend informiert über alle Märkte, die Weltwirtschaft auf dem Radarschirm
- Von fixen Präferenzen geprägt, dabei die Lösung spezifischer Probleme, insbesondere für soziale Dilemmastrukturen, im Griff
- Löst Probleme jeder Art auf strategische wie operationale Weise logisch, analytisch, an kantenscharfen Maßstäben für seine Urteile orientiert
- In der Anwendung methodischer Verfahrensweisen absolut sicher

Non-realer Wunschdummy der Börsianer und Aufsichtsräte! Richtet auf Dauer aber mehr an als aus; in der Realität so wenig zu finden, wie für diese geeignet.

Abb. A.1 Homoökonomisches Menschbild

abgeleitet, sondern aus der Problematik der Dilemmastrukturen" (Homann und Suchanek 2005). Ich sehe es umgekehrt: Der Homo oeconomicus ist der Quell aller Dilemmastrukturen, weil eine aus der Gedankenretorte erzeugte abstrakte Marionette (Abb. A.1).

Das Trait-Menschenbild

Was ist das Trait-Modell? Der Ansatz der Antike geht auf Hippokrates zurück. Er stellte die Theorie auf, dass der Köper vier Flüssigkeiten (*humores*) enthält, von denen jede für ein bestimmtes Temperament sorgt. Die Persönlichkeit hängt demnach davon ab, welche dieser vier Körperflüssigkeiten (*Blut*=sanguinisches Temperament, also heiter und aktiv; *Schleim*=phlegmatisches Temperament, also teilnahmslos und schwerfällig; *schwarze Gallenflüssigkeit*=melancholisches Temperament, also traurig und grüblerisch; *gelbe Gallenflüssigkeit*=cholerisches Temperament, also reizbar und erregbar) dominiert. Der Mediziner William H. Sheldon legte 1942 eine Typologie von Körperbau und Temperament fest und schlussfolgerte drei Grundtypen (*Endomorphe*=entspannte Menschen, die gern essen, gesellig sind und auf ihren Bauch hören; *Mesomorphe*=körperlich Fitte, die voller Energie, mutig und selbstsicher sind; *Ektomorphe*=eher Kopflastige, die künstlerisch und introvertiert sind, aber mehr über das Leben nachdenken, als es auszuschöpfen oder zu gestalten).

Beide Modelle sind ebenso bestechend ob ihrer Einfachheit wie allerdings auch nutzlos. In den 60er Jahren des vorigen Jahrhunderts stellten Wissenschaftler fest, dass sich das individuelle Verhalten keineswegs aus Köperbauformen wie „dick, weich, rund", „muskulös, rechtwinklig, stark", „dünn, lang, zerbrechlich" ableiten lässt. Es gibt viel zu viele unterschiedliche Konstruktionen, die Menschen haben können, als dass man jeden nach simpel erklärbaren Grundtypen einteilen könnte. In Deutschland wurde die Konstitutionstypologie von Ernst Kretschmer vertreten. Auch seine Annahmen, Menschen nach *Pyknikern* (=gedrungener Körperbau, Neigung zu Fettansatz, behäbig, gemütlich), *Leptosomen* (=hager, sehnig, relativ dünne Gliedmaßen, denkt viel nach, eher ein „Kopfmensch") und *Athletikern* (=kräftiger Körperbau, sportlich, aktiv, durchsetzungsfähig) einzuteilen, haben sich überholt.

Theoretiker auf dem Gebiet der Humanwissenschaften haben sich zu allen Zeiten bemüht, ihre „Kunden", die Anwender, mit möglichst einfachen Modellen zu bedienen. Je einfacher, umso einleuchtender. Je einleuchtender, umso geeigneter für die Orientierung der breiten Masse. Dass jeder einzelne Mensch einmalig ist, seine Persönlichkeit so individuell ist wie sein Fingerabdruck, schien lange Zeit ignoriert zu werden. Hans Jürgen Eysenck und Raymond B. Cattell haben die faktorenanalytischen Persönlichkeitsmodelle publiziert, wozu unter anderem die recht populären, aber deswegen wissenschaftlich nicht unbedingt treffenden *big five* zählen. Danach wird der Mensch durch fünf Persönlichkeitswesenszüge geprägt: Emotionale Ansprechbarkeit, Extraversion, Offenheit für Erfahrungen, Verträglichkeit, Gewissenhaftigkeit. Dieser Ansatz spannt zwar weiter als der, Menschen nach Körperbaukriterien einzugruppieren, auch lässt er mehr Spielraum für Auslegungen. Dennoch wird das Modellbaubestreben in Kassettenform mit diversen Fächern dem Menschen nicht gerecht.

Der Grundsatz der Trait-Anhänger lautet: Akzeptiere bei dir und bei anderen die grundlegenden Wesenszüge und versuche sie nicht zu verändern. Das ist die Aufforderung zur *Denkrigidität* bzw. die Einfriedung des Soseins. Die Trait-Gläubigen sind Verfechter von Etikettierungen. Das Schubladendenken lässt nicht mehr zu, als in die Schublade passt. Wer von dem Trait-Modell überzeugt ist, muss sich konsequenterweise gegen jede Form von denkbeeinflussendem und verhaltensmodifizierendem Training bzw. ebensolchen Coachings verabschieden. Denn wenn der Mensch genetisch in seinem Wesen festgelegt wäre, dann ginge es nur darum, den dahinterstehenden Code zu knacken, um ihn entsprechend seiner genetischen Programmierung beruflich zu nutzen.

Für eine *Self-Fulfilling-Prophecy* ist das Trait-Modell ausgesprochen willkommen, lässt es doch die beruhigende Annahme zu, dass jeder Versuch von Veränderung im Laufe des Lebens eines Menschen ins Leere läuft. Auch die Selbstveränderung wäre damit ausgeschlossen. Wenn wir von der Natur oder Gott wirklich so geschaffen worden wären, so wären Teile unseres Gehirnes eine glatte Missbildung, nämlich diejenigen, die uns ins Grübeln über uns selbst bringen, die den Wunsch nach Veränderung in uns aufkeimen lassen. Wer den Trait-Ansatz konsequent zu Ende denkt, muss jede Form von Persönlichkeitsentwicklung ausschließen.

Warum das Denken in Traits die Wirklichkeit verfehlt, haben Hugh Hartshorne und Mark A. May schon 1928/1929 in einer interessanten Beobachtung herausgefunden. In ihren klassischen Untersuchungen über die *Natur des Charakters* an über 10.000 Schulkindern stellten sie wenig Konsistenz zwischen unterschiedlichen Maßen für moralisches Verhalten wie Ehrlichkeit und Selbstkontrolle fest. So war es praktisch unmöglich vorherzusagen, ob ein Kind, das im Klassenzimmer mogelte, auch bei den Hausaufgaben schummeln oder lügen oder gar Geld stehlen würde. Die Eigenschaft *Ehrlichkeit* wurde deshalb als eher zusammengesetzt aus situationsspezifischen Gewohnheiten denn als übergreifender Charakterzug gesehen.

Auch eine Eigenschaft wie *Pünktlichkeit* besitzt wenig Konsistenz. George J. Dudycha wies 1936 mit einer Studie an über 300 Collegestudenten nach, dass rechtzeitig zum Unterricht zu erscheinen, Verabredungen pünktlich einzuhalten, nicht zu spät ins Kino oder zum Kirchgang zu kommen rein situativ bedingt ist und weniger mit dem Wesen, der Charakterveranlagung, eines Menschen in Zusammenhang zu bringen ist. So wurden über 15.000 Beobachtungen von den Ankunftszeiten der Studenten zu diversen Ereignissen ausgewertet. Die Pünktlichkeit in einer Situation stand in *keinem* Zusammenhang zur Pünktlichkeit in einer anderen. In einer anderen aufwendigen Untersuchung von Theodor M. Newcomb (1929) zur *Konsistenz*, diesmal der Introversion und der Extraversion, wurden Berater trainiert, das Verhalten von 51 Jungen zu protokollieren. Drei Wochen lang zeichneten sie über 30 Situationen gemeinsamen Kochens, Sports und anderer Aktivitäten auf, um bestimmte Verhaltensweisen, die mit neun Persönlichkeitseigenschaften zusammenhingen (zum Beispiel Unabhängigkeit und Geselligkeit), zu identifizieren. Auch hieraus ließ sich keine wissenschaftlich relevante Aussage zu Konsistenz des Verhaltens ableiten.

Zwar scheint es nach gesundem Menschenverstand einzuleuchten, dass Menschen nach vorhersehbaren Eigenschaften in gänzlich unterschiedlichen Situationen einzugruppieren sind. So kennen wir den *redseligen*, den *schüchternen*, den *ehrlichen* oder *unehrlichen* Menschen. Die Gefahr lauert jedoch nebenan: Wir kommen damit leicht zu einem übereinstimmenden Urteilsbild, das den Schluss nahelegt, dass Menschen konsistent seien, dass sie also über gefestigte, situationsunabhängige Eigenschaften verfügen. So sehr uns die Annahme einleuchten will, so sehr müssen wir uns von der Vorstellung der Konsistenz der menschlichen Eigenschaften verabschieden. Wir nehmen im Umfeld des Alltäglichen mehr Konsistenz wahr, als tatsächlich vorhanden ist.

Die Psychologie spricht von *impliziter Persönlichkeitstheorie* und meint damit, dass genau die Verhaltensweisen, die wir anscheinend bei anderen beobachten, mit den Eigenschaften verbunden werden, die wir sehen wollen, aber in Wahrheit gar nicht gesehen haben können. Die Beurteilungen anderer rühren nicht von deren

- Körperbau und Charakter haben gemeinsame Ursachen Blut = sanguinisches Temperament, Schleim = phlegmatisches Temperament, schwarze Gallenflüssigkeit = melancholisches Temperament, gelbe Gallenflüssigkeit = cholerisches Temperament (Hippokrates) bestimmen das Wesen des Menschen.
- Der Mensch lässt sich in drei Grundtypen unterscheiden: sind Endomorphe = entspannte Menschen, Mesomorphe = körperlich fitte Menschen, Ektomorphe = kopflastige Menschen (Sheldon)
- Es gibt fünf genetisch bedingte Persönlichkeitswesenszüge des Menschen: Extravertiertheit, Liebenswürdigkeit, Gewissenhaftigkeit, Emotionale Stabilität, Kultur (Eyseneck und Cattell)

Grundsatz: *Akzeptiere die grundlegenden Wesenszüge und versuche sie nicht zu verändern;* dass jeder Mensch eine Einmaligkeit ist, mit einer Persönlichkeit so individuell wie sein Fingerabdruck, blendet das Trait Modell aus.

Abb. A.2 Trait Menschenbild

Handlungen her, die tatsächlich beobachtbar sind, als vielmehr von denen, über die uns berichtet wird. Das ist die ständige Suche nach Bestätigung für unsere Vorurteile. Anstatt zu sehen, zu hören, zu spüren, was ist, interpretierten wir auf der Grundlage unserer eigenen Befindlichkeit. Konsistenz setzen wir mit dem gleich, was für uns *gut, zuverlässig* und *stabil* ist. Das ist keine gute Voraussetzung zur Entdeckung des anderen und seiner Talente. Der Glaube an fixierte Persönlichkeitsmerkmale, das Ahnen solcher Merkmale auch dort, wo keine Spur von ihnen zu finden ist, verschließt den offenen Blick für verborgene Potenziale (Abb. A.2).

Das Menschenbild des Behaviorismus

Der Behaviorismus geht auf die Schule der amerikanischen Psychologie zurück, die 1913 durch John B. Watson begründet wurde. Watson entwarf ein Programm zur Beschränkung auf das objektiv beobachtbare und damit eindeutig messbare Verhalten unter vollständigem Verzicht auf die Beschreibung von Bewusstseinsinhalten. Psychologische Theorien sollten nur Begriffe enthalten, die sich auf Objektives im physikalischen Sinne beziehen, und alle Inhalte vermeiden, die durch Introspektion (Denken, Fühlen, Wahrnehmen) gegeben sind. Das war die Geburtsstunde des Behaviorismus.

Aus der Erkenntnis Watsons ergab sich eine enge Anlehnung an die russische Reflexologie nach Wladimir M. Bechterew und Iwan P. Pawlow mit einem ihrer wichtigsten Begriffe: dem bedingten Reflex. Die russischen Physiologen befanden, dass Hunde ihr Bein automatisch auf ein Summenzeichen hin anhoben, nachdem dies vorher häufig zusammen mit einem dem Bein zugefügten elektrischen Schock vorgekommen war. Pawlow fand bei seinen Forschungen über die Arbeitsweise der Verdauungsdrüsen, dass seine Versuchstiere nicht erst beim Anblick oder Duft von Futter Speichel sezernierten, sondern manchmal schon auf Reize hin, die mit dem Futter selbst nichts zu tun hatten, wohl aber vorher häufig mit dem Futter zusammen aufgetreten waren. Dem empirischen Charakter des Behaviorismus entspricht die zentrale Auffassung über das Lernen, das auf einem einfachen Reiz-Reaktions-Prinzip beruht. Die bekanntesten Vertreter der Schule sind, neben Watson, Edward R. Guthrie, Edwin B. Holt, Clark L. Hull, Walter S. Hunter, Karl S. Lashley, Burrhus F. Skinner, Edward C. Tolman, Albert P. Weiss. So sehr sich die Vertreter in ihrer Theorienbildung auch voneinander unterscheiden, so sehr ist allen gemeinsam der ausschließliche Ansatz bei physikalisch beobachtbaren Dingen: Dem Reiz folgt die Reaktion.

In den 70er Jahren breitete sich das Skill-Training aus, das auf der Basis dieses vereinfachten Denkens aufbaut. Persönlichkeit wird damit auf beobachtbares Verhalten reduziert. Persönlichkeit ist nichts weiter als Verhalten. Verhalten ist die Reaktion auf einen Reiz. Was in den Köpfen (Gehirnen) wirklich passiert, ist nicht zu greifen. Deshalb muss man sich auf den Reiz und die Reaktion konzentrieren. Pawlow führte die Lehre von der klassischen Konditionierung ein, nach der es den unkonditionierten und den konditionierten Reiz gibt, auf den prompt die Reaktion folgt. Behavioristen sind davon überzeugt, dass Mitarbeiter mit dem simplen Modell von Lob und Tadel zur optimalen Leistungsentfaltung zu bringen seien. Danach entsteht aus dem Setzen des richtigen Reizes eine beliebige Veränderbarkeit. Die Black Box, was in einem Menschen vorgeht, was er denkt und fühlt, wird dabei weitestgehend ausgeblendet. Nach diesem Denkmodell funktioniert der Mensch wie eine Maschine, wenn man nur die Funktion der einzelnen Knöpfe auf dem Bedienerfeld zu deuten weiß. Dieser Gedankenspur folgend hieß die Schlussfolgerung: Jeder Mitarbeiter kann zu einem bestimmten Ziel hin entwickelt werden. Zielvorgabe (als gesetzter Reiz) führt automatisch zur Zielerreichung (als darauf reagierendes Verhalten). Führungstechnik ist damit eine einfache Sache, die jedermann mit ein paar Tricks und Kniffen leicht beherrschen lernt.

Wie tief die Wurzeln des aus der Tierforschung entstandenen behavioristischen Ansatzes sitzen, zeigt sich unter anderem darin, dass die Verhaltensbeurteilung zu den gängigen Verfahren in der Einschätzung von Menschen zählt. Auch in Schulen und an Universitäten hat das Verhaltensmodell Platz gegriffen. Schüler werden tendenziell eher nach ihrem Verhalten (etwas Bestimmtes auswendig gelernt zu haben und wiedergeben zu können) beurteilt als nach ihrem Geist, der Aufschluss darüber geben könnte, wie sie Gelerntes weiterentwickeln und kreativ umsetzen. Mag man dieses Vorgehen an Schulen noch verstehen, so sollte man es an Universitäten und in der Führungspraxis geradezu suspekt finden. Es kann doch nicht wirklich

 • Beschränkung auf objektiv beobachtbares und eindeutig messbares Verhalten unter Ausschluss von Bewusstseinsinhalten wie Denken, Fühlen, Wahrnehmen (Watson)
• Reflexologie (Bechterew und Pawlow). Lernen beruht auf einem einfachen Reiz-Reaktion-Prinzip, dem Reiz folgt die Reaktion als Basis für das Skilltraining
• Persönlichkeit wird auf beobachtbares Verhalten reduziert; Persönlichkeit ist nichts weiter als Verhalten, Verhalten ist die Reaktion auf einen Reiz
• Mitarbeiter sind mit dem simplen Modell von Lob und Tadel zur optimalen Leistungsentfaltung zu bringen, aus dem Setzen des richtigen Reizes entsteht eine beliebige Veränderbarkeit

Analog zum Trait Modell wird das Denken und Fühlen ausgeklammert; absurd, weil allein die Entwicklung eines solchen Modells durch Denken und Fühlen möglich wird; der Mensch ist kein Tier.

Abb. A.3 Behavioristisches Menschenbild

darauf ankommen, was jemand (auswendig) gelernt hat, sondern welche Erkenntnisse er aus dem ableitet, was er an Wissen internalisiert hat.

Ähnlich dem Trait-Modell klammert der Behaviorismus das Denken und Fühlen des Menschen aus. Das führt glatt ins Absurdum. Allein schon dadurch, dass der Mensch solche Modelle erfindet oder anwendet, denkt er. Denn das – nicht denkende – Tier, wäre zu einer Modellbildung ebenso wenig in der Lage, wie es unfähig ist, Versuche zur Verhaltensbeobachtung anzulegen und auszuwerten. Menschen handeln auf der Basis der Bedeutung, die sie einer Situation geben. Dem Reiz folgt nicht einfach das Verhalten. Der Reiz geht zunächst durch den Relevanzfilter des Denkens und Fühlens. Erst danach formt sich ein reagierendes Verhalten. Verhalten ist aber auch dort vorhanden, wo ihm kein gesetzter Reiz vorausgegangen ist (Abb. A.3).

Das humanistische Menschenbild

Für das humanistische Denken ist unerheblich, ob die Seele sterblich oder unsterblich ist, da eine Beweisführung letzten Endes nicht möglich sein wird und in den Bereich der metaphysischen (was steckt hinter der Natur) Spekulationen fällt. Aus humanistischer Sicht ist der Mensch ein Lebewesen, das aus einer biologischen Evolution hervorgegangen ist. Der wesentliche Unterschied zum Tier ist in den menschlichen Geisteskräften zu sehen. Der Mensch ist durch seinen Geist seines Selbst bewusst. Dieses *Selbstbewusstsein* (nicht die oft mit Selbstbewusstsein verwechselte Selbstsicherheit) verschafft dem Menschen die Fähigkeit, sich gedanklich von der Gegenwart zu trennen, in der Vergangenheit zu verweilen oder sich ein

Bild von der Zukunft auszumalen. Das menschliche Selbstbewusstsein beinhaltet aber nicht nur die Erkenntnis des eigenen Ichs, sondern auch die des Gegenübers, des Mit-Menschen.

Diese Fähigkeit beinhaltet das Wissen um Glück, Krankheit, Schmerz, Verlust und Tod – bei einem selbst sowie beim anderen. Der Mensch wird dadurch des Freuens und Leidens befähigt. Humanismus ist eine Weltanschauung, die auf die abendländische Philosophie der Antike zurückgreift und sich an den Interessen, den Werten und der Würde des einzelnen Menschen orientiert. Toleranz, Gewaltfreiheit und Gewissensfreiheit gelten als wichtige humanistische Prinzipien menschlichen Zusammenlebens. Die eigentlichen Fragen des Humanismus sind aber: „Was ist der Mensch? Was ist sein wahres Wesen? Wie kann der Mensch dem Menschen ein Mensch sein?" Humanismus bezeichnet die Gesamtheit der Ideen von Menschlichkeit und des Strebens danach, das menschliche Dasein zu verbessern. Der Begriff leitet sich ab von den lateinischen Begriffen humanus (menschlich) und humanitas (Menschlichkeit).

Die humanistische Psychologie lehrt, dass sich eine gesunde und schöpferische Persönlichkeit mit dem Ziel der Selbstverwirklichung entfaltet. Weltanschauliche Wurzeln hat die humanistische Psychologie vor allem im Humanismus und darauf aufbauend im Existentialismus (Jean-Paul Sartre, Martin Heidegger), in der Phänomenologie (Edmund Husserl) sowie der funktionellen Autonomie (Gordon Allport). Die erste explizit ausgearbeitete humanistische Psychologie geht auf Abraham Maslow zurück. Sein Konzept wurde später insbesondere von Carl Rogers in seiner klientenzentrierten Psychotherapie (auch: nichtdirektive oder Gesprächstherapie) aufgenommen und für den praktischen Bereich weiterentwickelt. Die Kernthese von Carl Rogers in der humanistischen Psychologie lautet: Das Individuum verfügt potenziell über unerhörte Möglichkeiten, um sich selbst zu begreifen und seine Selbstkonzepte, seine Grundeinstellung und sein selbstgesteuertes Verhalten zu verändern; dieses Potenzial kann erschlossen werden, wenn es gelingt, ein klar definiertes Klima förderlicher psychologischer Einstellungen herzustellen. Psychische Störungen entstehen, wenn äußere Umwelteinflüsse die Selbstentfaltung blockieren.

Originär sind der humanistischen Psychologie zuzurechnen: Viktor E. Frankl, Erich Fromm, Fritz Perls, Ruth Cohn, Jac van Essen, Jacob Levi Moreno. Die Grundannahmen des humanistischen Menschenbildes sind:

Der Mensch

- ist mehr als die Summe seiner Teile
- lebt in zwischenmenschlichen Beziehungen
- hat ein Bewusstsein und kann seine Wahrnehmungen schärfen
- kann entscheiden
- ist intentional

Vor allem: Er kann *sich* entwickeln. Das ist etwas anderes als die Vorstellung davon, *ihn zu entwickeln*. Seine Entwicklung verläuft auf verschiedenen Ebenen (Körper, Geist, Seele), sie wird beeinflusst vom Selbstkonzept (wie sehe ich mich, wie möchte ich sein) und von Erfahrung (stimmt mein Selbstbild mit dem Fremdbild überein). Die Entwicklung des Individuums wird unterstützt von anderen Individuen durch Wertschätzung, Einfühlung, Kongruenz.

Rogers Auffassung von Führung ist die eines nichtdirektiven Begegnens und damit der Verzicht auf Fremdbestimmung und Überredung. Perls betont das *direkte Erleben* und die Herstellung eines *Bewusstheits-Kontinuums*. Dadurch erscheint es möglich, die Gesamtheit menschlichen Erlebens vollständig und richtig zu organisieren. Das soll nach Perls den Menschen in die Lage versetzen, in der Organismus-Umwelt-Interaktion zwischen seinen Bedürfnissen/Interessen und den Umweltangeboten ein *Gleichgewicht* herzustellen. Cohn stellt das Prinzip des *own chairman* heraus: Leite dich selbst, vertrete dich selbst, melde Störungen an, die vom Eigentlichen ablenken. Von ihrem Ansatz der Themenzentrierten Interaktion geht die feste Struktur einer dynamischen Ich-Wir-Es-Balance aus. Das TZI-Dreieck (Thema, Ich, Wir) spricht den ganzen Menschen mit seinen Gefühlen, Erfahrungen, Erwartungen und Befürchtungen an und befähigt ihn zur selbstständigen Auseinandersetzung mit wechselnden Problemen und Sachverhalten.

Max Scheler sagt: „Ich darf mit Befriedigung feststellen, dass die Probleme einer Philosophischen Anthropologie heute geradezu in den Mittelpunkt aller philosophischen Problematik in Deutschland getreten sind, und dass auch weit hinaus über die philosophischen Fachkreise Biologen, Mediziner, Psychologen und Soziologen an einem neuen Bilde vom Wesensaufbau des Menschen arbeiten. Aber dessen ungeachtet hat die Selbstproblematik des Menschen in der Gegenwart ein Maximum in aller uns bekannten Geschichte erreicht. In dem Augenblick, da der Mensch sich eingestanden hat, dass er weniger als je ein strenges Wissen habe von dem, was er sei, und ihn keine Möglichkeit der Antwort mehr schreckt, scheint auch der neue Mut der Wahrhaftigkeit in ihn eingekehrt zu sein, diese Wesensfrage ohne die bisher übliche ganz-, halb- oder viertelsbewußte Bindung an eine theologische, philosophische und naturwissenschaftliche Tradition in neuer Weise aufzuwerfen und – gleichzeitig auf der Grundlage der gewaltigen Schätze des Einzelwissens, welche die verschiedenen Wissenschaften vom Menschen erarbeitet haben – eine neue Form seines Selbstbewusstseins und seiner Selbstanschauung zu entwickeln" (Scheler 1978).

Damit wird die besondere empathische Zugewogenheit (caldum cordis) zum Ausdruck gebracht, die auch dem curienzphilosophischen Denken van Essens zugrunde liegt. Der Denkende ist besorgt wissbegierig um das, was ihn und seine Mitmenschen bewegt. Das programmatische Ziel bezweckt eine Förderung des

- Der Mensch ist ein Lebewesen, das aus einer biologischen Evolution hervorgegangen ist (Scheler, Rogers, Cohn)
- Der wesentliche Unterschied zum Tier ist in den menschlichen Geisteskräften zu sehen, der Mensch ist durch seinen Geist seines Selbst bewusst
- Humanismus ist eine Weltanschauung, die auf die abendländische Philosophie der Antike zurückgreift und sich an den Interessen, den Werten und der Würde des einzelnen Menschen orientiert
- Toleranz, Gewaltfreiheit und Gewissensfreiheit gelten als wichtige humanistische Prinzipien menschlichen Zusammenlebens

Humanismus steht für die Gesamtheit der Ideen von Menschlichkeit und des Strebens danach, das menschliche Dasein und Miteinander zu verbessern bzw. auf einem hohen Niveau zu halten.

Abb. A.4 Humanistisches Menschenbild

sorgfältigen Umgehens mit dem Menschen in jeder Beziehung. Dabei darf man nicht der Suche nach dem idealen Menschen aufgesessen sein, den man zur Bewältigung der anstehenden Herausforderungen braucht. Es geht vielmehr um eine stete Neubeurteilung des Menschen, so wie er ist und wohl immer sein wird, aber mit einer immer mehr humanisierten Blickrichtung. Van Essen: „Wir sagen nicht, der Mensch sei seinem Wesen nach gut, sondern meinen, dass er als solcher nicht als böse betrachtet werden soll, weil auf dieser Idee kein allmenschliches Gemeinschaftsleben gebaut werden kann" (Van Essen 1960).

Diese menschliche Wesensgleichheit gilt nach van Essen „ungeachtet der unverkennbaren Tatsache, dass alle Menschen unter sich verschieden sind. Diese biologische, intellektuelle, sozial-positionelle Erscheinungsverschiedenheit – und diese kann bekanntlich sehr weit gehen – ist unwichtig" für die „Teilhabe eines jeden Menschen am Menschsein als solchem" (Van Essen 1960) (Abb. A.4).

Das Menschenbild der Systemtheorie

Die Begriffe der Systemtheorie werden in verschiedenen wissenschaftlichen Disziplinen angewendet, so in Biologie, Chemie, Ethnologie, Informatik, Geografie, Literaturwissenschaft, Ingenieurwissenschaften, Logik, Mathematik, Pädagogik, Philosophie, Physik, Physiologie, Politikwissenschaft, Psychologie, Soziologie, Wirtschaftswissenschaften. Damit ist die Systemtheorie keine eigenständige Disziplin, sondern ein weitverzweigter und heterogener Rahmen für einen interdisziplinären Diskurs, der den Begriff *System* als Grundkonzept führt. Es gibt folglich auch nicht *eine* Systemtheorie, sondern eher eine Vielzahl unterschiedlicher, zum Teil widersprüchlicher und konkurrierender Systemdefinitionen und -begriffe. Inzwischen hat sich jedoch eine relativ stabile Reihe an Begriffen und Theoremen herausgebildet, auf die sich der systemtheoretische Diskurs bezieht. Im Zusammenhang mit dem Bild vom Menschen ist das systemische Menschenbild eine Fortschreibung des humanistischen, indem es den Menschen nicht nur als in seinem Selbst lebend, sondern erweitert im Kontext mit anderen beschreibt. Das humanistische Menschenbild schließt das systemische nicht aus und umgekehrt.

In den 50er Jahren beschrieb der Biologe Ludwig von Bertalanffy lebende Organismen als Systeme der Selbststeuerung. In der Psychologie gelten darüber hinaus die Gestaltpsychologie von Fritz Perls und die Feldtheorie von Kurt Lewin als Vorläufer systemischen Denkens. Allerdings ist auch Jacob Levi Moreno, Begründer der Soziometrie und Gruppenpsychotherapie, als Vorläufer des systemischen Denkens zu verstehen.

Systeme sind von der Umwelt abgrenzbare, strukturierte Ganzheiten, deren Elemente in Wechselwirkungen zu- und miteinander stehen. Systemtheorien untersuchen den Aufbau von Systemen, ihre Dynamik und ihr Verhalten im Zeitablauf. Auf den Punkt gebracht: Eine Firma ist als Systemganzheit, eine Abteilung als Teilsystem zu verstehen. Von den Teilsystemen geht eine Dynamik aus, von der das Gesamtsystem beeinflusst wird. Das Gesamtsystem nimmt wiederum Einfluss auf seine Teilsysteme.

Zunehmend wird dem Konzept der Selbstorganisation in Systemen eine zentrale Rolle zugeschrieben. Es werden verschiedene Systemebenen unterschieden, die ihrerseits in Wechselwirkung miteinander stehen (zum Beispiel Zellsystem, psychisches System, Familiensystem, Rechtssystem, Wirtschaftssystem, Unternehmenssystem). Je nach Fragestellung und Analyseebene wurden in verschiedenen Wissenschaften unterschiedliche Systemtheorien mit je spezifischen Begrifflichkeiten und Modellannahmen entwickelt. In der Psychologie spielt systemisches Denken vor allem auf den Gebieten der von Virginia Satir begründeten Familienpsychologie und -therapie, der Arbeits- und Organisationspsychologie sowie der Ökologischen Psychologie (Umweltpsychologie) eine wichtige Rolle. Auf gesellschaftlicher Ebene ist insbesondere die Systemtheorie von Niklas Luhmann von Bedeutung. Verwandte Denkrichtungen sind der Radikale Konstruktivismus, die Kybernetik und die Chaostheorie.

Der systemische Ansatz hat eine große Bedeutung für die Arbeits- und Organisationspsychologie, indem er die ganzheitliche, kreisförmige Betrachtungsweise als das Besondere herausstellt, das sich auch im Konzept der Familientherapie nach Virginia Satir finden lässt. Gesundheit und Krankheit, Leistung und Leistungsversagen, Unternehmensklima und Unternehmensstress, Führungskultur und Führungsdominanz. Die jeweiligen Kontrastpaare können in einem Systemzusammenhang gesehen werden. Störungen des Gleichgewichtes der Familie als Gesamtsystem ebenso wie Störungen der Balance innerhalb der Unternehmenskultur als Gesamtsystem können die Ursache für Krankheiten eines einzelnen Mitgliedes dieses Systems sein. So werden eine Reihe von bedeutsamen Einflussfaktoren genannt, die in Wechselwirkung zueinander stehen: Strukturformen, Kommunikationsmuster, Lebensweisen, Prozesse, Prägungen, Energiequellen, Regeln, Normen und Werte, schließlich die Wertschätzung und Kongruenz des Einzelnen. Virginia Satir beschreibt die Gegensätze *pathologieorientierter Ansatz* und *gesundheitsorientierter Ansatz*. Die herkömmliche Sichtweise konzentriert sich auf Defizite, Krankheiten, Symptome (pathologisch orientiert).

In der gesundheitlich orientierten Sichtweise sieht Satir die Umwandlung von Energie, d. h. die ganze Gestalt, die Geschichte, das Wachstum, die Entwicklungsmöglichkeiten und das Umfeld des Menschen als positives Energiefeld. Diese gegensätzlichen Sichtweisen sollen nicht als richtig oder falsch, sondern einfach nur als extreme Standpunkte verstanden werden. Das eröffnet die Chance, entsprechend unserer jeweiligen Lebenssituation und Entwicklung unsere Position, unser Lebensbild und unsere Sicht auf den Menschen neu zu definieren.

Belohnung und Bestrafung entsprechen einem pathologieorientierten Bild, das aus linearem und vereinfachtem Denken herrührt und somit die zahlreichen sie beeinflussenden Variablen der Realität ausblendet. Wir halten an überlieferten Regeln und Normen fest, anstatt sie immer wieder neu auf ihre Gültigkeit hin zu hinterfragen. Dabei führt die Angst vor Unsicherheit in eine Instabilität, die uns in unserer Überlebens- bzw. Lebensstrategie Unbeweglichkeit beschert. Dies bringt Gefühle und Reaktionen hervor, die zur Unterdrückung und Bedrohung auf der einen Seite, Rückzug und Verteidigung auf der anderen Seite führen. Wir beginnen uns selbst gering einzuschätzen, weil wir uns ständig mit anderen Personen oder zu anspruchsvollen Maßstäben vergleichen. Wir erleben uns als minderwertig und sind durch diese Standortbestimmung blockiert.

Die Sichtweise auf das systemische Menschenbild basiert auf Wachstum und Entwicklung. Satir geht in ihrer Grundüberzeugung davon aus, dass wir Menschen alles in uns haben, was wir brauchen, um zu (über)leben. Die Lebenskraft des Menschen ist ein *Schatz*, auf den jederzeit zurückgegriffen werden kann. Menschen, die sich als Ganzheit erleben und vom Gefühl getragen sind, selbst etwas wert zu sein (Selbstwertgefühl), können mit allen Herausforderungen des Lebens in schöpferischer und angemessener Weise umgehen. *Selbstwert* bezeichnet Satir als die Summe der Gefühle und Vorstellungen, die der Mensch von sich selbst hat. Dieser Selbstwert in einer bestimmten Umgebung (Familie, gesellschaftlichen Gruppe, Firma) ist niedrig, wenn die Kommunikation indirekt, vage, nicht wirklich ehrlich/offen ist, die Regeln starr und unmenschlich anmuten, nicht angesprochen werden dürfen und für ewig Gültigkeit besitzen sollen. Je starrer die äußeren Festlegungen im Lebensraum sind, umso häufiger kommt es zur Entladung von Spannungsfeldern und damit zu Konflikten, die vermeidbar gewesen wären. Satir differenziert *offene* und *geschlossene Systeme*.

Ein offenes System bietet Auswahl und Flexibilität. Es besitzt sogar die Freiheit, für eine Weile *geschlossen* zu sein, wenn die Geschlossenheit gerade passt. Dieses gesunde System ist in der Lage, sich mit einem verändernden Kontext zu dynamisieren und diese Tatsache anzuerkennen. Damit werden Hoffnungen, Ängste, Zuwendung, Ärger, Frustration und Fehler als zu einer Person gehörig akzeptiert und frei geäußert. Der Mensch kann sich in seiner vollen Brandbreite zeigen, ohne Bedrohungen bzw. Sanktionen befürchten zu müssen. Ein solch offenes System fördert die Entwicklung des Selbstwertes und stimmiger Kommunikation. Es wird aufrechterhalten durch menschengerechte Richtlinien. Menschen leben in einem von Vertrauen, Humor, Freude, Wirklichkeit und Veränderungsfähigkeit umgebenen Raum, der Schutz und Freiheit zugleich bietet.

Ein geschlossenes System funktioniert auf der Basis von Rigidität, festgeschriebenen Regeln, unabhängig davon, ob sie passen oder nicht. Solche Systeme kennzeichnen sich durch schwache, verzerrte und unbewegliche Beziehungen zur Außenwelt. Das System ist beherrscht von Macht, Leistungsdruck, neurotischer Abhängigkeit, Gehorsam, Unterwerfung, erzwungener Übereinstimmung und der eigendynamischen Entwicklung von Schuld. Eine Veränderung zu gestatten ist ausgeschlossen, weil sie das (scheinbare) Gleichgewicht stören würde. Angst lässt die Menschen in diesem System zusammenstehen, mit der Fantasie, dass Veränderungen eine Katastrophe herbeiführen würden, die zur Vernichtung der Geschlossenheit führt, die dem Einzelnen Halt gibt. Menschen in geschlossenen Systemen leben in einer feindlichen Welt, in der Zuwendung in Geld, Bedingungen, Macht und Status gerechnet wird. Wenn Angehörige des Systems an die Grenze ihrer Anpassungsfähigkeit kommen, bricht das geschlossene System in sich zusammen. Denn die für das offene System charakteristische *Anpassungsfähigkeit* nährt in gewissem Umfang auch das geschlossene System, weil der ausgeübte Druck nach permanenter Anpassung verlangt. Viele Organisationen sind geschlossene Systeme, obwohl sie als offene Systeme darzustellen versucht werden. In geschlossenen Systemen geht es nicht darum, welche Bedingungen Menschen brauchen, um leistungsfähig zu sein. In solchen Systemen wird die Hierarchie als Instrument für Druck, Unterwerfung, Zwang missbraucht.

Die Muster aus Konflikten und dem Geschehen in Familien lassen sich auf Organisationen übertragen, wenn man sich des grundsätzlichen Unterschieds bewusst ist, dass ein Familienangehöriger nicht wirklich kündigen und sich vom System distanzieren kann. Er kann der Familie den Rücken kehren, ist aber emotional und geistig nach wie vor mit ihr verbunden. Das ist bei einem Mitarbeiter genau umgekehrt zu sehen. Er kann emotional und geistig aussteigen und körperlich auf Jahre anwesend bleiben. Das Nachsehen hat in diesem Fall der Arbeitgeber. Der Mensch arbeitet unter einem juristischen und einem psychologischen Vertrag. Er weiß sehr wohl, beide säuberlich voneinander zu trennen.

Als sozio-psychisches System kann man in Organisationen kleinste, kleine, größere, große und größte Einheiten verstehen. Die kleinste Einheit bilden Kollege und Kollege oder Führender und Geführter. Eine Gruppe ist eine kleine, eine Abteilung eine größere, der Bereich oder die Tochtergesellschaft die große und der Konzern die größte Einheit. Auch hier unterscheidet sich das systemische Denken im Vergleich von Familien zu Organisationen. Eine Familie mag fünf, 15 oder mehr, aber wohl kaum über 100 Mitglieder haben. Bei dieser Größe fangen Organisationen für gewöhnlich erst an. Es kann in einem Gesamtsystem einer Organisation durchaus offene wie geschlossene Systeme geben. Neben aller über das Unternehmen gespannten Kultursicht sind die einzelnen Führungsverantwortlichen nicht unwesentlich daran beteiligt, ob das von ihnen geleitete System ein offenes, teiloffenes, eher geschlossenes oder hermetisch abgeriegeltes System ist.

Innerhalb eines Systems wirken verschiedene Faktoren wechselwirkend aufeinander. Das sind zum Beispiel einzelne Elemente, handelnde Personen, die Umwelt, subjektive Deutungen, Glaubenssätze, soziale Regeln (formale wie informelle), Regelkreise (immer wiederkehrende Verhaltensmuster) und Entwicklungsprozesse. Der einzelne Mensch ist autonom und lebt doch in einer interdependenten Gemeinschaft. Er nimmt auf das System ebenso Einfluss wie das System auf ihn. Seine Verantwortung bezieht sich auf sein Handeln im Kontext des Ganzen. Konflikte können zum Beispiel ganz unterschiedliche Ursachen haben. Die Personen selbst können die Ursache sein, ihre Interpretation von Ereignissen, ihre gefilterte oder ungefilterte Wahrnehmung, die Regeln an sich, oder das, was im Umfeld bzw. der Umwelt geschieht. Die Diagnose von Problemen oder Konflikten erfordert den Blick auf das Ganze und die sich elementar ergebenden Schwingungen.

Wer das systemische Menschenbild zu seinem Modell erklärt, kommt an der Akzeptanz der Autonomie eines jeden Einzelnen nicht vorbei. Der Führende ist so autonom wie der Geführte. Jeder von beiden muss sich fragen: Wozu bin ich bereit? Was sind meine Grenzen? Welchen Preis bin ich bereit zu zahlen? Ohne Wertschätzung, Empathie und Kongruenz ist das systemische Menschbild nicht denkbar. Veränderungen lassen sich mehrdimensional denken, innerhalb und außerhalb des Systems, Veränderungen in Bezug auf Personen, der subjektiven Deutungen einzelner Personen, von Verhaltensregeln des Systems an sich, von Interaktionsstrukturen, in Bezug auf die Systemumwelt, hinsichtlich der Entwicklungsrichtung und Entwicklungsgeschwindigkeit.

- Systeme sind von der Umwelt abgrenzbare, strukturierte Ganzheiten, deren Elemente in Wechselwirkungen zu- und miteinander stehen
- Eine Firma ist ein System, eine Abteilung ein Element, der Mensch das kleinste Element des Systems
- Die Konstrastpaare Gesundheit und Krankheit, Leistung und Leistungsversagen, Unternehmensklima und Unternehmensstress, Führungskultur und Führungsdominanz sind in engem Systemzusammenhang zu sehen
- Strukturformen, Kommunikationsmuster, Lebensweisen, Prozesse, Prägungen, Energiequellen, Normen, Werte, schließlich die Wertschätzung und Kongruenz des Einzelnen beeinflussen das Individuum durch Störungen oder Stimmigkeiten

Das systemische Menschenbild basiert auf Wachstum und Entwicklung, nicht auf Belohnen und Bestrafen; Menschen haben alles in sich, um zu (über)leben; Menschen, die sich als Ganzheit erleben und vom Gefühl getragen sind, selbst etwas wert zu sein, können mit allen Herausforderungen des Lebens in schöpferischer und angemessener Weise umgehen.

Abb. A.5 Systemisches Menschenbild

Mensch zu sein bedeutet ein verknüpftes Ganzes von entsprechenden Wesens-funktionen, das sich sonst nirgendwo im Kosmos findet. Es ist nach seiner Art einmalig und kennt kein Korrelat. So ist der sogenannte Unmensch einer, der sich unsympathisch oder asozial benimmt – aber als Mensch. Der sogenannte untaug-liche Mitarbeiter ist nicht seinem Wesen nach untauglich. Er passt nur nicht in das Schema der an ihn gestellten Anforderungen. Das bezieht sich grundsätzlich auf jedermann, man sei, wer man sei, in Bezug auf den individuellen Lebenszustand. Was zur Menschheit gehört, vertritt das Menschsein, auch wenn die geistige Bil-dung, überhaupt die persönliche Fähigkeit fehlt, sich dessen bewusst zu werden.

Nach systemtheoretischer Erkenntnis entsteht mehr Leistung nicht dadurch, dass man mehr Leistung verlangt. Sein Maximum an Leistung gibt der Mensch, wenn er begriffen hat, um was es geht, und dann in der Freiheit seiner Entschei-dung auf dieses Begreifen reagieren kann (Abb. A.5).

Anhang B

Rollentheorie

Bei Dirk Nonnenmacher findet sich eine ganz gute Beschreibung der Rollenorga-nisation (Nonnenmacher 2007). Allerdings wird in dieser Dissertation der Rollen-begriff nur unzureichend besprochen.

Überhaupt sagt die gängige Literatur zum Rollenmodell in Organisationen wenig darüber aus, was eine *Rolle* ist, über die Wurzeln und die weitere Entwicklung. Der Rollenbegriff ist vielfältig belegt. Bis zur Entwicklung wissenschaftlicher Rollentheorien in den 30er Jahren des vorherigen Jahrhunderts war er ausschließlich an das Theater gebunden. Er kam schon im griechischen Stegreiftheater vor. Der Theaterwissenschaftler, Mediziner und Psychotherapeut Jakob Levi Moreno begann um 1920, mit *Lebensrollen* zu experimentieren. Im Unterschied zu angelernten Rollen für das Spiel auf der Bühne macht Moreno den Begriff an der Umsetzung im wirklichen Leben fest.

So beobachtete er spielende Kinder auf den Straßen Wiens und war erstaunt, wie die Kleinen sich über das Einnehmen unterschiedlicher Rollen in Szene setzen und ebenso Spaß haben wie Probleme bewältigen konnten. Neben dem Psychodrama als lebendiges Psychotherapiekonzept – im Unterschied zur Psychoanalyse, die Menschliches auf dem Diwan zu ergründen und heilen versuchte – entwickelte sich aus dem szenischen Ausspielen von Ereignissen und Erinnerungen die Rollentheorie als umfassendes anthropologisches System (Leutz 1974). Damit wurde es möglich, festgelegte Verhaltensmuster aus den verschiedensten Lebensbereichen unter dem Begriff *Rolle* zusammenzufassen. Zeitgleich mit Moreno arbeitete der Philosoph und Psychologe Georg Herbert Mead an einem Rollenmodell. Moreno veröffentlichte 1923 „Das Stegreiftheater" und 1934 „Who Shall Survive". Im selben Jahr erschien von Mead mit „Mind, Self, Society" eine Rollentheorie, in der das *Lernen von Rollen* als eine fundamentale Funktion der Sozialisierung und Expansion der Individualität dargestellt wird. Rollen zu lernen bedeutete für Mead, in sie einzutauchen. So war für Mead wie Moreno der Mensch fähig, ihm bisher ungewohnte oder auch unliebsame Verhaltensweisen durch die bewusste Übernahme einer Rolle auszuagieren. Die Theorie Meads übte einen großen Einfluss auf die Sozialpsychologie und Soziologie aus. Der Ansatz von Moreno war die Vorstellung vom „Spiel des Daseins mit sich selbst" in Rollen. Die von ihm beobachteten Kinder auf der Straße waren in der Lage, „einfühlend des anderen Rolle einzunehmen" (Moreno 1974).

Der Mensch ist in der Lage, Rollen (Ausdruck des Verhaltens, Übernahme einer bewusst gesteuerten Handlung) einzunehmen. Er ist nicht nur fähig, diese Rollen vielfältig auszugestalten, sondern auch die mit der Rolle verbundene Verantwortung zu tragen. Das ist jedem Autofahrer (mehr oder minder) klar. Wenn er sich ans Steuer setzt, die Rolle des Fahrers einnimmt, trägt er nicht nur Verantwortung für sich selbst, sondern ebenso für andere. Beim reifen Fahrzeuglenker bestimmt das mit der Rolle untrennbar verbundene Verantwortungsprinzip seinen Fahrstil. Der unreife Fahrzeuglenker ist ein Risiko, unter anderem dadurch, dass er sein Rollenbewusstsein ausblendet. Denn mit der Fahrschulausbildung und anschlie-

ßend bestandener Fahrprüfung hat er genügend Wissen und Erfahrung in sich aufgenommen, um für sein Handeln intellektuell einstehen zu können. Er weiß, dass
die Missachtung der Straßenverkehrsordnung ihn den Führerschein kosten kann,
zumindest aber mit Bestrafung verbunden ist. Im von ihm gelenkten Fahrzeug liegt
weder der Gesetzestext der Straßenverkehrsordnung, noch sitzt ein „Vorgesetzter"
mit ihm im Fahrzeug, von dem er Anweisungen erhält, noch muss er nach jeder
Fahrt einen Bericht abliefern, der sein Handeln rechtfertigt. Er ist sich und seiner
Rollenverantwortung selbst überlassen.

In der soziologischen und sozialpsychologischen Tradition wird über den Begriff der *Rolle* das Verhältnis von Individualität und Sozialität erklärt. Den so ver-
standenen Rollenbegriff beschreibt in der amerikanischen „cultural anthropolo-
gy" Ralph Linton (1936). In seinen späteren Arbeiten (1945) definiert er Rolle als
die „Gesamtheit von Kulturmustern, die mit einem bestimmten Status verbunden
sind" (Wiswede 1977). Mit seiner Begriffsbestimmung umfasst er damit Einstellungen, Wertvorstellungen und Verhaltensweisen, die jedem Inhaber eines sozialen
Status von der Gesellschaft zugeschrieben werden. In dem Sinne ist der innerhalb
einer Organisation zugewiesene Status des Managers oder Leaders eine *Rolle*. An
diesen Status ist in erster Linie Verantwortungsbewusstsein, nicht Machtgebaren
gebunden. Rolle wird im sozialpsychologischen Sinne als einerseits *das Einnehmen
von Verhaltensweisen*, andererseits als *die an ihn gestellte Erwartung* definiert.

Entscheidend für den kulturanthropologischen Rollenbegriff ist die Identifizie-
rung sozialer Rollen mit einem ganz bestimmten Interaktionsverhalten, welches
bestimmte *Rechte* und *Pflichten* des Rolleninhabers festlegt, die mit einem sozialen
Status verknüpft sind. Heute müssen wir über den eher einengenden Begriff *Status*
hinausdenken und Rolle im Sinne von *übernommener Verantwortung* und *erwar-
teter Verantwortungsübernahme* verstehen. Der Status ist nur so viel wert, wie der
Nutznießer dieses Status rollenadäquat der an den Status gestellten Erwartung gerecht wird. Gleich auf die Würde (des Amtes) folgt die Bürde.

Es gibt eine weitere Unterscheidung nach zugeschriebenen und erworbenen
Merkmalen. Linton zählt zu den zugeschriebenen gewisse Anlagefaktoren (zum
Beispiel Mentalität, in gewissem Ausmaß auch Intelligenz) und zu den erworbenen
gewisse unveränderbare Bedingungen (zum Beispiel Herkunft, ethnische Zuge-
hörigkeit). Für Lintons Rollenbegriff bilden die jeweiligen konkreten Verhaltensmuster („real culture patterns") den Charakter eines Idealtypus („ideal cultural
patterns"). Hiermit wurde eine Entwicklung eingeleitet, die für die systemorien-
tierte Soziologie bedeutend war. Gleichzeitig entwickelte sich daraus in gewisser
Weise der Ausgangspunkt für eine restriktive Sichtweise, die die Variationsbreite
faktischer Verhaltensweisen zugunsten des als „typisch" Angesehenen einengt. So
zählt zum als typisch Angesehenen, dass beispielsweise ein Würdenträger der Kir-

che niemals gegen Werte, Sitte und Normen der Kirche – und im erweiterten Sinne der Gesellschaft – verstößt. In gleicher Weise wird dem Unternehmensleiter abverlangt, dass er seinem Unternehmen dient und ihm nicht schadet.

Im normativen Konzept geht es bei der sozialen Rolle um ein faktisches Verhalten oder um bestimmte Soll-Vorstellungen, zum Beispiel Verhaltensnormen. Hier definiert sich Rolle als *Teil von Erwartungen*, die gegenüber dem Inhaber bestimmter sozialer Positionen bestehen. So hat der Betriebsrat Rollenerwartungen an die Unternehmensleitung, die Unternehmensleitung hat Rollenerwartungen an die Mitarbeiter. Das behaviorale Konzept bezeichnet Rolle als Verhalten, das gegenüber anderen Positionsinhabern in einer sozialen Struktur geäußert wird (Davis, Merton, Emmerich u. a.).

In der Sozialpsychologie wird der Rollenbegriff in unterschiedlicher Schattierung bearbeitet. Der Rollenaspekt der Positionsverfestigung wird nur in der Organisationspsychologie thematisiert (Irle 1975; March und Simon 1958). Hier wird betont, dass bei hoher Technisierung und Automatisierung die System- und Prozesssteuerung durch strikte Rollenfestlegung erfolgt und von variierenden Verhaltensmustern unabhängig wird. Dieser Ansatz findet sich in der klassischen Rollenorganisation wieder. In den meisten sozialpsychologischen Schriften steht jedoch das Individuum als *Rollenspieler* bzw. *Rollenträger* im Vordergrund. Perspektivisch richtet man hier das Augenmerk auf das handelnde Subjekt, das auf bestimmte Rollenerwartungen in spezifischer Weise reagiert. Die Bereiche, wie das soziale System oder die soziale Struktur, werden hier – anders als in der Soziologie – eher vernachlässigt. Da aber Supervision mit beiden Realitäten, der persönlich individuellen und der sozial strukturellen (in Organisationen und Institutionen zum Beispiel), zu tun hat, braucht sie beide Perspektiven, was in einem supervisionsrelevanten Rollenkonzept Berücksichtigung finden müsste.

Jacob Levy Moreno, Georg Simmel, Georges Politzer und Richard Müller-Freienfels waren die ersten Autoren, die bereits in den 20er Jahren des vorigen Jahrhunderts soziale Realität mit dem Rollenbegriff zu beschreiben versuchten. Dies leitete den Beginn einer Theorieentwicklung ein, welche für die Soziologie von großer Bedeutung war und als Paradigmenwechsel bezeichnet werden kann. Moreno hat seine Überlegungen zu Rollen und Rollenspiel nicht in einem systematisch aufgebauten Werk vorgelegt. Sie können dennoch neben den Arbeiten von Mead und Müller-Freienfels als der früheste Ansatz einer konsistenten Rollentheorie betrachtet werden, in der die Begriffe der Rolle und Rollenkategorien ausdifferenziert wurde. Moreno befasst sich mit metatheoretischen Begriffen wie Rolle, Norm, Situation, Handlung und auch den Bedingungen ihres Zustandekommens, mit der Ontogenese von Rollen in der kindlichen Entwicklung (Moreno 1974) und mit ihrer Aktualgenese in Situationen und legt damit ein Modell der Rollenentwicklung vor, welches prinzipiell einer Sozialisationstheorie gleichkommt. Moreno entwickelt sein Rollenkonzept im sozialpsychiatrischen und gruppenpsychotherapeutischen Kontext.

Er definiert einerseits Rollen als „Muster", die in einer spezifischen Kultur entwickelt wurden, zum anderen als „letztendliche Kristallisation" aller Situationen eines bestimmten Handlungsbereiches, die ein Individuum durchlaufen hat. So spricht Moreno in seiner Rollenkategorie von „somatischen", „psychosomatischen", auch „somatopsychischen" Rollen, die unter anderem der Erhaltung des Organismus dienen (zum Beispiel der Essende). Die „psychischen" Rollen entwickeln sich nach Moreno in der „sozialen Matrix". So dient das Essen nicht nur dem Erhalt des Organismus. Vielmehr wird mit dem Essen auch die Rolle des „Genießers" – oder gesteigert – des „freudigen Genießers" verbunden. Die erweiterte Rolle „fördert die geistige, seelische und körperliche Weiterentwicklung des Kindes". Als Kontrast führt er zum Beispiel die „Rolle des Verstimmten auf". Dazu gehören „Antriebshemmung, Appetitstörungen und Lernstörungen. Von den psychischen Rollen eines Menschen wird die Art der Erfüllung seiner sozialen Rollen bestimmt. Psychische Rollen sind so gut wie immer Korrelate zu anderen Rollen "(Leutz 1974).

Die sozialen Rollen sind nach Moreno diejenigen, „in denen sich der Mensch vornehmlich mit der äußeren Realität des Lebens auseinandersetzt, zum Beispiel als Angestellter, Gewerkschaftsmitglied, Sportler, Ehemann", Mutter, Enkel, Nachbar, Kollege, Chef, Mitarbeiter... Diese Rollen entsprechen einem Rollenstatus, „der unabhängig vom Rollenträger existiert und fortdauert". So erfüllt der Mensch in seinen sozialen Rollen „aber nicht nur die Erwartungen und Ansprüche der Gesellschaft, sondern er entwickelt, indem er immer differenziertere Rollen annimmt, auch sich selbst" (Leutz 1974). „Diesen Sachverhalt fasst Schiller in das Wort: ‚Es wächst der Mensch mit seinen größeren Zwecken'". Die Summe aller sozialen Rollen eines Individuums ist gleich dem Persönlichkeitsanteil, der bei C. G. Jung als „Persona" bezeichnet wird. Bemerkenswerterweise ist dies die antike Bezeichnung für *Theaterrolle*.

Der Soziologe Ralf Dahrendorf hält fest: „Schon um den logischen Status seines Bemühens über jeden Zweifel zu erheben, muss der Soziologe bekennen, ob er einem Menschenbild anhängt, das dem reifizierten Homo sociologicus zum Verwechseln ähnlich sieht, oder ob er diesen für ein Zerrbild dessen hält, was ihm der Mensch in seiner moralischen (zum erkenntnistheoretischen Unterschied von der wissenschaftlichen) Gestalt gilt. Faktisch braucht der einzelne Soziologe mindestens jenes Rudiment eines Menschenbildes, das in einer nicht logischen, sondern anthropologischen Stellungnahme zum hypostasierten Homo sociologicus steht" (Dahrendorf 2006). Mag diese Sicht dem Soziologen genügen. Für eine Gestaltung der Organisation mittels Rollen würde ein rudimentäres Menschenbild nicht ausreichend sein. Alle Phänomene menschlichen Soseins und menschlichen Erlebens fließen ein. Die freie Marktwirtschaft kann ohne ethisches Verhalten im Sinne des ehrbaren Kaufmanns nicht funktionieren. Die in früheren kommunistischen Ländern hoch gehaltene Zentralwirtschaft bzw. zentral gesteuerte Verwaltungswirtschaft hat sich nicht bewährt. Eine Unternehmenskultur ist ohne Ethos nicht denkbar. Gelebt werden kann er nur von Menschen, die sich ihrer *sozialen Rolle* bewusst sind und im Sinne der Gemeinschaft entscheiden und handeln.

Der Mensch ist Individuum und gleichzeitig soziales Wesen, eingebunden in die Gesellschaft, in und aus der er lebt. Er ist in seinem Handeln auf andere gerichtet. Er ist im Sinne des Integrativen Ansatzes wesensmäßig Koexistierender, und hier zeigt sich das verbindende Element des Ansatzes: dass nämlich Sozialisation und Rollenverkörperung, *kategoriale* Rollenvorgaben und die Möglichkeit der *aktionalen* Ausgestaltung der Rolle nicht gegensätzlich sind, sondern Bestandteile in Prozessen des Rollenspieles von Menschen mit Menschen, Gruppen und Institutionen.

Literaturangaben

Dahrendorf R (2006) Homo Sociologicus. Ein Versuch zur Geschichte, Bedeutung und Kritik der Kategorie der sozialen Rolle, 16. Aufl. VS Verlag für Sozialwissenschaften, Wiesbaden

Giersch H (1991) Die Moral der offenen Märkte. In: Frankfurter Allgemeine Zeitung, 16. März 1991

Homann K, Suchanek A (2005) Ökonomik. Eine Einführung, 2. Aufl. VS Verlag für Sozialwissenschaften, Tübingen

Irle M (1975) Lehrbuch der Sozialpsychologie. Huber, Bern

Leutz G (1974) Das klassische Psychodrama nach J. L. Moreno. Springer, Heidelberg

March J, Simon H (1958) Organizations. Wiley, New York

Mead GH (1993) Geist, Identität und Gesellschaft, 9. Aufl. Suhrkamp, Frankfurt a. M (Morris CW (Hrsg))

Moreno JL (1974) Die Grundlagen der Soziometrie, 3. Aufl. Westdeutscher, Opladen

Nonnenmacher D (2007) Organisation von Dienstleistungsprozessen. Eul, Lohmar

Petzold H, Mathias U (1982) Rollenentwicklung und Identität. Junfermann, Paderborn

Petzold H (1979) Psychodrama-Therapie. Theorie, Methoden, Anwendung in der Arbeit mit alten Menschen. Junfermann, Paderborn

Scheler M (1978) Die Stellung des Menschen im Kosmos. Francke, Bern

Scheler M (1980) Der Formalismus in der Ethik und die materielle Werteethik. Bern

Van Essen J (1960) Leitfaden der Curientologie. Haarlem

Wiswede G (1977) Rollentheorie. Kohlhammer, Stuttgart

The manufacturer's authorised representative in the EU is Springer
Nature Customer Service Centre GmbH, Europaplatz 3, 69115 Heidelberg,
Germany. If you have any concerns regarding our products, please
contact ProductSafety@springernature.com

Printed and bound by CPI Group (UK) Ltd, Croydon, CR0 4YY

24/04/2026

02096311-0003